Después de sufrir un atentado en contra de su ejemplar e intachable carrera profesional, el Ingeniero Israel Laisequilla nos ofrece en esta obra una guía detallada y claramente redactada que nos permite adentrarnos en el mundo de la industria, de la manera tan peculiar como solo el llamado "ingeniero más polémico" logra hacerlo.

INSTRUCCIONES

La información aquí presentada considera el acceso y/o disponibilidad de la información y tecnologías actuales. En caso de requerir más información, formatos y/o ejemplos, su consulta, podría aumentar su confiabilidad gracias a los criterios desarrollados con la obra. Cualquier información adicional, fórmulas y/o videos pueden ser requeridos con el asistente artificial de su preferencia.

La biblia Industrial

Lean Six Sigma
Manufactura
Cadena de Suministro

TALLER DEL INGE

I. LAISEQUILLA

Publishing house IL Editorial

Revisión 1

Para todas y todos los ingenieros de la industria

CONTENIDO

MANUFACTURA

CADENA DE SUMINISTRO

AGRADECIMIENTOS

A lo largo de este proceso, he tenido la suerte de contar con el apoyo de muchas personas cuya presencia ha sido fundamental en la creación de este libro. Hoy, al ver este proyecto materializado, me siento profundamente agradecido por cada uno de los que han dejado una huella en él.

Mi primer agradecimiento es para mi familia. A ustedes, quienes siempre han estado a mi lado, brindándome el apoyo, el cariño y la paciencia necesarios para seguir adelante. Cada palabra de aliento, cada gesto de comprensión, ha sido un pilar en este viaje tan especial. Su confianza en mí ha sido la motivación que nunca me ha dejado rendir.

A mi editor, le agradezco enormemente por su profesionalismo y su visión. Su capacidad para ver más allá de lo evidente, para dar forma a mis ideas y elevarlas a nuevos niveles, ha sido invaluable. Gracias por su dedicación incansable y por sus sugerencias sabias, que han hecho de este libro algo mucho mejor de lo que jamás imaginé.

A los lectores, mi gratitud más sincera. Este libro está escrito para ustedes, con la esperanza de que encuentren en él algo valioso, algo que les inspire o que simplemente les proporcione una nueva perspectiva. Cada vez que una de estas páginas sea leída, el propósito de mi trabajo habrá cobrado vida. Gracias por acompañarme en este viaje.

Y, por supuesto, a todas las personas que, de alguna manera, han sido parte de este proyecto. Ya sea con su apoyo directo, su consejo o su simple presencia, todos han jugado un papel crucial en hacer realidad este sueño. Este libro es tan suyo como mío.

Con todo mi agradecimiento,

Taller del inge

INTRODUCCIÓN A LEAN SIX SIGMA

Lean Six Sigma es una metodología de mejora continua que combina los principios del Lean Manufacturing y Six Sigma para eliminar el desperdicio y reducir la variabilidad en los procesos. Esta metodología tiene como objetivo mejorar la calidad de los productos y servicios, reducir los costos y aumentar la satisfacción del cliente.

El Lean Manufacturing se enfoca en eliminar el desperdicio, mientras que Six Sigma se enfoca en reducir la variabilidad. Al combinar estas dos metodologías, Lean Six Sigma busca mejorar la eficiencia y efectividad de los procesos de manera holística.

La metodología Lean Six Sigma se compone de cinco fases: Definir, Medir, Analizar, Mejorar y Controlar (DMAIC, por sus siglas en inglés). Cada una de estas fases tiene un propósito específico y se utiliza para llevar a cabo la mejora continua en los procesos.

Fase 1: Definir

La fase de Definir tiene como objetivo definir el problema y establecer los objetivos de mejora. Durante esta fase, se identifican los procesos que se van a mejorar y se establecen los objetivos de mejora en términos de calidad, costo y tiempo.

También se crea un equipo de mejora que estará encargado de llevar a cabo el proyecto. Este equipo debe estar compuesto por personas de diferentes áreas de la organización para tener una perspectiva amplia y diversa.

Fase 2: Medir

La fase de Medir tiene como objetivo recopilar datos sobre el proceso actual para tener una base de comparación con el proceso mejorado. Durante esta fase, se identifican las variables críticas que afectan la calidad del proceso y se establecen los indicadores de desempeño que se utilizarán para medir la mejora.

También se establecen las herramientas y técnicas que se utilizarán para recopilar y analizar los datos. Algunas de estas herramientas incluyen el diagrama de flujo, el diagrama de Pareto, el histograma y la hoja de control.

Fase 3: Analizar

La fase de Analizar tiene como objetivo identificar las causas raíz del problema y encontrar oportunidades de mejora. Durante esta fase, se analizan los datos recopilados en la fase de Medir para identificar patrones y tendencias.

También se utilizan herramientas y técnicas de análisis como el análisis de causa raíz, el análisis de correlación y el análisis de varianza para identificar las causas del problema y las oportunidades de mejora.

Fase 4: Mejorar

La fase de Mejorar tiene como objetivo implementar soluciones para corregir las causas raíz identificadas en la fase de Analizar. Durante esta fase, se desarrollan soluciones potenciales y se selecciona la mejor solución para implementar.

También se utiliza la herramienta de diseño de experimentos para probar la solución y asegurarse de que sea efectiva antes de implementarla en el proceso.

Fase 5: Controlar

La fase de Controlar tiene como objetivo mantener la mejora y prevenir la recurrencia del problema. Durante esta fase, se establecen medidas de control para asegurarse de que la solución implementada se mantenga en el tiempo.

También se establecen planes de seguimiento y monitoreo para medir la efectividad de la solución y tomar medidas correctivas si es necesario. Se pueden establecer sistemas de retroalimentación y evaluación periódica para garantizar que el proceso siga mejorando con el tiempo.

Además de las cinco fases DMAIC, la metodología Lean Six Sigma también incluye otras herramientas y técnicas que se utilizan para mejorar la calidad y reducir los costos. Algunas de estas herramientas incluyen:

Mapas de flujo de valor: esta herramienta se utiliza para visualizar el proceso completo y identificar áreas de desperdicio. Permite identificar oportunidades de mejora y desarrollar un plan para eliminar el desperdicio y mejorar el flujo del proceso.

5S: esta técnica se utiliza para organizar el lugar de trabajo y mejorar la eficiencia. Consiste en clasificar, ordenar, limpiar, estandarizar y mantener el lugar de trabajo.

Poka-yoke: esta técnica se utiliza para evitar errores y defectos en el proceso. Consiste en diseñar el proceso de manera que sea imposible cometer errores o defectos.

Kanban: esta técnica se utiliza para controlar el flujo de trabajo y mejorar la eficiencia. Consiste en utilizar tarjetas o señales visuales para indicar cuándo se debe producir más productos o cuándo se debe reabastecer el inventario.

La metodología Lean Six Sigma se puede aplicar en cualquier tipo de organización, desde empresas manufactureras hasta organizaciones de servicios. También se puede aplicar en cualquier proceso, desde la fabricación de productos hasta el servicio al cliente.

El éxito de la implementación de Lean Six Sigma depende de la cultura de la organización. Es importante que la organización tenga una cultura de mejora continua y esté comprometida con la implementación de Lean Six Sigma. También es importante que los líderes de la organización apoyen y participen activamente en el proceso de mejora continua.

En resumen, Lean Six Sigma es una metodología de mejora continua que combina los principios del Lean Manufacturing y Six Sigma para eliminar el desperdicio y reducir la variabilidad en los procesos. Esta metodología tiene como objetivo mejorar la calidad de los productos y servicios, reducir los costos y aumentar la satisfacción del cliente. La metodología se compone de cinco fases: Definir, Medir, Analizar, Mejorar y Controlar (DMAIC), y utiliza herramientas y técnicas como mapas de flujo de valor, 5S, Poka-yoke y Kanban para mejorar la eficiencia y efectividad de los procesos. El éxito de la implementación de Lean Six Sigma depende de la cultura de la organización y el compromiso de los líderes.

HISTORIA Y EVOLUCIÓN DE LEAN SIX SIGMA

En los últimos años, Lean Six Sigma se ha convertido en una metodología popular de mejora continua que se ha utilizado en diversas organizaciones y empresas. Esta metodología combina los principios de Lean y Six Sigma para eliminar los residuos, reducir los defectos y mejorar la eficiencia y efectividad de los procesos. En este capítulo, se discutirá la historia y la evolución de Lean Six Sigma, desde sus orígenes hasta su adopción actual en el mundo empresarial.

Orígenes de Lean Six Sigma

La filosofía Lean se originó en Japón en la década de 1950, en la industria automotriz, específicamente en Toyota. El objetivo principal de Lean es maximizar el valor del cliente mientras se minimiza el desperdicio. El enfoque principal de Lean es la eliminación de residuos en los procesos, como la sobreproducción, el tiempo de espera, el transporte, el procesamiento excesivo, el inventario, el movimiento y los defectos.

Por otro lado, Six Sigma es una metodología que se originó en Motorola en la década de 1980. El objetivo principal de Six Sigma es reducir la variabilidad y los defectos en los procesos. La metodología utiliza herramientas estadísticas para identificar y analizar los problemas y mejorar la calidad de los productos y servicios.

La combinación de Lean y Six Sigma se produjo en la década de 1990 cuando las empresas comenzaron a buscar formas de mejorar su eficiencia y efectividad en los procesos. La metodología Lean Six Sigma se convirtió en una herramienta popular para las empresas para mejorar su calidad, reducir costos y mejorar la satisfacción del cliente.

Desarrollo de Lean Six Sigma

La metodología Lean Six Sigma ha evolucionado con el tiempo para adaptarse a las necesidades cambiantes de las empresas. A continuación, se describen algunas de las etapas clave en la evolución de Lean Six Sigma:

Inicio de la metodología Lean Six Sigma

La metodología Lean Six Sigma comenzó a utilizarse en la década de 1990 en empresas como General Electric y Motorola. En este momento, la metodología se centró en la mejora de procesos y la reducción de costos.

La metodología Lean Six Sigma se basa en cinco fases, conocidas como DMAIC (Definir, Medir, Analizar, Mejorar y Controlar). Cada fase tiene un conjunto de herramientas y técnicas que se utilizan para identificar y resolver problemas en los procesos.

Ampliación de Lean Six Sigma a otras industrias

En la década de 2000, la metodología Lean Six Sigma se amplió a otras industrias, como la salud y el gobierno. Las empresas comenzaron a utilizar la metodología para mejorar la calidad de los servicios y reducir los costos.

La metodología Lean Six Sigma también se adaptó para abordar problemas específicos en cada industria. Por ejemplo, en la industria de la salud, se utiliza Lean Six Sigma para mejorar la eficiencia de los procesos y reducir los errores médicos.

Integración de Lean Six Sigma con otras metodologías

En la última década, la metodología Lean Six Sigma se ha integrado con otras metodologías, como el pensamiento de diseño y la gestión de proyectos ágil. La integración de estas metodologías ha llevado a la creación de nuevas herramientas y técnicas que se utilizan en la mejora continua.

La metodología Lean Six Sigma también se ha adaptado para abordar problemas específicos en cada organización. Se han desarrollado versiones personalizadas de

Lean Six Sigma para la industria de servicios, el sector público y el sector sin fines de lucro. También se ha creado una versión para pequeñas y medianas empresas.

Además, la metodología Lean Six Sigma ha evolucionado para incluir el concepto de Lean Startup. La metodología Lean Startup se centra en la creación de productos y servicios que satisfagan las necesidades del cliente. Se utiliza para desarrollar productos mínimos viables (MVP) y experimentar con el mercado para obtener retroalimentación temprana.

Beneficios de Lean Six Sigma

La metodología Lean Six Sigma se utiliza para mejorar la calidad, reducir los costos y aumentar la satisfacción del cliente. Los beneficios de Lean Six Sigma incluyen:

Mejora de la calidad: Lean Six Sigma ayuda a mejorar la calidad de los productos y servicios al reducir los defectos y la variabilidad en los procesos.

Reducción de costos: Lean Six Sigma ayuda a reducir los costos al eliminar los residuos en los procesos y mejorar la eficiencia.

Aumento de la satisfacción del cliente: Lean Six Sigma ayuda a mejorar la satisfacción del cliente al mejorar la calidad de los productos y servicios y reducir los tiempos de espera.

Mejora de la eficiencia: Lean Six Sigma ayuda a mejorar la eficiencia al eliminar los residuos y mejorar los procesos.

Aumento de la rentabilidad: Lean Six Sigma ayuda a aumentar la rentabilidad al reducir los costos y mejorar la calidad de los productos y servicios.

Conclusión

La metodología Lean Six Sigma ha evolucionado con el tiempo para adaptarse a las necesidades cambiantes de las empresas y organizaciones. La combinación de los principios de Lean y Six Sigma ha demostrado ser efectiva para mejorar la calidad, reducir los costos y aumentar la satisfacción del cliente. La metodología se ha adaptado para abordar problemas específicos en cada industria y organización. La metodología Lean Six Sigma seguirá evolucionando y adaptándose para satisfacer las necesidades futuras de las empresas y organizaciones en todo el mundo.

PRINCIPIOS DE LEAN SIX SIGMA

El Lean Six Sigma es un enfoque de gestión que combina las metodologías Lean y Six Sigma para mejorar la calidad, reducir los costos y aumentar la eficiencia en una organización. Este enfoque se centra en la eliminación de desperdicios, la mejora continua y la reducción de la variabilidad en los procesos de producción. El presente capítulo se enfocará en los principios básicos de Lean Six Sigma y cómo se pueden aplicar en una organización para obtener mejores resultados.

Introducción al Lean Six Sigma

El Lean Six Sigma es un enfoque de gestión que se ha utilizado en muchas organizaciones para mejorar la calidad, reducir los costos y aumentar la eficiencia. Esta metodología combina las herramientas y técnicas de Lean y Six Sigma para crear un enfoque de mejora continua en la organización. Los principios de Lean Six Sigma se basan en la eliminación de desperdicios, la mejora continua y la reducción de la variabilidad en los procesos de producción.

Los principios de Lean Six Sigma

Los principios de Lean Six Sigma se basan en cinco principios clave: el enfoque en el cliente, la mejora continua, la eliminación de desperdicios, la reducción de la variabilidad y la mejora del rendimiento. A continuación, se describen cada uno de estos principios.

Enfoque en el cliente

El primer principio de Lean Six Sigma es el enfoque en el cliente. La idea es que una organización debe centrarse en lo que el cliente quiere y necesita, en lugar de centrarse en lo que la organización quiere producir. Para lograr esto, una organización debe comprender las necesidades de sus clientes y garantizar que sus productos y servicios cumplan con esas necesidades.

Mejora continua

El segundo principio de Lean Six Sigma es la mejora continua. La idea es que una organización siempre debe esforzarse por mejorar sus procesos y productos para satisfacer mejor las necesidades de sus clientes. Esto se logra a través de la identificación y eliminación de desperdicios, la reducción de la variabilidad y el aumento de la eficiencia.

Eliminación de desperdicios

El tercer principio de Lean Six Sigma es la eliminación de desperdicios. La idea es que una organización debe eliminar cualquier actividad o proceso que no agregue valor al producto o servicio que se está produciendo. Esto se logra a través de la identificación y eliminación de procesos redundantes, actividades innecesarias y cualquier otra cosa que no contribuya al valor final del producto o servicio.

Reducción de la variabilidad

El cuarto principio de Lean Six Sigma es la reducción de la variabilidad. La idea es que una organización debe minimizar la variabilidad en sus procesos para lograr una mayor eficiencia y calidad. Esto se logra a través de la identificación y eliminación de cualquier fuente de variabilidad en el proceso de producción.

Mejora del rendimiento

El quinto principio de Lean Six Sigma es la mejora del rendimiento. La idea es que una organización debe medir y mejorar constantemente su rendimiento para lograr una mayor eficiencia y calidad. Esto se logra a través del seguimiento y medición de los indicadores clave de rendimiento y la implementación de mejoras en los procesos de producción.

Cómo aplicar los principios de Lean Six Sigma

Para aplicar los principios de Lean Six Sigma en una organización, se requiere un enfoque estructurado y sistemático. A continuación, se describen los pasos necesarios para aplicar estos principios en una organización.

Identificar los procesos clave

El primer paso para aplicar los principios de Lean Six Sigma es identificar los procesos clave de la organización que necesitan mejoras. Esto se puede lograr a través de la realización de un análisis de los procesos de producción, identificando aquellos que tienen mayores costos, mayor tiempo de ciclo o que presentan problemas de calidad.

Analizar los procesos

Una vez identificados los procesos clave, es necesario realizar un análisis detallado de los mismos para identificar los puntos de mejora. Esto se puede lograr a través de la realización de un diagrama de flujo de los procesos, identificando los puntos críticos y los problemas de calidad.

Identificar los desperdicios

Una vez que se han identificado los problemas y los puntos de mejora en los procesos, es necesario identificar los desperdicios en los mismos. Esto se puede lograr a través de la identificación de las actividades que no agregan valor al producto o servicio final y la eliminación de las mismas.

Reducir la variabilidad

Una vez identificados los desperdicios, es necesario reducir la variabilidad en los procesos para lograr una mayor eficiencia y calidad. Esto se puede lograr a través de la identificación y eliminación de las fuentes de variabilidad en el proceso de producción.

Medir y mejorar el rendimiento

Finalmente, es necesario medir y mejorar constantemente el rendimiento de los procesos para lograr una mayor eficiencia y calidad. Esto se puede lograr a través del seguimiento y medición de los indicadores clave de rendimiento y la implementación de mejoras en los procesos de producción.

Beneficios de la aplicación de los principios de Lean Six Sigma

La aplicación de los principios de Lean Six Sigma en una organización puede ofrecer una serie de beneficios, entre los que se incluyen:

Mejora de la calidad del producto o servicio.

Reducción de los costos de producción.

Aumento de la eficiencia y productividad.

Mejora de la satisfacción del cliente.

Reducción del tiempo de ciclo de los procesos de producción.

Aumento de la rentabilidad de la organización.

Conclusiones

El Lean Six Sigma es un enfoque de gestión que combina las metodologías Lean y Six Sigma para mejorar la calidad, reducir los costos y aumentar la eficiencia en una organización. Los principios de Lean Six Sigma se basan en la eliminación de desperdicios, la mejora continua y la reducción de la variabilidad en los procesos de producción. Para aplicar estos principios en una organización, se requiere un enfoque estructurado y sistemático que incluye la identificación de los procesos clave, el análisis de los mismos, la identificación de los desperdicios, la reducción de la variabilidad y la medición y mejora del rendimiento. La aplicación de los principios de Lean Six Sigma puede ofrecer una serie de beneficios para una organización, incluyendo la mejora de la calidad, la reducción de los costos, el aumento de la eficiencia y productividad, la mejora de la satisfacción del cliente y la rentabilidad.

ESTRUCTURA Y COMPONENTES DE LEAN SIX SIGMA

El Lean Six Sigma es una metodología que combina dos enfoques para mejorar los procesos empresariales y reducir los errores: el Lean Manufacturing y Six Sigma. La metodología se centra en la eliminación de los residuos y la reducción de la variación en los procesos. En este capítulo, analizaremos la estructura y componentes de Lean Six Sigma, que incluyen la filosofía Lean, la metodología Six Sigma y las herramientas que se utilizan en la implementación de esta metodología.

Filosofía Lean

La filosofía Lean se originó en Japón y se centró en la eliminación de los residuos en los procesos empresariales. Los residuos son cualquier cosa que no añade valor al producto o servicio, como el tiempo de espera, el exceso de inventario, la sobreproducción, el transporte innecesario, el exceso de procesamiento y los defectos. Al eliminar estos residuos, se mejora la eficiencia y se reducen los costos.

La filosofía Lean se basa en cinco principios:

Valor: el cliente es el que determina el valor de un producto o servicio.

Flujo de valor: los procesos se deben diseñar para crear un flujo de valor continuo desde la materia prima hasta el cliente.

Flujo continuo: los procesos deben diseñarse para minimizar los residuos y maximizar el flujo de valor.

Producción ajustada: se debe producir solo lo que se necesita, cuando se necesita y en la cantidad necesaria.

Perfección: el objetivo final es la perfección, es decir, la eliminación completa de los residuos

La filosofía Lean se centra en la mejora continua y el aprendizaje organizacional. Los empleados son animados a identificar y eliminar los residuos en sus procesos y a buscar constantemente formas de mejorar. Esta filosofía se aplica no solo a la fabricación, sino también a los servicios y otras industrias.

Metodología Six Sigma

La metodología Six Sigma se centra en la reducción de la variación en los procesos empresariales. La variación es cualquier desviación del proceso estándar que puede conducir a errores o defectos en el producto o servicio. La metodología utiliza una serie de herramientas y técnicas estadísticas para identificar y reducir la variación en los procesos.

La metodología Six Sigma se basa en cinco fases:

Definir: en esta fase, se define el problema y se establece un equipo de proyecto.

Medir: se recopilan datos para comprender el proceso y cuantificar la variación.

Analizar: se analizan los datos para identificar las causas raíz de la variación.

Mejorar: se desarrollan soluciones para reducir la variación y se implementan los cambios.

Controlar: se establecen controles para garantizar que los cambios se mantengan y se miden los resultados para asegurar la mejora continua.

La metodología Six Sigma utiliza un enfoque basado en datos y hechos para la toma de decisiones y se centra en la satisfacción del cliente y la mejora continua. El objetivo es reducir la variación a un nivel de seis sigma, lo que significa que el proceso produce solo 3,4 defectos por millón de oportunidades.

Herramientas Lean Six Sigma

La metodología Lean Six Sigma utiliza una variedad de herramientas y técnicas para identificar y eliminar los residuos y reducir la variación en los procesos. A continuación, se presentan algunas de las herramientas más comunes utilizadas en Lean Six Sigma:

Mapa de flujo de valor: un mapa de flujo de valor es una herramienta visual que muestra el flujo de materiales e información en un proceso. Se utiliza para identificar los residuos en un proceso y para diseñar un flujo de valor más eficiente.

Análisis de Pareto: el análisis de Pareto es una técnica utilizada para identificar los problemas más comunes en un proceso. Se basa en el principio de que el 80% de los problemas provienen del 20% de las causas.

Diagrama de Ishikawa: también conocido como diagrama de espina de pescado, es una herramienta utilizada para identificar las posibles causas raíz de un problema. Se utiliza para identificar las diferentes categorías de causas que pueden contribuir a un problema.

Histograma: un histograma es un gráfico que muestra la distribución de los datos. Se utiliza para identificar la variación en un proceso y para determinar si los datos siguen una distribución normal.

Gráfico de control: un gráfico de control es una herramienta utilizada para monitorear un proceso y detectar cualquier variación no deseada. Se utiliza para identificar cuando un proceso está fuera de control y para tomar medidas para corregirlo.

Análisis de capacidad del proceso: el análisis de capacidad del proceso se utiliza para medir la capacidad de un proceso para cumplir con las especificaciones del cliente. Se utiliza para identificar si un proceso está produciendo productos o servicios que cumplen con los requisitos del cliente.

DMAIC: DMAIC es una herramienta utilizada en la metodología Six Sigma para identificar y reducir la variación en un proceso. Las cinco fases de DMAIC se describen anteriormente en este capítulo.

Roles y responsabilidades en Lean Six Sigma

Para implementar con éxito Lean Six Sigma en una organización, es importante asignar roles y responsabilidades claros a los empleados y líderes de la empresa. A continuación, se presentan algunos de los roles comunes en un equipo de Lean Six Sigma:

Líder de proyecto: el líder de proyecto es responsable de liderar el equipo de proyecto y asegurarse de que se cumplan los objetivos del proyecto.

Sponsor del proyecto: el sponsor del proyecto es un líder ejecutivo de la organización que proporciona apoyo y recursos al equipo de proyecto.

Champion de Lean Six Sigma: el champion de Lean Six Sigma es un líder que apoya la implementación de Lean Six Sigma en la organización y actúa como un defensor de la metodología.

Black Belt: el Black Belt es un experto en Lean Six Sigma que lidera proyectos complejos y trabaja con otros miembros del equipo para implementar soluciones.

Green Belt: el Green Belt es un miembro del equipo de proyecto que trabaja en proyectos menos complejos y proporciona soporte al Black Belt.

Yellow Belt: el Yellow Belt es un miembro del equipo de proyecto que tiene conocimientos básicos de Lean Six Sigma y puede ayudar con tareas específicas en un proyecto.

Equipo de proyecto: el equipo de proyecto está compuesto por personas de diferentes áreas de la organización que trabajan juntas para lograr los objetivos del proyecto. Cada miembro del equipo de proyecto tiene un rol específico y responsabilidades asignadas.

Es importante tener en cuenta que la implementación de Lean Six Sigma requiere un cambio cultural en la organización. Todos los empleados deben estar dispuestos a aprender y adaptarse a los nuevos procesos y técnicas. Los líderes de la organización deben proporcionar un ambiente de apoyo y motivación para asegurar el éxito de la implementación.

Beneficios de Lean Six Sigma

La implementación de Lean Six Sigma puede proporcionar una serie de beneficios para una organización. A continuación, se presentan algunos de los beneficios comunes de Lean Six Sigma:

Reducción de costos: la eliminación de residuos y la reducción de la variación en los procesos pueden ayudar a reducir los costos de producción y mejorar la eficiencia de la organización.

Mejora de la calidad: al reducir la variación en los procesos, la organización puede producir productos y servicios de mayor calidad que satisfagan mejor las necesidades de los clientes.

Aumento de la satisfacción del cliente: la mejora de la calidad y la eficiencia pueden aumentar la satisfacción del cliente y mejorar la imagen de la organización.

Aumento de la productividad: la eliminación de residuos y la reducción de la variación en los procesos pueden aumentar la productividad de la organización.

Mayor capacidad de innovación: al mejorar la eficiencia y la calidad, la organización puede dedicar más recursos a la innovación y el desarrollo de nuevos productos y servicios.

Mejora de la cultura organizacional: la implementación de Lean Six Sigma puede mejorar la cultura organizacional al fomentar la colaboración, la innovación y el aprendizaje continuo.

Conclusión

En resumen, Lean Six Sigma es una metodología poderosa que puede ayudar a las organizaciones a mejorar la eficiencia, reducir los costos y mejorar la calidad de sus productos y servicios. La metodología se basa en la eliminación de residuos y la reducción de la variación en los procesos, y utiliza una variedad de herramientas y técnicas para lograr estos objetivos.

Para implementar con éxito Lean Six Sigma en una organización, es importante asignar roles y responsabilidades claros a los empleados y líderes de la empresa. Además, la implementación de Lean Six Sigma requiere un cambio cultural en la organización, y todos los empleados deben estar dispuestos a aprender y adaptarse a los nuevos procesos y técnicas.

Los beneficios de Lean Six Sigma incluyen la reducción de costos, la mejora de la calidad, el aumento de la satisfacción del cliente, el aumento de la productividad, la capacidad de innovación y la mejora de la cultura organizacional.

En última instancia, la implementación de Lean Six Sigma puede ayudar a las organizaciones a lograr una ventaja competitiva en el mercado y mejorar su posición en la industria.

ROLES Y RESPONSABILIDADES DE UN EQUIPO DE LEAN SIX SIGMA

Lean Six Sigma es una metodología de mejora continua que se enfoca en la eliminación de desperdicios y la reducción de variabilidad en los procesos. Esta metodología se basa en la colaboración entre equipos de trabajo que están dirigidos por líderes de proyectos y apoyados por expertos en análisis de datos y herramientas estadísticas. En este capítulo se describen los roles y responsabilidades de los miembros de un equipo de Lean Six Sigma, incluyendo los líderes de proyectos y los miembros del equipo. También se discute el papel de los expertos en análisis de datos y herramientas estadísticas.

Roles y responsabilidades de un líder de proyecto

El líder de proyecto es el responsable de dirigir el equipo de Lean Six Sigma para lograr los objetivos del proyecto. Sus principales responsabilidades son las siguientes:

Definir el alcance del proyecto: El líder de proyecto debe definir el alcance del proyecto de manera clara y concisa, para que todos los miembros del equipo tengan una comprensión común de lo que se espera lograr. El alcance del proyecto debe incluir los objetivos, las metas y los plazos.

Identificar el equipo: El líder de proyecto debe seleccionar a los miembros del equipo adecuados para el proyecto. Los miembros del equipo deben tener habilidades y conocimientos complementarios que les permitan trabajar de manera efectiva juntos.

Facilitar la comunicación: El líder de proyecto debe facilitar la comunicación entre los miembros del equipo y otros interesados en el proyecto. La comunicación debe ser clara y efectiva, y el líder de proyecto debe asegurarse de que todos los miembros del equipo estén alineados en cuanto a los objetivos del proyecto.

Establecer un plan de proyecto: El líder de proyecto debe establecer un plan de proyecto que incluya las tareas, los plazos y los recursos necesarios para lograr los objetivos del proyecto. El plan de proyecto debe ser realista y tener en cuenta los recursos disponibles y las limitaciones.

Dirigir el equipo: El líder de proyecto debe dirigir el equipo de manera efectiva, motivando a los miembros del equipo y asegurándose de que se cumplan los plazos y los objetivos del proyecto. El líder de proyecto también debe asegurarse de que los miembros del equipo estén trabajando juntos de manera efectiva.

Medir y monitorear el progreso del proyecto: El líder de proyecto debe medir y monitorear el progreso del proyecto en relación con los plazos y los objetivos establecidos. El líder de proyecto debe identificar y abordar cualquier problema que pueda impedir el éxito del proyecto.

Presentar los resultados del proyecto: El líder de proyecto debe presentar los resultados del proyecto a los interesados en el proyecto. La presentación debe ser clara y concisa, y debe destacar los logros y las lecciones aprendidas durante el proyecto.

Roles y responsabilidades de los miembros del equipo Los miembros del equipo son responsables de realizar las tareas asignadas por el líder de proyecto y de trabajar juntos para lograr los objetivos del proyecto. Sus principales responsabilidades son las siguientes:

Contribuir al plan de proyecto: Los miembros del equipo deben contribuir al plan de proyecto establecido por el líder de proyecto. Los miembros del equipo deben asegurarse de que sus tareas estén alineadas con los objetivos del proyecto y deben informar al líder de proyecto si encuentran problemas o desafíos que puedan afectar el progreso del proyecto.

Realizar las tareas asignadas: Los miembros del equipo deben realizar las tareas asignadas por el líder de proyecto en el plazo establecido y de manera efectiva. Los miembros del equipo deben asegurarse de que sus tareas estén completas y bien documentadas.

Trabajar en equipo: Los miembros del equipo deben trabajar juntos de manera efectiva y colaborativa. Los miembros del equipo deben comunicarse de manera efectiva y resolver cualquier problema o conflicto de manera rápida y efectiva.

Identificar y abordar problemas: Los miembros del equipo deben identificar y abordar cualquier problema o desafío que puedan impedir el progreso del proyecto. Los miembros del equipo deben trabajar juntos para encontrar soluciones y tomar medidas correctivas.

Proporcionar datos y análisis: Los miembros del equipo deben proporcionar datos y análisis relevantes para apoyar el proyecto. Los miembros del equipo deben asegurarse de que los datos y análisis sean precisos y estén bien documentados.

Participar en la presentación de resultados: Los miembros del equipo deben participar en la presentación de resultados del proyecto. Los miembros del equipo deben estar preparados para presentar su trabajo y responder preguntas relacionadas con el proyecto.

Roles y responsabilidades de los expertos en análisis de datos y herramientas estadísticas Los expertos en análisis de datos y herramientas estadísticas son responsables de proporcionar asesoramiento y apoyo técnico al líder de proyecto y a los miembros del equipo. Sus principales responsabilidades son las siguientes:

Identificar y aplicar herramientas estadísticas: Los expertos en análisis de datos deben identificar y aplicar herramientas estadísticas relevantes para el proyecto. Los expertos en análisis de datos deben asegurarse de que las herramientas estadísticas sean aplicadas de manera efectiva y adecuada.

Proporcionar análisis de datos: Los expertos en análisis de datos deben proporcionar análisis de datos relevantes para apoyar el proyecto. Los expertos en análisis de datos deben asegurarse de que los análisis sean precisos y estén bien documentados.

Proporcionar asesoramiento técnico: Los expertos en análisis de datos deben proporcionar asesoramiento técnico al líder de proyecto y a los miembros del equipo. Los expertos en análisis de datos deben asegurarse de que el líder de proyecto y los miembros del equipo comprendan la aplicación de las herramientas estadísticas y los análisis de datos.

Participar en la presentación de resultados: Los expertos en análisis de datos deben participar en la presentación de resultados del proyecto. Los expertos en análisis de datos deben estar preparados para presentar su trabajo y responder preguntas relacionadas con el proyecto.

Conclusión

En resumen, los roles y responsabilidades de los miembros de un equipo de Lean Six Sigma son críticos para el éxito del proyecto. El líder de proyecto es responsable de dirigir el equipo y asegurarse de que se cumplan los objetivos del proyecto. Los miembros del equipo deben trabajar juntos de manera efectiva y completar las tareas asignadas. Los expertos en análisis de datos y herramientas estadísticas son responsables de proporcionar asesoramiento y apoyo técnico al líder de proyecto y a los miembros del equipo.

SELECCIÓN DE PROYECTOS LEAN SIX SIGMA

La selección de proyectos es una etapa fundamental en el proceso de implementación de Lean Six Sigma (LSS). En esta etapa se identifican los problemas críticos que afectan la calidad, los costos y los tiempos de entrega en una organización, se priorizan los proyectos que generan mayor impacto y se definen los objetivos de mejora. El éxito de la implementación de LSS depende en gran medida de la selección adecuada de proyectos.

En este capítulo se describe el proceso de selección de proyectos LSS, se presentan las herramientas y técnicas que se utilizan para la identificación y priorización de proyectos, se discuten los criterios de selección y se presentan algunos ejemplos prácticos.

Proceso de Selección de Proyectos LSS

El proceso de selección de proyectos LSS consta de varias etapas que se describen a continuación:

Identificación de problemas críticos: La primera etapa en el proceso de selección de proyectos es identificar los problemas críticos que afectan la calidad, los costos y los tiempos de entrega en una organización. Estos problemas se pueden identificar mediante diversas herramientas y técnicas, como el análisis de datos, el análisis de procesos, el análisis de causa raíz, entre otros.

Priorización de proyectos: Una vez que se han identificado los problemas críticos, es necesario priorizar los proyectos que generan mayor impacto en la organización. Para ello, se pueden utilizar diversas herramientas y técnicas, como la matriz de priorización, el análisis de costo-beneficio, el análisis de riesgos, entre otros.

Definición de objetivos de mejora: Una vez que se han priorizado los proyectos, es necesario definir los objetivos de mejora para cada proyecto seleccionado. Estos objetivos deben ser específicos, medibles, alcanzables, relevantes y oportunos (SMART, por sus siglas en inglés). Los objetivos de mejora deben estar alineados con la estrategia de la organización y deben contribuir a la mejora de los indicadores clave de desempeño (KPI, por sus siglas en inglés).

Selección de equipo de trabajo: Una vez que se han definido los objetivos de mejora, es necesario seleccionar un equipo de trabajo para cada proyecto seleccionado. Este equipo debe estar formado por personas con habilidades y conocimientos específicos para abordar el problema identificado y lograr los objetivos de mejora definidos.

Herramientas y Técnicas para la Identificación y Priorización de Proyectos

Existen diversas herramientas y técnicas que se pueden utilizar para la identificación y priorización de proyectos LSS. A continuación, se describen algunas de las más comunes:

Análisis de datos: El análisis de datos es una herramienta clave en la identificación de problemas críticos en una organización. Se pueden utilizar diversas técnicas estadísticas, como el análisis de varianza, el análisis de regresión, el análisis de tendencias, entre otros, para identificar patrones y tendencias en los datos que indiquen la presencia de problemas críticos.

Análisis de procesos: El análisis de procesos se utiliza para identificar problemas críticos en los procesos productivos o de servicios. Se pueden utilizar diversas herramientas, como el diagrama de flujo, el mapa de procesos, el análisis de valor agregado, entre otros, para identificar cuellos de botella, ineficiencias y oportunidades de mejora en los procesos.

Análisis de causa raíz: El análisis de causa raíz se utiliza para identificar las causas subyacentes de los problemas críticos. Se pueden utilizar diversas herramientas, como el diagrama de Ishikawa, el análisis de los 5 porqués, entre otros, para identificar las causas raíz de los problemas.

Matriz de priorización: La matriz de priorización es una herramienta que permite comparar diferentes proyectos y priorizarlos en función de su impacto en la organización y su factibilidad de implementación. Se pueden utilizar diversos criterios, como el impacto en la calidad, el impacto en los costos, el impacto en los tiempos de entrega, la complejidad de implementación, entre otros, para comparar y priorizar los proyectos.

Análisis de costo-beneficio: El análisis de costo-beneficio se utiliza para evaluar la rentabilidad de los proyectos. Se comparan los costos de implementación con los beneficios esperados y se determina si el proyecto es rentable. Esta herramienta es especialmente útil para evaluar proyectos de mejora que implican grandes inversiones.

Análisis de riesgos: El análisis de riesgos se utiliza para evaluar los riesgos asociados a los proyectos de mejora. Se identifican los riesgos potenciales, se evalúa su probabilidad de ocurrencia y su impacto en el proyecto, y se definen planes de contingencia para minimizar los riesgos.

Criterios de Selección de Proyectos LSS

Para seleccionar los proyectos LSS adecuados, es necesario tener en cuenta diversos criterios, como los siguientes:

Impacto en la organización: Los proyectos seleccionados deben tener un impacto significativo en la organización. Se deben priorizar los proyectos que generan mayor impacto en la calidad, los costos y los tiempos de entrega.

Factibilidad de implementación: Los proyectos seleccionados deben ser factibles de implementar. Se deben tener en cuenta factores como la complejidad de implementación, la disponibilidad de recursos y el tiempo requerido para implementar el proyecto.

Alineación con la estrategia de la organización: Los proyectos seleccionados deben estar alineados con la estrategia de la organización. Se deben priorizar los proyectos que contribuyen a la consecución de los objetivos estratégicos de la organización.

Rentabilidad: Los proyectos seleccionados deben ser rentables. Se deben evaluar los costos de implementación y los beneficios esperados y seleccionar los proyectos que tienen una rentabilidad adecuada.

Ejemplos Prácticos

A continuación, se presentan algunos ejemplos prácticos de selección de proyectos LSS:

Reducción de los tiempos de entrega: En una empresa de manufactura, los tiempos de entrega de los productos son largos y poco predecibles. Se realiza un análisis de proceso y se identifican diversas ineficiencias en el proceso de producción. Se selecciona un proyecto para reducir los tiempos de entrega mediante la implementación de mejoras en el proceso de producción. Se definen objetivos SMART para el proyecto, se selecciona un equipo de trabajo y se implementan las mejoras identificadas en el análisis de proceso.

Mejora de la calidad del producto: En una empresa de servicios de tecnología, se ha identificado una alta tasa de errores en el proceso de desarrollo de software. Se realiza un análisis de proceso y se identifican diversas ineficiencias en el proceso de desarrollo de software. Se selecciona un proyecto para mejorar la calidad del producto mediante la implementación de mejoras en el proceso de desarrollo de software. Se definen objetivos SMART para el proyecto, se selecciona un equipo de trabajo y se implementan las mejoras identificadas en el análisis de proceso.

Reducción de costos: En una empresa de servicios financieros, los costos de operación son muy altos. Se realiza un análisis de proceso y se identifican diversas ineficiencias en los procesos de operación. Se selecciona un proyecto para reducir los costos mediante la implementación de mejoras en los procesos de operación. Se definen objetivos SMART para el proyecto, se selecciona un equipo de trabajo y se implementan las mejoras identificadas en el análisis de proceso.

Conclusión

La selección adecuada de proyectos LSS es fundamental para el éxito de cualquier iniciativa de mejora continua en una organización. Para seleccionar los proyectos adecuados, es necesario realizar un análisis riguroso de los procesos, identificar las ineficiencias y oportunidades de mejora, y evaluar los criterios de selección adecuados. Además, es importante definir objetivos SMART, seleccionar un equipo de trabajo capacitado y comprometido, y asegurarse de contar con los recursos necesarios para la implementación del proyecto. Al seguir estas mejores prácticas, las organizaciones pueden mejorar su desempeño, aumentar su rentabilidad y fortalecer su posición en el mercado.

DEFINICIÓN Y MEDICIÓN DE PROBLEMAS

El Lean Six Sigma es un enfoque de gestión que se centra en la eliminación de desperdicios y la reducción de variaciones en los procesos de una empresa. Para ello, se utilizan herramientas y técnicas específicas que ayudan a identificar y solucionar problemas en la organización. En este capítulo, se abordará la definición y medición de problemas en Lean Six Sigma, lo que es fundamental para el éxito de cualquier iniciativa de mejora continua.

Definición de problemas en Lean Six Sigma

Antes de abordar la definición de problemas en Lean Six Sigma, es importante entender que la palabra "problema" puede tener diferentes significados según la cultura empresarial y el contexto. En Lean Six Sigma, un problema se define como cualquier situación que impide a una empresa cumplir con sus objetivos o que causa insatisfacción en los clientes. En otras palabras, un problema es cualquier brecha entre lo que se espera de un proceso y lo que realmente se obtiene.

Los problemas en Lean Six Sigma se clasifican en tres categorías principales: problemas crónicos, problemas agudos y oportunidades de mejora. Los problemas crónicos son aquellos que ocurren de manera constante y tienen un impacto significativo en el rendimiento de la empresa. Los problemas agudos, por otro lado, son aquellos que surgen de manera imprevista y requieren una acción inmediata para evitar daños mayores. Por último, las oportunidades de mejora son situaciones en las que se identifica un potencial para mejorar un proceso, pero no hay un problema real que deba ser solucionado.

Medición de problemas en Lean Six Sigma

Una vez que se ha definido un problema en Lean Six Sigma, es importante medirlo para entender su impacto en el rendimiento de la empresa y establecer un punto de partida para la mejora. La medición de problemas se realiza a través de diferentes técnicas y herramientas, que varían según el tipo de problema y la industria en la que se encuentra la empresa.

En general, la medición de problemas en Lean Six Sigma se lleva a cabo en tres fases: medición del problema actual, análisis de la causa raíz y medición del impacto de la solución. A continuación, se detallan cada una de estas fases.

Medición del problema actual

La medición del problema actual es la primera fase en la medición de problemas en Lean Six Sigma. En esta fase, se recopilan datos para entender el impacto del problema en el rendimiento de la empresa. Los datos se pueden recopilar de diferentes fuentes, como el sistema de gestión de calidad, el sistema de información de la empresa, las encuestas a clientes y empleados, entre otros.

Una herramienta comúnmente utilizada en esta fase es el diagrama de Pareto, que ayuda a identificar los problemas que tienen un impacto significativo en el rendimiento de la empresa. El diagrama de Pareto se construye ordenando los problemas de mayor a menor impacto y graficando la frecuencia de cada problema en un eje y la acumulación del impacto en el otro eje.

Análisis de la causa raíz

Una vez que se ha medido el problema actual, se procede al análisis de la causa raíz. En esta fase, se busca identificar las causas subyacentes del problema para poder abordarlas de manera efectiva. El análisis de la causa raíz se puede realizar utilizando diferentes herramientas, como el análisis de los 5 porqués, que consiste en hacerse preguntas sucesivas sobre el problema hasta llegar a su causa raíz. También se pueden utilizar herramientas más avanzadas como el diagrama de espina de pescado o diagrama Ishikawa, que ayudan a identificar diferentes causas del problema y agruparlas en categorías.

Una vez identificadas las causas raíz del problema, se puede utilizar un enfoque de análisis de costo-beneficio para determinar la mejor solución a implementar. Este enfoque compara el costo de implementar la solución con los beneficios que se obtendrán, para asegurarse de que la solución elegida sea rentable.

Medición del impacto de la solución

La última fase en la medición de problemas en Lean Six Sigma es la medición del impacto de la solución. Una vez que se ha implementado la solución, se deben medir los resultados para asegurarse de que el problema se ha resuelto de manera efectiva y que se han obtenido mejoras en el rendimiento de la empresa.

La medición del impacto de la solución se realiza utilizando los mismos indicadores que se utilizaron en la medición del problema actual. Si se han recopilado datos suficientes durante la fase de medición del problema actual, se pueden comparar los datos antes y después de la implementación de la solución para determinar el impacto de la mejora.

Conclusiones

La definición y medición de problemas en Lean Six Sigma es fundamental para el éxito de cualquier iniciativa de mejora continua en una empresa. La definición de problemas permite a la empresa identificar brechas entre lo que se espera de un proceso y lo que realmente se obtiene, mientras que la medición de problemas ayuda a establecer un punto de partida para la mejora y a medir el impacto de la solución.

La medición de problemas en Lean Six Sigma se lleva a cabo en tres fases: medición del problema actual, análisis de la causa raíz y medición del impacto de la solución. Cada una de estas fases utiliza diferentes herramientas y técnicas para lograr su objetivo, lo que permite un enfoque estructurado y eficiente para la solución de problemas.

En resumen, la definición y medición de problemas en Lean Six Sigma son herramientas poderosas para cualquier empresa que busque mejorar su rendimiento y reducir costos. Al utilizar estas herramientas de manera efectiva, una empresa puede identificar y solucionar problemas de manera proactiva, lo que la lleva a ser más eficiente y competitiva en el mercado.

ANÁLISIS DE DATOS Y HERRAMIENTAS ESTADÍSTICAS

En los últimos años, la utilización de herramientas y metodologías para el análisis de datos se ha convertido en una práctica común en las empresas que buscan mejorar su eficiencia y eficacia. Una de estas metodologías es Lean Six Sigma, la cual se enfoca en mejorar los procesos empresariales a través de la eliminación de desperdicios y la reducción de variabilidad en la producción.

En este capítulo, se abordará el análisis de datos y las herramientas estadísticas que se utilizan en Lean Six Sigma para mejorar la calidad de los procesos empresariales. Se explicará en detalle cómo se pueden utilizar estas herramientas para identificar los problemas en un proceso y cómo se pueden aplicar para reducir la variabilidad y mejorar la eficiencia en la producción.

Análisis de datos en Lean Six Sigma

El análisis de datos es una parte fundamental de Lean Six Sigma, ya que permite identificar los problemas en un proceso y encontrar soluciones para mejorar la calidad y eficiencia. En este proceso, se utilizan herramientas y técnicas estadísticas para analizar los datos y encontrar patrones que permitan tomar decisiones informadas sobre cómo mejorar el proceso.

La recopilación de datos es la primera etapa del análisis de datos en Lean Six Sigma. Los datos se pueden recopilar de diferentes maneras, incluyendo la observación directa del proceso, la revisión de registros y la realización de encuestas. Una vez que se han recopilado los datos, se pueden analizar utilizando diferentes técnicas estadísticas.

Una técnica común utilizada en Lean Six Sigma para analizar datos es el análisis de Pareto. Esta técnica se utiliza para identificar los problemas más comunes en un proceso y determinar las causas raíz de estos problemas. El análisis de Pareto se basa en el principio del 80/20, es decir, que el 80% de los problemas son causados por el 20% de las causas. Por lo tanto, al identificar y abordar estas causas raíz, se pueden solucionar la mayoría de los problemas en un proceso.

Otra técnica utilizada en el análisis de datos en Lean Six Sigma es el análisis de correlación. Esta técnica se utiliza para identificar la relación entre dos variables en un proceso. Por ejemplo, si se sospecha que la velocidad de producción está relacionada con el número de errores en el proceso, se puede utilizar el análisis de correlación para determinar si hay una relación entre estas dos variables. Si se encuentra una correlación positiva, es decir, que a medida que aumenta la velocidad de producción, aumentan los errores, entonces se puede tomar medidas para reducir la velocidad de producción y mejorar la calidad del proceso.

El análisis de regresión es otra técnica estadística utilizada en Lean Six Sigma para analizar datos. Esta técnica se utiliza para predecir el valor de una variable en función de otras variables. Por ejemplo, si se quiere predecir el número de productos defectuosos producidos en una semana, se puede utilizar el análisis de regresión para determinar si hay una relación entre el número de horas de trabajo y el número de productos defectuosos producidos. Si se encuentra una relación significativa, se pueden tomar medidas para reducir las horas de trabajo y mejorar la calidad del proceso.

Otras técnicas utilizadas en el análisis de datos en Lean Six Sigma incluyen el análisis de varianza, el análisis de series temporales y el análisis de capacidad. Estas técnicas permiten analizar los datos de diferentes maneras para identificar patrones y tendencias en el proceso, lo que puede ayudar a tomar decisiones informadas sobre cómo mejorar la calidad y eficiencia.

Herramientas estadísticas en Lean Six Sigma

Además de las técnicas estadísticas mencionadas anteriormente, Lean Six Sigma utiliza una serie de herramientas específicas para analizar datos y mejorar los procesos empresariales. A continuación, se describen algunas de estas herramientas.

Diagrama de Ishikawa

El diagrama de Ishikawa, también conocido como diagrama de espina de pescado o diagrama de causa-efecto, es una herramienta utilizada en Lean Six Sigma para identificar las causas raíz de un problema en un proceso. El diagrama se utiliza para visualizar las diferentes causas que pueden contribuir a un problema y para determinar cuáles son las más importantes. Las causas se agrupan en diferentes categorías, como mano de obra, maquinaria, materiales, métodos, entorno y medición. El diagrama de Ishikawa permite analizar el problema de manera estructurada y encontrar soluciones para resolverlo.

Diagrama de flujo

El diagrama de flujo es otra herramienta utilizada en Lean Six Sigma para analizar un proceso y determinar las áreas donde se pueden mejorar la eficiencia y la calidad. El diagrama se utiliza para visualizar el flujo del proceso, desde la entrada de materiales hasta la salida del producto final. Cada etapa del proceso se representa con un símbolo y se conecta con flechas para indicar el flujo del proceso. El diagrama de flujo permite identificar las áreas donde se pueden reducir los desperdicios y mejorar la eficiencia en el proceso.

Gráfico de control

El gráfico de control es una herramienta utilizada en Lean Six Sigma para monitorear un proceso y detectar cualquier cambio que pueda indicar una variabilidad en el proceso. El gráfico se utiliza para visualizar los datos del proceso a lo largo del tiempo y para determinar si los datos se encuentran dentro de los límites de control establecidos. Si los datos se desvían de los límites de control, se pueden tomar medidas para corregir el proceso y mejorar la calidad y eficiencia.

Matriz de correlación

La matriz de correlación es una herramienta utilizada en Lean Six Sigma para visualizar la relación entre múltiples variables en un proceso. La matriz se utiliza para visualizar la correlación entre las diferentes variables y para determinar cuáles son las variables más importantes en el proceso. La matriz de correlación permite identificar las variables que deben ser monitoreadas y controladas para mejorar la calidad y eficiencia en el proceso.

Análisis de capacidad

El análisis de capacidad es una herramienta utilizada en Lean Six Sigma para determinar la capacidad de un proceso para cumplir con las especificaciones del cliente. El análisis se utiliza para comparar la variabilidad del proceso con las especificaciones del cliente y para determinar si el proceso está produciendo productos dentro de las especificaciones. Si el proceso no cumple con las especificaciones del cliente, se pueden tomar medidas para reducir la variabilidad y mejorar la calidad del proceso.

Conclusiones

En conclusión, el análisis de datos y las herramientas estadísticas son fundamentales en Lean Six Sigma para mejorar la calidad y eficiencia en los procesos empresariales. Las diferentes técnicas estadísticas y herramientas permiten identificar las causas raíz de los problemas, reducir la variabilidad del proceso, optimizar la eficiencia y mejorar la satisfacción del cliente.

Es importante destacar que para implementar con éxito Lean Six Sigma, es necesario contar con un equipo altamente capacitado en la aplicación de estas técnicas y herramientas estadísticas. Además, es fundamental que la organización tenga un enfoque centrado en el cliente y en la mejora continua de los procesos.

En resumen, el análisis de datos y las herramientas estadísticas son un componente clave en Lean Six Sigma y son esenciales para la identificación y solución de problemas, reducción de la variabilidad y mejora de la eficiencia en los procesos empresariales. Si se aplican correctamente, estas técnicas pueden ayudar a las organizaciones a mejorar su rendimiento y a mantenerse competitivas en el mercado.

MEJORA DE PROCESOS UTILIZANDO LEAN SIX SIGMA

La mejora de procesos es un aspecto crítico de la gestión empresarial y la competitividad en el mercado actual. Los procesos empresariales ineficientes y poco efectivos pueden causar retrasos, errores, insatisfacción del cliente y pérdida de oportunidades de negocio. Por lo tanto, es importante que las empresas implementen estrategias y metodologías para mejorar continuamente sus procesos y aumentar su eficiencia y eficacia.

En este capítulo, se discutirá la metodología Lean Six Sigma (LSS) como una herramienta efectiva para la mejora de procesos. Se explicará en qué consiste LSS, cómo se aplica en la mejora de procesos, y se proporcionarán algunos ejemplos de cómo LSS ha sido implementado con éxito en diferentes empresas y organizaciones.

Qué es Lean Six Sigma

Lean Six Sigma (LSS) es una metodología que combina dos enfoques: Lean y Six Sigma. Lean se enfoca en la eliminación de desperdicios y mejora de la eficiencia, mientras que Six Sigma se enfoca en la mejora de la calidad y la reducción de la variabilidad. Juntos, estos enfoques ofrecen una metodología integral para la mejora de procesos empresariales.

La metodología LSS se basa en el ciclo PDCA (Plan-Do-Check-Act), que es un enfoque sistemático para la mejora continua de procesos. En este ciclo, primero se planifica el proceso, se ejecuta, se verifica el resultado y se toman medidas correctivas para mejorar el proceso. La metodología LSS utiliza herramientas y técnicas específicas en cada etapa del ciclo PDCA para lograr una mejora continua.

Aplicación de Lean Six Sigma en la mejora de procesos

La aplicación de la metodología LSS en la mejora de procesos implica una serie de pasos. A continuación, se describen los pasos típicos de la aplicación de LSS en la mejora de procesos:

Definición del problema: El primer paso en la aplicación de LSS es definir el problema. Es importante tener una comprensión clara del problema y cómo afecta el proceso empresarial. En este paso, se identifica el problema y se establecen los objetivos de mejora.

Medición: En esta etapa, se recopilan datos para comprender el proceso actual y determinar su rendimiento. Se utilizan herramientas como el análisis de flujo de valor, la medición de tiempos y la evaluación de la satisfacción del cliente para identificar los puntos débiles del proceso.

Análisis: En esta etapa, se analizan los datos recopilados para identificar las causas raíz del problema. Se utilizan herramientas como el diagrama de Ishikawa y el análisis de Pareto para identificar las causas principales del problema.

Mejora: En esta etapa, se desarrollan soluciones para abordar las causas raíz del problema. Se utilizan herramientas como el diseño de experimentos y la matriz de selección de soluciones para desarrollar y seleccionar las soluciones más efectivas.

Control: En esta etapa, se implementan las soluciones desarrolladas y se monitorea el proceso para asegurar que se mantenga en un estado de mejora continua. Se utilizan herramientas como los gráficos de control y la auditoría de procesos para asegurarse de que el proceso esté funcionando de manera efectiva y se mantenga dentro de los límites establecidos.

Ejemplos de aplicación de Lean Six Sigma en la mejora de procesos

A continuación, se presentan algunos ejemplos de cómo la metodología LSS ha sido implementada con éxito en diferentes empresas y organizaciones:

General Electric: GE ha sido uno de los líderes en la implementación de LSS. Han implementado LSS en toda la organización, desde la fabricación hasta los servicios financieros. Como resultado, han logrado reducir costos, mejorar la calidad y aumentar la satisfacción del cliente.

Ford: Ford ha utilizado LSS para mejorar sus procesos de fabricación de automóviles. Han logrado reducir el tiempo de ciclo en la producción de vehículos, reducir los defectos y mejorar la eficiencia de los procesos.

American Express: American Express ha utilizado LSS para mejorar su proceso de servicio al cliente. Han logrado reducir el tiempo de respuesta a los clientes, mejorar la satisfacción del cliente y reducir los costos de servicio.

Amazon: Amazon ha utilizado LSS para mejorar su proceso de gestión de inventario y entrega de productos. Han logrado reducir el tiempo de entrega de los productos, reducir el inventario no vendido y mejorar la eficiencia en la gestión de almacenes.

Conclusiones

La metodología Lean Six Sigma es una herramienta efectiva para la mejora continua de procesos empresariales. La combinación de Lean y Six Sigma permite una aproximación integral a la mejora de procesos, enfocándose tanto en la eficiencia como en la calidad. La aplicación de LSS en la mejora de procesos empresariales implica una serie de pasos que permiten una mejora continua y sistemática. Además, la metodología LSS ha sido implementada con éxito en diferentes empresas y organizaciones, lo que demuestra su efectividad en la mejora de procesos empresariales. En resumen, la metodología LSS es una herramienta valiosa para las empresas que buscan mejorar continuamente sus procesos y aumentar su competitividad en el mercado actual.

MÉTODOS DE CONTROL Y ASEGURAMIENTO DE CALIDAD EN LEAN SIX SIGMA

El control y aseguramiento de calidad son aspectos críticos en cualquier proceso de mejora continua, y no es diferente en Lean Six Sigma. Los métodos utilizados para controlar y asegurar la calidad son esenciales para garantizar que los resultados sean consistentes, confiables y estén alineados con los objetivos del proyecto. En este capítulo, exploraremos los métodos utilizados en Lean Six Sigma para el control y aseguramiento de calidad, incluyendo el control estadístico de procesos, el análisis de capacidad, la validación de medidas, la gestión de cambios y la revisión de procesos.

Control Estadístico de Procesos

El control estadístico de procesos (CEP) es un método utilizado para monitorear y controlar la variabilidad en un proceso. El CEP es una herramienta clave en Lean Six Sigma, ya que permite la identificación temprana de problemas en el proceso y la toma de medidas correctivas antes de que se produzcan problemas mayores. El CEP se basa en la recopilación y análisis de datos del proceso, utilizando gráficos de control para identificar cualquier variación que pueda estar fuera de los límites aceptables.

Existen varios tipos de gráficos de control que se utilizan en Lean Six Sigma, incluyendo gráficos de control de media y rango (Xbar-R), gráficos de control de media y desviación estándar (Xbar-S) y gráficos de control por atributos. Los gráficos de control se utilizan para monitorear las variables clave del proceso y para determinar si el proceso está dentro de los límites aceptables de variabilidad. Si se detecta alguna variación que esté fuera de los límites aceptables, se deben tomar medidas correctivas para corregir el problema.

El análisis de Capacidad

El análisis de capacidad es un método utilizado para determinar si un proceso es capaz de cumplir con las especificaciones del cliente. El análisis de capacidad se utiliza para evaluar la capacidad del proceso para producir productos o servicios dentro de los límites especificados. El análisis de capacidad se basa en el uso de datos estadísticos para determinar la capacidad del proceso, lo que permite la identificación temprana de problemas en el proceso y la toma de medidas correctivas para mejorar la capacidad del proceso.

Existen varios índices de capacidad que se utilizan en Lean Six Sigma, incluyendo el índice de capacidad del proceso (Cp), el índice de capacidad del proceso a corto plazo (Cpk) y el índice de capacidad del proceso a largo plazo (Ppk). Estos índices se utilizan para evaluar la capacidad del proceso para producir productos o servicios dentro de los límites especificados. Si el proceso no cumple con los requisitos de capacidad, se deben tomar medidas correctivas para mejorar la capacidad del proceso.

Validación de Medidas

La validación de medidas es un método utilizado para garantizar que las mediciones tomadas en el proceso sean precisas y confiables. La validación de medidas es esencial para garantizar que los resultados del proceso sean confiables y precisos. La validación de medidas se basa en la comparación de las mediciones tomadas con un estándar de referencia conocido.

Existen varios métodos utilizados en Lean Six Sigma para validar las medidas, incluyendo la repetibilidad y reproducibilidad (R&R) y los estudios de linealidad. El R&R se utiliza para evaluar la variación en las mediciones que se deben a la variación en el proceso y en el operador. Los estudios de linealidad se utilizan para evaluar la precisión de las mediciones en un rango específico de valores. Si se detectan problemas con la precisión de las mediciones, se deben tomar medidas correctivas para corregir el problema.

Gestión de Cambios

La gestión de cambios es un método utilizado para garantizar que los cambios en el proceso se realicen de manera controlada y efectiva. La gestión de cambios es esencial para garantizar que los cambios en el proceso no afecten negativamente la calidad del producto o servicio. La gestión de cambios se basa en la identificación de los cambios necesarios, la evaluación del impacto del cambio en el proceso y la implementación controlada del cambio.

Existen varios pasos que se deben seguir en la gestión de cambios, incluyendo la identificación del cambio, la evaluación del impacto del cambio, la aprobación del cambio y la implementación controlada del cambio. Si se detectan problemas con el cambio, se deben tomar medidas correctivas para corregir el problema.

Revisión de Procesos

La revisión de procesos es un método utilizado para evaluar el rendimiento del proceso y determinar si se están cumpliendo los objetivos del proyecto. La revisión de procesos se utiliza para identificar áreas que requieren mejora y para determinar si se están utilizando los métodos correctos para controlar y asegurar la calidad del proceso.

La revisión de procesos se basa en la recopilación y análisis de datos del proceso, la comparación de los resultados con los objetivos del proyecto y la identificación de áreas que requieren mejora. Si se identifican áreas que requieren mejora, se deben tomar medidas correctivas para corregir el problema.

Conclusiones

El control y aseguramiento de calidad son aspectos críticos en cualquier proceso de mejora continua, y no es diferente en Lean Six Sigma. Los métodos utilizados para controlar y asegurar la calidad son esenciales para garantizar que los resultados sean consistentes, confiables y estén alineados con los objetivos del proyecto. En este capítulo, exploramos los métodos utilizados en Lean Six Sigma para el control y aseguramiento de calidad, incluyendo el control estadístico de procesos, el análisis de capacidad, la validación de medidas, la gestión de cambios y la revisión de procesos.

El control estadístico de procesos es una herramienta clave en Lean Six Sigma, ya que permite la identificación temprana de problemas en el proceso y la toma de medidas correctivas antes de que se produzcan problemas mayores. El análisis de capacidad se utiliza para evaluar la capacidad del proceso para producir productos o servicios dentro de los límites especificados. La validación de medidas es esencial para garantizar que los resultados del proceso sean confiables y precisos. La gestión de cambios es esencial para garantizar que los cambios en el proceso no afecten negativamente la calidad del producto o servicio. La revisión de procesos se utiliza para identificar áreas que requieren mejora y para determinar si se están cumpliendo los objetivos del proyecto.

En general, la utilización efectiva de estos métodos de control y aseguramiento de calidad es esencial para garantizar el éxito del proyecto de mejora continua. La identificación temprana de problemas en el proceso y la toma de medidas correctivas para corregirlos puede ahorrar tiempo y recursos valiosos. Además, la evaluación constante del rendimiento del proceso y la identificación de áreas que requieren mejora pueden ayudar a garantizar que los objetivos del proyecto se cumplan de manera eficiente y efectiva.

Es importante destacar que estos métodos no son solo útiles en el contexto de Lean Six Sigma, sino que también se pueden aplicar en una amplia variedad de contextos y proyectos. Al utilizar estos métodos, las organizaciones pueden mejorar la calidad de sus productos y servicios, aumentar la satisfacción del cliente y mejorar la eficiencia y eficacia de sus procesos.

En resumen, el control y aseguramiento de calidad son aspectos esenciales en cualquier proyecto de mejora continua, y Lean Six Sigma no es una excepción. Los métodos utilizados en Lean Six Sigma para controlar y asegurar la calidad, como el control estadístico de procesos, el análisis de capacidad, la validación de medidas, la gestión de cambios y la revisión de procesos, son herramientas valiosas para garantizar que los objetivos del proyecto se cumplan de manera eficiente y efectiva. Al utilizar estos métodos, las organizaciones pueden mejorar la calidad de sus productos y servicios, aumentar la satisfacción del cliente y mejorar la eficiencia y eficacia de sus procesos.

IMPLEMENTACIÓN DE LEAN SIX SIGMA EN UNA ORGANIZACIÓN

La implementación de Lean Six Sigma en una organización es una estrategia popular para mejorar la eficiencia y la calidad de los procesos. Esta metodología combina la filosofía Lean, que se enfoca en eliminar desperdicios y aumentar la eficiencia, y Six Sigma, que se enfoca en reducir la variabilidad y mejorar la calidad. En este capítulo, se discutirán los conceptos básicos de Lean Six Sigma y se explicará cómo se puede implementar esta metodología en una organización.

¿Qué es Lean Six Sigma?

Lean Six Sigma es una metodología de mejora de procesos que combina los principios de Lean y Six Sigma. La filosofía Lean se enfoca en la eliminación de desperdicios y la mejora de la eficiencia, mientras que Six Sigma se enfoca en la reducción de la variabilidad y la mejora de la calidad. La combinación de estos dos enfoques crea una metodología poderosa que puede mejorar significativamente la eficiencia y la calidad de los procesos en una organización.

Beneficios de la implementación de Lean Six Sigma

La implementación de Lean Six Sigma puede proporcionar una serie de beneficios significativos para una organización. Algunos de estos beneficios incluyen:

Reducción de costos: Lean Six Sigma ayuda a identificar y eliminar desperdicios en los procesos, lo que puede resultar en una reducción significativa de costos.

Mejora de la calidad: Six Sigma se enfoca en la reducción de la variabilidad y la mejora de la calidad, lo que puede ayudar a reducir los defectos y mejorar la satisfacción del cliente.

Mayor eficiencia: Lean se enfoca en la mejora de la eficiencia y la eliminación de desperdicios, lo que puede resultar en procesos más rápidos y menos costosos.

Mayor satisfacción del cliente: La mejora de la calidad y la eficiencia pueden resultar en una mayor satisfacción del cliente, lo que puede ser beneficioso para la imagen de marca y las ventas.

Mayor implicación del personal: La implementación de Lean Six Sigma puede involucrar a los empleados en la mejora de los procesos, lo que puede mejorar la moral y el compromiso del personal.

Pasos para la implementación de Lean Six Sigma

La implementación de Lean Six Sigma implica una serie de pasos clave que deben seguirse para asegurar el éxito de la implementación. En este capítulo, se explicarán los pasos básicos que deben seguirse para implementar esta metodología en una organización.

Identificar los procesos clave

El primer paso para la implementación de Lean Six Sigma es identificar los procesos clave en la organización que necesitan mejora. Estos procesos deben seleccionarse cuidadosamente para asegurarse de que la mejora en estos procesos tenga un impacto significativo en la eficiencia y la calidad de la organización en general. Es importante involucrar a los miembros relevantes de la organización en este proceso de selección de procesos clave, ya que tienen una comprensión más profunda de los procesos y pueden proporcionar información valiosa.

Establecer un equipo de proyecto

Una vez que se han identificado los procesos clave, se debe establecer un equipo de proyecto para implementar Lean Six Sigma. Este equipo debe estar formado por miembros de diferentes áreas de la organización que tienen una comprensión profunda de los procesos seleccionados. El líder del equipo debe tener habilidades de liderazgo fuertes y experiencia en la implementación de Lean Six Sigma.

Realizar una evaluación del proceso

El siguiente paso es realizar una evaluación del proceso para comprender mejor los desafíos y las áreas de mejora. Esto puede implicar la recopilación de datos, la realización de entrevistas y el análisis de procesos. Es importante involucrar a los miembros relevantes de la organización en este proceso de evaluación del proceso para garantizar que se comprendan completamente todos los problemas y desafíos.

Establecer objetivos y métricas de mejora

Una vez que se han identificado los desafíos y las áreas de mejora, se deben establecer objetivos y métricas de mejora. Estos objetivos deben ser específicos, medibles, alcanzables, relevantes y oportunos (SMART) y deben reflejar los desafíos identificados en la evaluación del proceso. Las métricas de mejora deben ser utilizadas para medir el progreso hacia los objetivos y proporcionar retroalimentación sobre el éxito de la implementación.

Desarrollar un plan de implementación

El siguiente paso es desarrollar un plan de implementación detallado que incluya las acciones específicas que se deben tomar para alcanzar los objetivos establecidos. Este plan debe incluir un calendario de implementación, un presupuesto y un plan de gestión del cambio para garantizar que todos los miembros de la organización estén preparados para el cambio.

Implementar y monitorear el plan

Una vez que se ha desarrollado el plan de implementación, se debe implementar y monitorear el plan. Es importante involucrar a todo el equipo de proyecto y a otros miembros relevantes de la organización en este proceso de implementación y monitoreo para garantizar que se logren los objetivos establecidos.

Evaluar el éxito de la implementación

Una vez que se ha implementado el plan de implementación, se debe evaluar el éxito de la implementación. Esto puede implicar la realización de una evaluación de seguimiento para medir el progreso hacia los objetivos establecidos y para identificar cualquier área que necesite más mejora. Es importante utilizar las métricas de mejora establecidas en el paso 2.4 para evaluar el éxito de la implementación.

Consejos y sugerencias para la implementación exitosa de Lean Six Sigma

La implementación exitosa de Lean Six Sigma requiere más que simplemente seguir los pasos básicos. En este capítulo, se proporcionarán consejos y sugerencias adicionales para garantizar una implementación exitosa de Lean Six Sigma en una organización.

Obtener el apoyo de la alta dirección

La implementación exitosa de Lean Six Sigma requiere el apoyo de la alta dirección de la organización. Es importante que la alta dirección comprenda los beneficios potenciales de la implementación de Lean Six Sigma y esté comprometida con el proceso de implementación. Esto puede implicar la asignación de recursos financieros y humanos adecuados y la designación de un líder de proyecto experimentado.

Comunicar claramente el proceso de implementación

Es importante que todos los miembros relevantes de la organización comprendan claramente el proceso de implementación de Lean Six Sigma y estén preparados para el cambio. Esto puede implicar la realización de reuniones de información y capacitación para explicar el proceso de implementación y las ventajas potenciales. También es importante proporcionar una comunicación regular y transparente durante todo el proceso de implementación para mantener a los miembros de la organización informados sobre los progresos y los desafíos.

Establecer objetivos alcanzables

Es importante establecer objetivos alcanzables y realistas para la implementación de Lean Six Sigma. Los objetivos deben ser específicos, medibles, alcanzables, relevantes y oportunos (SMART) y deben reflejar los desafíos identificados en la evaluación del proceso. También es importante establecer un plan de acción detallado para alcanzar estos objetivos.

Involucrar a todos los miembros relevantes de la organización

Es importante involucrar a todos los miembros relevantes de la organización en el proceso de implementación de Lean Six Sigma. Esto puede implicar la formación de equipos de proyecto, la realización de entrevistas y la recopilación de comentarios de los miembros de la organización para identificar problemas y desafíos. También es importante proporcionar capacitación y apoyo continuo a todos los miembros de la organización para garantizar que estén preparados para el cambio.

Evaluar regularmente el progreso

Es importante evaluar regularmente el progreso hacia los objetivos establecidos y ajustar el plan de implementación según sea necesario. Esto puede implicar la realización de evaluaciones de seguimiento y la revisión regular de las métricas de mejora para garantizar que se estén logrando los objetivos. También es importante proporcionar retroalimentación y reconocimiento a los miembros de la organización que contribuyen al éxito de la implementación.

Beneficios de la implementación de Lean Six Sigma

La implementación de Lean Six Sigma puede proporcionar numerosos beneficios a una organización. En este capítulo, se discutirán algunos de los principales beneficios de la implementación de Lean Six Sigma.

Mejora de la calidad

Uno de los principales beneficios de la implementación de Lean Six Sigma es la mejora de la calidad de los productos y servicios de la organización. La metodología Lean Six Sigma se centra en la eliminación de defectos y la reducción de la variación en los procesos, lo que puede mejorar significativamente la calidad de los productos y servicios.

Reducción de costos

La implementación de Lean Six Sigma también puede ayudar a una organización a reducir costos al mejorar la eficiencia y la efectividad de los procesos. Al eliminar los procesos ineficientes y reducir la variación en los procesos, una organización puede reducir los costos de producción y mejorar la rentabilidad.

Aumento de la productividad

La mejora de la eficiencia y la efectividad de los procesos también puede conducir a un aumento de la productividad. Al reducir los tiempos de ciclo y mejorar la calidad de los productos y servicios, una organización puede aumentar su capacidad para producir más en menos tiempo.

Mayor satisfacción del cliente

La mejora de la calidad de los productos y servicios y la reducción de los tiempos de ciclo también pueden conducir a una mayor satisfacción del cliente. Los clientes pueden experimentar una mayor satisfacción al recibir productos y servicios de mayor calidad en menos tiempo.

Mejora de la cultura organizacional

La implementación de Lean Six Sigma también puede mejorar la cultura organizacional de una organización. Al involucrar a todos los miembros de la organización en el proceso de mejora continua, se puede fomentar un sentido de propiedad y responsabilidad por la calidad y la eficiencia de los procesos. Esto puede conducir a una cultura organizacional más positiva y colaborativa.

Ventaja competitiva

La implementación de Lean Six Sigma puede proporcionar una ventaja competitiva a una organización al mejorar la calidad, reducir los costos y aumentar la productividad. Las organizaciones que implementan Lean Six Sigma pueden tener una ventaja competitiva sobre las organizaciones que no lo hacen al ofrecer productos y servicios de mayor calidad a precios más competitivos.

Desafíos de la implementación de Lean Six Sigma

Aunque la implementación de Lean Six Sigma puede proporcionar numerosos beneficios, también puede presentar desafíos para una organización. En este capítulo, se discutirán algunos de los principales desafíos de la implementación de Lean Six Sigma.

Resistencia al cambio

Uno de los principales desafíos de la implementación de Lean Six Sigma es la resistencia al cambio por parte de los miembros de la organización. La implementación de Lean Six Sigma puede requerir cambios significativos en la cultura organizacional y los procesos de trabajo, y algunos miembros de la organización pueden resistirse a estos cambios.

Falta de compromiso de la alta dirección

La falta de compromiso de la alta dirección también puede ser un desafío para la implementación de Lean Six Sigma. Si la alta dirección no está comprometida con el proceso de implementación, puede ser difícil obtener los recursos y el apoyo necesarios para el éxito de la implementación.

Falta de habilidades y conocimientos

La falta de habilidades y conocimientos en la metodología Lean Six Sigma también puede ser un desafío para la implementación. Es importante proporcionar la capacitación y el apoyo adecuados a todos los miembros de la organización para garantizar que estén preparados para el cambio.

Falta de recursos financieros y humanos

La falta de recursos financieros y humanos también puede ser un desafío para la implementación de Lean Six Sigma. La implementación de Lean Six Sigma puede requerir una inversión significativa en recursos financieros y humanos, y puede ser difícil obtener los recursos necesarios si la organización tiene recursos limitados.

Conclusión

La implementación de Lean Six Sigma puede proporcionar numerosos beneficios a una organización, incluida la mejora de la calidad, la reducción de costos, el aumento de la productividad, la mayor satisfacción del cliente y la mejora de la cultura organizacional. Sin embargo, la implementación de Lean Six Sigma también puede presentar desafíos, como la resistencia al cambio, la falta de compromiso de la alta dirección, la falta de habilidades y conocimientos y la falta de recursos financieros y humanos.

Para garantizar el éxito de la implementación de Lean Six Sigma, es importante involucrar a todos los miembros de la organización, proporcionar la capacitación y el apoyo adecuados y garantizar el compromiso de la alta dirección. También es importante abordar los desafíos y problemas a medida que surjan para garantizar la continuidad del proceso de mejora continua.

En resumen, la implementación de Lean Six Sigma puede ser un proceso desafiante, pero los beneficios pueden ser significativos para una organización. Al centrarse en la mejora continua y el compromiso de todos los miembros de la organización, una organización puede mejorar su calidad, reducir sus costos, aumentar su productividad y proporcionar una mayor satisfacción al cliente.

COMUNICACIÓN Y LIDERAZGO EN PROYECTOS LEAN SIX SIGMA

La comunicación y el liderazgo son dos elementos esenciales en cualquier proyecto de mejora de procesos, especialmente en el marco del enfoque Lean Six Sigma. La comunicación efectiva es fundamental para asegurar que todas las partes interesadas comprendan los objetivos y las expectativas del proyecto, así como para mantener una comunicación constante y transparente durante todo el proceso. Por otro lado, el liderazgo efectivo es necesario para garantizar que el equipo del proyecto esté alineado en torno a los objetivos comunes y tenga la motivación y las habilidades necesarias para completar el proyecto de manera exitosa. En este capítulo, exploraremos la relación entre la comunicación y el liderazgo en proyectos Lean Six Sigma, y discutiremos algunas estrategias y mejores prácticas para mejorar ambos elementos en el contexto de una organización.

Comunicación en proyectos Lean Six Sigma

La comunicación es fundamental para el éxito de cualquier proyecto, pero es especialmente importante en proyectos Lean Six Sigma, donde los objetivos pueden ser altamente técnicos y los procesos pueden ser complejos. La comunicación efectiva es necesaria para asegurar que todas las partes interesadas, incluidos los líderes de la organización, el equipo del proyecto y los miembros de la comunidad afectada, comprendan los objetivos del proyecto y la forma en que se llevará a cabo. También es importante para mantener una comunicación constante y transparente durante todo el proceso del proyecto.

Una de las formas más efectivas de asegurar una comunicación efectiva en un proyecto Lean Six Sigma es establecer un plan de comunicación detallado y bien estructurado desde el principio. El plan de comunicación debe incluir una descripción de las audiencias clave, los mensajes clave y los canales de comunicación que se utilizarán para llegar a cada audiencia. También debe establecer claramente los objetivos de comunicación del proyecto y el calendario de las actividades de comunicación que se llevarán a cabo.

Además, es importante que los líderes del proyecto y los miembros del equipo de proyecto se comuniquen abierta y regularmente. Esto puede incluir reuniones periódicas de equipo, actualizaciones de estado regulares y una comunicación abierta y transparente sobre los desafíos y las oportunidades que surgen durante el proyecto.

Otra estrategia efectiva para mejorar la comunicación en proyectos Lean Six Sigma es utilizar herramientas de visualización de datos para comunicar los resultados del proyecto. Las herramientas de visualización de datos pueden ayudar a los miembros del equipo del proyecto y a las partes interesadas a comprender los resultados del proyecto de manera más clara y fácil de entender.

Liderazgo en proyectos Lean Six Sigma

El liderazgo efectivo es crucial en cualquier proyecto, y es particularmente importante en proyectos Lean Six Sigma, donde los procesos y los objetivos pueden ser altamente técnicos y complejos. Los líderes del proyecto deben tener la capacidad de motivar al equipo del proyecto y de guiarlos hacia la meta del proyecto de manera efectiva.

Una de las formas más efectivas de liderar un proyecto Lean Six Sigma es establecer una visión clara y compartida del proyecto desde el principio. Esto puede ayudar a alinear al equipo del proyecto en torno a los objetivos comunes del proyecto y a asegurar que todos los miembros del equipo estén motivados y trabajen juntos de manera efectiva.

Otra estrategia importante para liderar proyectos Lean Six Sigma es fomentar la colaboración y el trabajo en equipo. El enfoque Lean Six Sigma se basa en la idea de que el éxito del proyecto depende de la colaboración efectiva entre todas las partes interesadas. Los líderes del proyecto deben asegurarse de que los miembros del equipo del proyecto trabajen juntos de manera efectiva y de que se promueva una cultura de colaboración y apoyo mutuo.

Además, los líderes del proyecto deben tener habilidades de gestión de proyectos sólidas y estar familiarizados con las herramientas y técnicas Lean Six Sigma. Esto puede ayudar a asegurar que el proyecto se complete dentro del plazo y presupuesto previsto y que se alcancen los objetivos de mejora del proceso.

Otra habilidad importante que los líderes del proyecto deben tener es la capacidad de motivar al equipo del proyecto y de mantener su compromiso durante todo el proceso del proyecto. Esto puede incluir reconocer el buen trabajo del equipo, proporcionar retroalimentación y apoyo regularmente, y asegurarse de que los miembros del equipo tengan las herramientas y recursos necesarios para completar el proyecto de manera efectiva.

Estrategias para mejorar la comunicación y el liderazgo en proyectos Lean Six Sigma

Hay varias estrategias y mejores prácticas que las organizaciones pueden implementar para mejorar tanto la comunicación como el liderazgo en proyectos Lean Six Sigma.

Establecer un plan de comunicación detallado: Como se mencionó anteriormente, establecer un plan de comunicación detallado desde el principio del proyecto puede ayudar a asegurar una comunicación efectiva y constante durante todo el proceso del proyecto. El plan debe incluir una descripción de las audiencias clave, los mensajes clave y los canales de comunicación que se utilizarán para llegar a cada audiencia.

Proporcionar capacitación y desarrollo de liderazgo: La capacitación y el desarrollo de liderazgo pueden ayudar a los líderes del proyecto a desarrollar habilidades de liderazgo sólidas y a estar familiarizados con las herramientas y técnicas Lean Six Sigma. Esto puede mejorar su capacidad para liderar y motivar al equipo del proyecto de manera efectiva.

Fomentar la colaboración y el trabajo en equipo: Como se mencionó anteriormente, fomentar la colaboración y el trabajo en equipo es esencial para el éxito del proyecto Lean Six Sigma. Los líderes del proyecto deben asegurarse de que los miembros del equipo trabajen juntos de manera efectiva y de que se promueva una cultura de colaboración y apoyo mutuo.

Utilizar herramientas de visualización de datos: Las herramientas de visualización de datos pueden ayudar a comunicar los resultados del proyecto de manera más clara y fácil de entender. Los líderes del proyecto deben considerar el uso de herramientas de visualización de datos para comunicar los resultados del proyecto de manera efectiva.

Establecer objetivos claros y compartidos: Establecer objetivos claros y compartidos desde el principio del proyecto puede ayudar a alinear al equipo del proyecto en torno a los objetivos comunes del proyecto y a mantener su motivación y compromiso durante todo el proceso del proyecto.

Conclusión

La comunicación y el liderazgo son dos elementos esenciales en cualquier proyecto de mejora de procesos, especialmente en el marco del enfoque Lean Six Sigma. La comunicación efectiva es fundamental para asegurar que todas las partes interesadas comprendan los objetivos y las expectativas del proyecto, así como para mantener una comunicación constante y abierta durante todo el proceso del proyecto. Por otro lado, el liderazgo efectivo es clave para garantizar que el proyecto se complete dentro del plazo y presupuesto previsto, y que se alcancen los objetivos de mejora del proceso.

Para mejorar la comunicación y el liderazgo en proyectos Lean Six Sigma, las organizaciones deben establecer un plan de comunicación detallado, proporcionar capacitación y desarrollo de liderazgo, fomentar la colaboración y el trabajo en equipo, utilizar herramientas de visualización de datos y establecer objetivos claros y compartidos.

En resumen, el éxito de cualquier proyecto Lean Six Sigma depende en gran medida de la comunicación y el liderazgo efectivos. Los líderes del proyecto deben asegurarse de que la comunicación sea efectiva y constante, y de que se promueva una cultura de colaboración y trabajo en equipo. Además, deben tener habilidades sólidas de liderazgo y estar familiarizados con las herramientas y técnicas Lean Six Sigma. Al implementar las mejores prácticas y estrategias descritas en este capítulo, las organizaciones pueden mejorar la comunicación y el liderazgo en proyectos Lean Six Sigma y, en última instancia, mejorar los procesos y aumentar la satisfacción del cliente.

IDENTIFICACIÓN Y REDUCCIÓN DE DESPERDICIOS EN PROCESOS

En el mundo empresarial actual, la reducción de costos y la eficiencia en los procesos son claves para el éxito de una empresa. Una forma de lograr esto es a través de la implementación de metodologías de mejora continua, como Lean Six Sigma. En este capítulo, se discutirá la identificación y reducción de desperdicios en procesos utilizando la metodología de Lean Six Sigma.

Qué es Lean Six Sigma

Antes de entrar en detalles sobre cómo identificar y reducir desperdicios en procesos, es importante entender qué es Lean Six Sigma. Lean Six Sigma es una metodología de mejora continua que combina dos enfoques: Lean Manufacturing y Six Sigma.

Lean Manufacturing se enfoca en la eliminación de desperdicios en los procesos, mientras que Six Sigma se enfoca en la reducción de la variabilidad y la mejora de la calidad. La combinación de estos dos enfoques resulta en una metodología altamente efectiva para mejorar la eficiencia y calidad en los procesos.

La identificación de desperdicios en procesos

Antes de poder reducir desperdicios en un proceso, es importante identificarlos. Los desperdicios son cualquier actividad o proceso que no agrega valor al producto o servicio final. A continuación, se describen los ocho tipos de desperdicios identificados por Lean Manufacturing:

Sobreproducción: producir más de lo necesario o antes de lo necesario.

Tiempo de espera: tiempo que se pierde esperando por un proceso o recurso.

Transporte: movimiento innecesario de materiales o productos.

Exceso de procesamiento: hacer más de lo que se necesita para completar una tarea.

Inventario: tener más inventario del necesario.

Movimiento: movimiento innecesario de personas o recursos.

Defectos: errores en el proceso que resultan en productos defectuosos.

Subutilización del talento: no aprovechar al máximo el potencial de los empleados.

Para identificar desperdicios en un proceso, es importante realizar un análisis detallado del proceso y buscar áreas donde se puedan eliminar o reducir los desperdicios mencionados anteriormente. Esto se puede hacer a través de la realización de un mapa de flujo de valor, que muestra el flujo del proceso desde el inicio hasta el final.

Una vez que se han identificado los desperdicios, se pueden tomar medidas para reducirlos o eliminarlos por completo.

La reducción de desperdicios en procesos

Una vez que se han identificado los desperdicios en un proceso, es importante tomar medidas para reducirlos o eliminarlos por completo. A continuación, se describen algunas estrategias que se pueden utilizar para reducir desperdicios en procesos utilizando la metodología de Lean Six Sigma:

Implementar el flujo continuo: esto implica eliminar los cuellos de botella y tiempos de espera en el proceso. Al reducir los tiempos de espera y asegurarse de que los procesos se realicen en orden, se puede reducir el desperdicio de transporte, movimiento y sobreproducción.

Reducir la variabilidad: al reducir la variabilidad en el proceso, se puede reducir el desperdicio de exceso de procesamiento y defectos. Se pueden utilizar herramientas como Six Sigma para identificar y reducir la variabilidad en el proceso.

Implementar el sistema pull: esto implica producir solo lo que se necesita, en lugar de producir en exceso y crear inventario innecesario. Al utilizar el sistema pull, se puede reducir el desperdicio de sobreproducción e inventario.

Implementar el kanban: esto implica utilizar señales visuales para indicar cuándo se debe producir más de un producto o cuándo se debe mover un producto a la siguiente etapa del proceso. Al utilizar el kanban, se puede reducir el desperdicio de inventario y transporte.

Mejorar la eficiencia de los procesos: al mejorar la eficiencia de los procesos, se puede reducir el desperdicio de movimiento y subutilización del talento. Se pueden utilizar herramientas como el análisis de tiempo y movimiento para identificar áreas donde se puede mejorar la eficiencia del proceso.

Implementar la filosofía de Kaizen: esto implica la mejora continua del proceso a través de pequeñas mejoras en lugar de grandes cambios. Al implementar la filosofía de Kaizen, se puede reducir el desperdicio en múltiples áreas del proceso.

Capacitar a los empleados: al capacitar a los empleados en Lean Six Sigma, se les puede proporcionar las habilidades y herramientas necesarias para identificar y reducir desperdicios en los procesos. Esto puede conducir a una cultura de mejora continua en la empresa.

Ejemplo de aplicación de Lean Six Sigma en la reducción de desperdicios

Para ilustrar cómo se puede aplicar Lean Six Sigma en la reducción de desperdicios en un proceso, se utilizará el ejemplo de una empresa de fabricación de muebles. La empresa ha identificado que el proceso de ensamblaje de los muebles tiene un desperdicio significativo debido a la sobreproducción y el exceso de procesamiento.

Para reducir el desperdicio de sobreproducción, la empresa decide implementar el sistema pull y el kanban. Utilizan señales visuales para indicar cuándo se necesita producir más de un producto o cuándo se debe mover un producto a la siguiente etapa del proceso.

Para reducir el desperdicio de exceso de procesamiento, la empresa decide utilizar Six Sigma para reducir la variabilidad en el proceso. Utilizan herramientas de Six Sigma para identificar áreas donde se puede reducir la variabilidad y mejoran los procesos para reducir el exceso de procesamiento.

Para asegurarse de que el proceso se está llevando a cabo de manera eficiente, la empresa utiliza el análisis de tiempo y movimiento para identificar áreas donde se puede mejorar la eficiencia del proceso. También capacitan a los empleados en Lean Six Sigma para fomentar una cultura de mejora continua.

Conclusión

La identificación y reducción de desperdicios en procesos es clave para mejorar la eficiencia y reducir costos en una empresa. Lean Six Sigma es una metodología altamente efectiva para lograr esto. Al identificar los desperdicios en un proceso y tomar medidas para reducirlos o eliminarlos, se pueden mejorar la eficiencia y la calidad de los procesos en una empresa.

Además, la implementación de Lean Six Sigma puede conducir a una cultura de mejora continua en la empresa, lo que puede llevar a una mayor satisfacción del cliente y una ventaja competitiva en el mercado. Es importante destacar que la identificación y reducción de desperdicios en procesos no es un proceso único y continuo, sino que es un proceso iterativo que requiere una constante mejora y monitoreo.

IDENTIFICACIÓN Y ELIMINACIÓN DE CUELLOS DE BOTELLA EN PROCESOS

La identificación y eliminación de cuellos de botella en procesos es un tema clave para mejorar la eficiencia y la rentabilidad de una empresa. En la última década, se ha desarrollado una metodología muy efectiva para lograr esto: Lean Six Sigma. Este enfoque combina la metodología Lean, que se centra en la eliminación de desperdicios, con la metodología Six Sigma, que se centra en la reducción de la variación en los procesos. Juntas, estas metodologías permiten identificar y eliminar los cuellos de botella en los procesos para mejorar la calidad, reducir costos y aumentar la satisfacción del cliente.

En este capítulo, se presentarán los conceptos clave de Lean Six Sigma y se discutirá cómo se puede aplicar esta metodología para identificar y eliminar los cuellos de botella en los procesos. También se discutirán las herramientas y técnicas utilizadas en Lean Six Sigma para lograr estos objetivos.

Conceptos clave de Lean Six Sigma

Para entender cómo funciona Lean Six Sigma, es importante comprender los conceptos clave de ambas metodologías.

Metodología Lean

La metodología Lean se originó en la industria automotriz de Japón en los años 50 y se centró en la eliminación de desperdicios en los procesos de producción.

Los cinco principios de la metodología Lean son:

Valor: Identificar lo que el cliente considera valioso.

Flujo de valor: Identificar el flujo de valor en el proceso.

Flujo continuo: Crear un flujo continuo de trabajo para eliminar desperdicios.

Producción pull: Producir solo lo que se necesita, cuando se necesita.

Perfección: Buscar la perfección en el proceso.

La metodología Lean se centra en eliminar o reducir ocho tipos de desperdicios, que son:

Sobreproducción, espera, transporte, sobreprocesamiento, inventario, movimientos innecesarios, defectos, subutilización del talento.

Metodología Six Sigma

La metodología Six Sigma se desarrolló en Motorola en los años 80 y se centró en la reducción de la variación en los procesos de producción. La variación se define como cualquier cosa que pueda afectar negativamente la calidad del producto o servicio.

La metodología Six Sigma se basa en una estrategia llamada DMAIC, que significa:

Definir: Definir el problema o el proceso que se va a mejorar.

Medir: Medir el rendimiento actual del proceso.

Analizar: Analizar los datos para identificar las causas raíz del problema.

Mejorar: Desarrollar e implementar soluciones para abordar las causas raíz.

Controlar: Establecer controles para mantener el proceso mejorado.

El objetivo de Six Sigma es lograr un nivel de calidad de 3.4 defectos por millón de oportunidades (DPMO). Esto significa que el proceso produce productos o servicios de alta calidad con una tasa de error muy baja.

Combinación de Lean y Six Sigma

La combinación de Lean y Six Sigma en la metodología Lean Six Sigma permite aprovechar las fortalezas de ambas metodologías para mejorar la eficiencia y la calidad en los procesos. Al combinar estas dos metodologías, se puede:

Identificar y eliminar los ocho tipos de desperdicios identificados por Lean.

Reducir la variación en los procesos identificados por Six Sigma.

Mejorar la calidad de los productos o servicios.

Reducir los costos y aumentar la rentabilidad.

Aumentar la satisfacción del cliente.

La metodología Lean Six Sigma se basa en cinco fases: definir, medir, analizar, mejorar y controlar (DMAIC). Cada fase tiene un conjunto específico de actividades y herramientas que se utilizan para lograr los objetivos de la fase. A continuación, se describen cada una de las fases.

Fase Definir

La primera fase de la metodología Lean Six Sigma es la fase Definir. En esta fase, se identifica el problema o el proceso que se va a mejorar. Las actividades principales en esta fase incluyen:

Identificar el problema o el proceso a mejorar.

Definir el objetivo del proyecto.

Formar un equipo de trabajo.

Desarrollar un plan de proyecto.

Para lograr estos objetivos, se utilizan varias herramientas y técnicas, como la matriz de selección de proyectos, la carta del proyecto, el mapa de proceso y la definición del alcance del proyecto.

Fase Medir

La segunda fase de la metodología Lean Six Sigma es la fase Medir. En esta fase, se mide el rendimiento actual del proceso y se identifican los puntos de mejora. Las actividades principales en esta fase incluyen:

Identificar las métricas de rendimiento del proceso.

Medir el rendimiento actual del proceso.

Identificar los puntos de mejora del proceso.

Para lograr estos objetivos, se utilizan varias herramientas y técnicas, como el diagrama de flujo, el histograma, el gráfico de control y la capacidad del proceso.

Fase Analizar

La tercera fase de la metodología Lean Six Sigma es la fase Analizar. En esta fase, se analizan los datos para identificar las causas raíz del problema. Las actividades principales en esta fase incluyen:

Analizar los datos del proceso.

Identificar las causas raíz del problema.

Evaluar la importancia y la factibilidad de las soluciones propuestas.

Para lograr estos objetivos, se utilizan varias herramientas y técnicas, como el análisis de Pareto, el análisis de causa raíz, el diagrama de espina de pescado y la matriz de priorización.

Fase Mejorar

La cuarta fase de la metodología Lean Six Sigma es la fase Mejorar. En esta fase, se desarrollan e implementan soluciones para abordar las causas raíz identificadas en la fase Analizar. Las actividades principales en esta fase incluyen:

Generar soluciones potenciales para abordar las causas raíz.

Evaluar y seleccionar las mejores soluciones.

Desarrollar un plan de implementación.

Implementar las soluciones.

Para lograr estos objetivos, se utilizan varias herramientas y técnicas, como el diseño de experimentos, el análisis costo-beneficio, la implementación piloto y el plan de control.

Fase Controlar

La quinta y última fase de la metodología Lean Six Sigma es la fase Controlar. En esta fase, se asegura que las mejoras realizadas en la fase Mejorar se mantengan en el tiempo y se mejore el proceso continuamente. Las actividades principales en esta fase incluyen:

Establecer medidas de control y monitoreo del proceso.

Implementar un plan de control.

Capacitar al personal y documentar los cambios.

Realizar auditorías regulares para evaluar el rendimiento del proceso.

Para lograr estos objetivos, se utilizan varias herramientas y técnicas, como el plan de control, el análisis de tendencias, la capacitación del personal y la revisión de la documentación.

Identificación y eliminación de cuellos de botella

Una de las principales aplicaciones de Lean Six Sigma es la identificación y eliminación de cuellos de botella en los procesos. Un cuello de botella es una etapa en un proceso que limita la capacidad de producción del proceso. Es decir, es un punto en el proceso en el que la capacidad de producción es menor que la demanda del proceso.

La identificación y eliminación de cuellos de botella es esencial para mejorar la eficiencia y la rentabilidad del proceso. La eliminación de un cuello de botella aumenta la capacidad de producción del proceso y reduce el tiempo de espera, lo que mejora la calidad del servicio y la satisfacción del cliente.

Para identificar y eliminar los cuellos de botella en un proceso, se utilizan varias herramientas y técnicas, como el análisis del valor agregado, el análisis de capacidad, el análisis de flujo de proceso y el análisis de tiempo y movimiento.

Análisis del valor agregado

El análisis del valor agregado es una herramienta utilizada para identificar las actividades que agregan valor en el proceso y las actividades que no agregan valor. El objetivo del análisis del valor agregado es eliminar las actividades que no agregan valor para mejorar la eficiencia del proceso.

El análisis del valor agregado se divide en tres categorías: actividades que agregan valor, actividades que no agregan valor, pero son necesarias y actividades que no agregan valor y no son necesarias. Al eliminar las actividades que no agregan valor y no son necesarias, se pueden reducir los costos y mejorar la eficiencia del proceso.

Análisis de capacidad

El análisis de capacidad es una herramienta utilizada para evaluar la capacidad de producción de un proceso. El objetivo del análisis de capacidad es identificar los cuellos de botella en el proceso y mejorar la eficiencia del proceso.

El análisis de capacidad se divide en dos categorías: capacidad nominal y capacidad real. La capacidad nominal es la capacidad teórica del proceso, mientras que la capacidad real es la capacidad real del proceso. Al comparar la capacidad nominal y la capacidad real, se pueden identificar los cuellos de botella en el proceso.

Análisis de flujo de proceso

El análisis de flujo de proceso es una herramienta utilizada para identificar las etapas en un proceso y la secuencia de las etapas. El objetivo del análisis de flujo de proceso es identificar las etapas que agregan valor y las etapas que no agregan valor para mejorar la eficiencia del proceso.

El análisis de flujo de proceso se divide en dos categorías: flujo de proceso actual y flujo de proceso ideal. El flujo de proceso actual describe cómo se realiza el proceso actualmente, mientras que el flujo de proceso ideal describe cómo debería ser el proceso idealmente.

Al comparar el flujo de proceso actual y el flujo de proceso ideal, se pueden identificar las etapas en el proceso que no agregan valor y eliminarlas para mejorar la eficiencia del proceso.

Análisis de tiempo y movimiento

El análisis de tiempo y movimiento es una herramienta utilizada para evaluar el tiempo y los movimientos necesarios para realizar una tarea en un proceso. El objetivo del análisis de tiempo y movimiento es identificar las etapas en el proceso que requieren más tiempo y movimientos para realizar la tarea y mejorar la eficiencia del proceso.

El análisis de tiempo y movimiento se divide en dos categorías: tiempo de ciclo y tiempo de trabajo. El tiempo de ciclo es el tiempo necesario para completar una tarea, mientras que el tiempo de trabajo es el tiempo que se dedica a la tarea. Al reducir el tiempo de trabajo y el tiempo de ciclo, se puede mejorar la eficiencia del proceso.

Conclusión

La metodología Lean Six Sigma es una herramienta efectiva para identificar y eliminar cuellos de botella en los procesos. La metodología se divide en cinco fases: Definir, Medir, Analizar, Mejorar y Controlar.

En la fase Definir, se establece el alcance del proyecto y se identifican los objetivos y el equipo del proyecto.

En la fase Medir, se recopilan datos y se establecen medidas para evaluar el rendimiento del proceso.

En la fase Analizar, se analizan los datos recopilados para identificar los problemas en el proceso.

En la fase Mejorar, se identifican y se implementan soluciones para mejorar el proceso.

En la fase Controlar, se asegura que las mejoras realizadas en la fase Mejorar se mantengan en el tiempo y se mejore el proceso continuamente.

Para identificar y eliminar cuellos de botella en los procesos, se utilizan varias herramientas y técnicas, como el análisis del valor agregado, el análisis de capacidad, el análisis de flujo de proceso y el análisis de tiempo y movimiento.

Al identificar y eliminar los cuellos de botella en los procesos, se pueden mejorar la eficiencia y la rentabilidad del proceso, lo que se traduce en una mayor satisfacción del cliente y una mejora en la calidad del servicio.

DISEÑO DE EXPERIMENTOS Y ANÁLISIS DE VARIANZA

El Diseño de Experimentos (DOE, por sus siglas en inglés) es una técnica estadística que se utiliza para investigar la relación entre los factores de un proceso y los resultados del mismo. El DOE se puede utilizar para optimizar un proceso, identificar la causa raíz de un problema y mejorar la calidad del producto o servicio. La metodología Lean Six Sigma utiliza el DOE como una herramienta clave en su enfoque de mejora continua. En este capítulo, se explicará en detalle cómo se utiliza el DOE con Lean Six Sigma y cómo se lleva a cabo el análisis de varianza (ANOVA) para interpretar los resultados de un experimento.

Definición de Diseño de Experimentos

El DOE se refiere a una técnica estadística que se utiliza para determinar cómo los factores afectan los resultados de un proceso. Los factores pueden ser variables de entrada, tales como la temperatura, la velocidad, la presión, el tiempo, etc. Los resultados pueden ser cualquier cosa que se mida en el proceso, como la calidad del producto, el tiempo de ciclo, el rendimiento, etc. El objetivo del DOE es identificar qué factores son significativos y cuál es la mejor combinación de factores para obtener los resultados deseados.

Tipos de Diseño de Experimentos

Hay varios tipos de DOE que se pueden utilizar dependiendo del objetivo del experimento y de la complejidad del proceso. Algunos de los más comunes son:

Diseño de una sola variable: se utiliza para determinar el efecto de un solo factor sobre el resultado del proceso. Se varía un solo factor a la vez y se mide el resultado.

Diseño factorial: se utiliza para determinar el efecto de varios factores y sus interacciones sobre el resultado del proceso. Se varían varios factores al mismo tiempo y se mide el resultado.

Diseño Taguchi: se utiliza para mejorar la robustez del proceso frente a las variaciones en los factores. Se varían varios factores en combinaciones específicas y se mide el resultado.

Diseño de superficie de respuesta: se utiliza para optimizar los factores de entrada y encontrar la combinación que produce los mejores resultados. Se varían los factores en un rango y se mide el resultado en puntos seleccionados dentro del rango.

Pasos para el Diseño de Experimentos con Lean Six Sigma

El proceso de Diseño de Experimentos con Lean Six Sigma consta de los siguientes pasos:

Paso 1: Definir el objetivo del experimento En este paso, se define claramente el objetivo del experimento. Se identifican los resultados deseados y se determina qué factores pueden afectarlos.

Paso 2: Seleccionar el tipo de diseño de experimentos Una vez que se ha definido el objetivo del experimento, se selecciona el tipo de DOE que se utilizará. Se debe tener en cuenta la complejidad del proceso y el número de factores que se quieren analizar.

Paso 3: Seleccionar los factores y niveles En este paso, se seleccionan los factores que se analizarán en el experimento y se determinan los niveles de cada factor. Es importante seleccionar los factores que se cree que son más significativos y que tienen el mayor impacto en los resultados.

Paso 4: Diseñar el experimento Una vez que se han seleccionado los factores y los niveles, se diseña el experimento. Se establece un plan de experimentación que incluya los grupos de prueba y control, la forma en que se variarán los factores y la forma en que se medirán los resultados.

Paso 5: Realizar el experimento En este paso, se lleva a cabo el experimento según el plan de experimentación diseñado en el paso anterior. Es importante tomar medidas precisas y registrar los datos de forma adecuada.

Paso 6: Analizar los resultados Una vez que se han recopilado los datos, se realiza un análisis estadístico para determinar la relación entre los factores y los resultados. Se utiliza el ANOVA para determinar si hay diferencias significativas entre los grupos de prueba y control y para identificar los factores que tienen un impacto significativo en los resultados.

Paso 7: Interpretar los resultados y tomar medidas En este paso, se interpretan los resultados del análisis estadístico y se toman medidas para mejorar el proceso. Se pueden utilizar herramientas Lean Six Sigma como el Mapa de Proceso y el Análisis de Causa Raíz para identificar las áreas en las que se pueden realizar mejoras y para desarrollar planes de acción para implementar esas mejoras.

Análisis de Varianza (ANOVA)

El ANOVA es una técnica estadística que se utiliza para comparar la media de dos o más grupos y determinar si hay diferencias significativas entre ellos. En el contexto del DOE, el ANOVA se utiliza para analizar los resultados del experimento y determinar si hay diferencias significativas entre los grupos de prueba y control.

El ANOVA se basa en la hipótesis nula de que no hay diferencias significativas entre los grupos y la hipótesis alternativa de que hay al menos una diferencia significativa entre los grupos. El ANOVA calcula la suma de cuadrados total (SCT), que representa la variación total en los datos, y la suma de cuadrados entre grupos (SCG), que representa la variación entre los grupos. La diferencia entre SCT y SCG se llama suma de cuadrados dentro de los grupos (SCW), que representa la variación dentro de los grupos. El ANOVA también calcula el valor F, que es la relación entre la variación entre los grupos y la variación dentro de los grupos.

Si el valor F es mayor que el valor crítico, se rechaza la hipótesis nula y se concluye que hay al menos una diferencia significativa entre los grupos. En ese caso, se pueden realizar pruebas de comparación múltiple para determinar cuáles son los grupos que difieren significativamente entre sí.

Conclusiones

El Diseño de Experimentos y el Análisis de Varianza son técnicas estadísticas clave que se utilizan en Lean Six Sigma para mejorar la calidad del producto o servicio. El DOE permite determinar cómo los factores afectan los resultados del proceso y encontrar la mejor combinación de factores para obtener los resultados deseados. El ANOVA se utiliza para analizar los resultados del experimento y determinar si hay diferencias significativas entre los grupos de prueba y control. Ambas técnicas son fundamentales para el enfoque de mejora continua de Lean Six Sigma y son herramientas valiosas para cualquier organización que busque mejorar su calidad y eficiencia.

DESARROLLO DE SOLUCIONES INNOVADORAS UTILIZANDO LEAN SIX SIGMA

En el entorno empresarial actual, la innovación se ha convertido en una necesidad para las empresas que desean mantenerse competitivas en el mercado. El desarrollo de soluciones innovadoras implica la aplicación de metodologías y herramientas que permitan a las empresas identificar oportunidades de mejora y diseñar soluciones eficientes y efectivas. Entre estas metodologías destaca Lean Six Sigma, que combina los principios de Lean Manufacturing y Six Sigma para mejorar la calidad y eficiencia de los procesos empresariales. En este capítulo se explorará cómo las empresas pueden utilizar Lean Six Sigma para desarrollar soluciones innovadoras y cómo esta metodología puede ayudar a las empresas a mantenerse competitivas en el mercado actual.

¿Qué es Lean Six Sigma?

Lean Six Sigma es una metodología de mejora de procesos que combina los principios de Lean Manufacturing y Six Sigma. Lean Manufacturing se enfoca en eliminar el desperdicio y mejorar la eficiencia en los procesos, mientras que Six Sigma se enfoca en la reducción de la variabilidad y la mejora de la calidad de los procesos. La combinación de estas dos metodologías permite a las empresas mejorar la calidad de sus productos y servicios, reducir los costos y mejorar la satisfacción del cliente.

La metodología Lean Six Sigma se divide en cinco fases: definición, medición, análisis, mejora y control. Cada fase se enfoca en una parte específica del proceso de mejora y utiliza herramientas y técnicas específicas para lograr los objetivos de la fase. El objetivo final de Lean Six Sigma es crear un proceso más eficiente y efectivo, que produzca resultados consistentes y de alta calidad.

Desarrollo de soluciones innovadoras utilizando Lean Six Sigma

El proceso de desarrollo de soluciones innovadoras utilizando Lean Six Sigma comienza con la definición del problema o la oportunidad de mejora. Esta fase se enfoca en identificar el problema o la oportunidad de mejora, establecer los objetivos del proyecto y definir el alcance del proyecto. Una vez que se ha definido el problema, se procede a la siguiente fase: la medición.

La fase de medición se enfoca en recopilar datos sobre el proceso actual y establecer una línea base de desempeño. Esta línea base se utiliza para medir el éxito del proyecto y determinar si las soluciones propuestas han mejorado el proceso. Para recopilar datos, se utilizan herramientas como gráficos de control, diagramas de flujo y mapas de proceso.

La fase de análisis se enfoca en identificar las causas raíz del problema o la oportunidad de mejora. Se utilizan herramientas como diagramas de Ishikawa, análisis de Pareto y análisis de valor para identificar las causas subyacentes del problema. Una vez que se han identificado las causas raíz, se procede a la fase de mejora.

La fase de mejora se enfoca en desarrollar soluciones innovadoras para abordar las causas raíz identificadas en la fase de análisis. Las soluciones propuestas se prueban y se implementan en una pequeña escala antes de ser implementadas en todo el proceso. Se utilizan herramientas como la matriz de selección de soluciones y el plan de implementación para garantizar que las soluciones propuestas sean efectivas y eficientes.

Finalmente, la fase de control se enfoca en mantener y mejorar el proceso después de la implementación de las soluciones. Se establecen medidas de control y se monitorea el desempeño del proceso para asegurarse de que las mejoras se mantengan en el tiempo. Las herramientas utilizadas en esta fase incluyen planes de control, gráficos de control y auditorías de proceso.

Ejemplo de aplicación de Lean Six Sigma en el desarrollo de soluciones innovadoras

Para ilustrar el proceso de desarrollo de soluciones innovadoras utilizando Lean Six Sigma, se presenta un ejemplo de una empresa de fabricación de automóviles que desea mejorar la eficiencia de su línea de ensamblaje.

Definición: La empresa define el problema como una alta tasa de retrabajo en la línea de ensamblaje, lo que ha resultado en una disminución en la producción y un aumento en los costos.

Medición: La empresa recopila datos sobre el proceso de ensamblaje actual y establece una línea base de desempeño. Se utiliza un gráfico de control para monitorear la tasa de retrabajo y se identifica que el problema se concentra en una etapa específica del proceso.

Análisis: La empresa utiliza un diagrama de Ishikawa para identificar las posibles causas del problema. Se descubre que una de las causas es un problema con la herramienta de ensamblaje utilizada en esa etapa específica del proceso.

Mejora: La empresa desarrolla una solución innovadora que implica la creación de una herramienta de ensamblaje más eficiente y ergonómica. Se prueba la herramienta en una pequeña escala y se determina que mejora la eficiencia del proceso y reduce la tasa de retrabajo.

Control: La empresa implementa la herramienta de ensamblaje en toda la línea de ensamblaje y establece medidas de control para monitorear su desempeño. Se utiliza un plan de control para garantizar que se mantenga el desempeño mejorado y se monitorea el proceso a través de gráficos de control y auditorías de proceso.

Resultados: La empresa logra reducir significativamente la tasa de retrabajo y aumentar la producción en la línea de ensamblaje. Además, se logra un ahorro significativo en costos debido a la reducción en la tasa de retrabajo.

Conclusión

El uso de Lean Six Sigma para el desarrollo de soluciones innovadoras es una herramienta poderosa para las empresas que desean mantenerse competitivas en el mercado actual. Esta metodología permite a las empresas identificar oportunidades de mejora, desarrollar soluciones efectivas y eficientes, y mantener el desempeño mejorado en el tiempo. El proceso de desarrollo de soluciones innovadoras utilizando Lean Six Sigma se divide en cinco fases: definición, medición, análisis, mejora y control. Cada fase utiliza herramientas y técnicas específicas para lograr los objetivos de la fase y lograr un proceso más eficiente y efectivo.

IDENTIFICACIÓN Y ANÁLISIS DE RIESGOS EN PROCESOS

La identificación y análisis de riesgos son procesos fundamentales para cualquier empresa que busque mejorar sus operaciones y reducir los riesgos asociados con sus procesos. En la actualidad, existen varias metodologías que se utilizan para identificar y analizar riesgos, entre las cuales destacan Lean Six Sigma.

Lean Six Sigma es una metodología que se utiliza para mejorar la calidad de los procesos empresariales. Se basa en la idea de que todas las empresas tienen procesos que contienen errores y que, por lo tanto, se pueden mejorar para reducir costos, aumentar la satisfacción del cliente y mejorar la calidad de los productos y servicios. En este capítulo, exploraremos cómo Lean Six Sigma se puede utilizar para identificar y analizar riesgos en los procesos empresariales.

Identificación de riesgos

La identificación de riesgos es el primer paso en el proceso de análisis de riesgos. El objetivo de la identificación de riesgos es identificar todos los riesgos potenciales asociados con un proceso específico. En este sentido, Lean Six Sigma se puede utilizar para identificar los riesgos en los procesos empresariales.

Para identificar los riesgos en los procesos empresariales, es necesario utilizar herramientas específicas de Lean Six Sigma, como el mapa de procesos, el análisis de Pareto y el análisis de causa y efecto. El mapa de procesos se utiliza para visualizar el proceso empresarial completo, incluyendo los inputs, los outputs y los subprocesos. El análisis de Pareto se utiliza para identificar los problemas más comunes en un proceso empresarial, y el análisis de causa y efecto se utiliza para identificar las causas raíz de los problemas.

Una vez que se han identificado los riesgos en el proceso empresarial, se debe crear una lista de los riesgos identificados. Esta lista debe incluir una descripción detallada del riesgo, así como el impacto potencial del riesgo en el proceso empresarial. Además, se deben clasificar los riesgos según su probabilidad de ocurrencia y su impacto potencial.

Análisis de riesgos

Una vez que se han identificado los riesgos en el proceso empresarial, es necesario realizar un análisis de riesgos para determinar la probabilidad de ocurrencia de cada riesgo y su impacto potencial en el proceso empresarial. El análisis de riesgos se realiza utilizando herramientas específicas de Lean Six Sigma, como el análisis de FMEA (Análisis de Modo y Efecto de Fallas) y la matriz de riesgos.

El análisis de FMEA es una herramienta que se utiliza para identificar y evaluar los efectos potenciales de las fallas en un proceso empresarial. Esta herramienta se utiliza para evaluar la probabilidad de que ocurra una falla, el impacto potencial de la falla en el proceso empresarial y la probabilidad de que la falla se detecte antes de que cause un impacto significativo en el proceso empresarial. La matriz de riesgos se utiliza para evaluar la probabilidad de que ocurra un riesgo y su impacto potencial en el proceso empresarial.

Una vez que se han realizado el análisis de FMEA y la matriz de riesgos, se deben priorizar los riesgos identificados en función de su probabilidad de ocurrencia y su impacto potencial. Los riesgos más críticos deben ser abordados primero para minimizar el impacto potencial en el proceso empresarial.

Gestión de riesgos

Una vez que se han identificado y analizado los riesgos en el proceso empresarial, es necesario implementar medidas para mitigar los riesgos identificados. En este sentido, Lean Six Sigma se puede utilizar para implementar medidas específicas para mitigar los riesgos identificados.

Para mitigar los riesgos identificados, es necesario desarrollar un plan de gestión de riesgos que incluya medidas específicas para mitigar los riesgos. Este plan debe incluir medidas preventivas, medidas de mitigación y medidas de contingencia.

Las medidas preventivas se utilizan para prevenir la ocurrencia de los riesgos identificados. Estas medidas se implementan antes de que el riesgo ocurra y pueden incluir la capacitación del personal, el mejoramiento de los procesos y la implementación de controles adicionales.

Las medidas de mitigación se utilizan para reducir el impacto potencial de los riesgos identificados. Estas medidas se implementan después de que el riesgo ha ocurrido y pueden incluir la implementación de planes de contingencia y la implementación de soluciones alternativas.

Las medidas de contingencia se utilizan para manejar los riesgos identificados en caso de que ocurran. Estas medidas se implementan después de que el riesgo ha ocurrido y pueden incluir la implementación de planes de emergencia y la asignación de responsabilidades específicas.

Monitoreo y control

Una vez que se han implementado las medidas de gestión de riesgos, es necesario monitorear y controlar los riesgos identificados para asegurarse de que las medidas implementadas sean efectivas. En este sentido, Lean Six Sigma se puede utilizar para monitorear y controlar los riesgos identificados.

Para monitorear y controlar los riesgos identificados, es necesario implementar medidas específicas de monitoreo y control. Estas medidas pueden incluir la revisión periódica de los riesgos identificados, la medición del impacto potencial de los riesgos y la implementación de medidas adicionales si se identifican nuevos riesgos.

Además, es necesario establecer un proceso de retroalimentación para asegurarse de que los riesgos identificados se manejen de manera efectiva. Este proceso de retroalimentación debe incluir la revisión periódica de los riesgos identificados, la identificación de nuevas medidas de mitigación si es necesario y la implementación de medidas de mejora continua.

Conclusión

En conclusión, Lean Six Sigma es una metodología efectiva para identificar, analizar y gestionar riesgos en los procesos empresariales. La identificación de riesgos es el primer paso en el proceso de análisis de riesgos y se utiliza para identificar todos los riesgos potenciales asociados con un proceso específico. Una vez que se han identificado los riesgos en el proceso empresarial, es necesario realizar un análisis de riesgos para determinar la probabilidad de ocurrencia de cada riesgo y su impacto potencial en el proceso empresarial.

Una vez que se han identificado y analizado los riesgos en el proceso empresarial, es necesario implementar medidas para mitigar los riesgos identificados. Estas medidas incluyen medidas preventivas, medidas de mitigación y medidas de contingencia. Es necesario monitorear y controlar los riesgos identificados para asegurarse de que las medidas implementadas sean efectivas y establecer un proceso de retroalimentación para asegurarse de que los riesgos identificados se manejen de manera efectiva.

ANÁLISIS DE LA CADENA DE VALOR Y REDUCCIÓN DE TIEMPOS DE ENTREGA

En el mundo empresarial, la eficiencia en la gestión de los procesos productivos es un factor clave para mantenerse competitivo en el mercado. Uno de los métodos más populares para mejorar la eficiencia es Lean Six Sigma, que combina los principios de Lean Manufacturing y Six Sigma para eliminar los desperdicios y reducir la variabilidad en los procesos. Además, una herramienta importante para mejorar la eficiencia es el análisis de la cadena de valor, que permite identificar los procesos clave en la producción y los puntos en los que se pueden reducir los tiempos de entrega.

En este capítulo se analizará la aplicación de Lean Six Sigma en la reducción de tiempos de entrega mediante el análisis de la cadena de valor. Se explicará en qué consiste la metodología Lean Six Sigma, cómo se puede aplicar el análisis de la cadena de valor para identificar los procesos críticos y cuáles son las herramientas de Lean Six Sigma que se pueden utilizar para mejorar la eficiencia de los procesos.

Metodología Lean Six Sigma

Lean Six Sigma es una metodología de mejora de procesos que combina los principios de Lean Manufacturing y Six Sigma. Lean Manufacturing se enfoca en la eliminación de los desperdicios en los procesos, mientras que Six Sigma se enfoca en la reducción de la variabilidad en los procesos. Al combinar estas dos metodologías, Lean Six Sigma busca eliminar los desperdicios y reducir la variabilidad en los procesos para mejorar la eficiencia y la calidad del producto.

La metodología Lean Six Sigma se compone de cinco fases:

Definición del problema: En esta fase se define el problema que se quiere resolver y se establecen los objetivos del proyecto.

Medición: En esta fase se recolectan datos para evaluar el desempeño actual del proceso.

Análisis: En esta fase se analizan los datos recolectados para identificar los puntos débiles del proceso y las causas de los problemas identificados en la fase anterior.

Mejora: En esta fase se implementan mejoras en el proceso para reducir los desperdicios y la variabilidad.

Control: En esta fase se establecen controles para asegurar que las mejoras implementadas se mantengan a largo plazo.

Análisis de la cadena de valor

El análisis de la cadena de valor es una herramienta que permite identificar los procesos clave en la producción y los puntos en los que se pueden reducir los tiempos de entrega. La cadena de valor se compone de todos los procesos necesarios para producir un producto, desde la adquisición de materias primas hasta la entrega del producto final al cliente.

El análisis de la cadena de valor se puede dividir en dos fases:

Identificación de los procesos clave: En esta fase se identifican los procesos que son críticos para la producción y los que tienen un mayor impacto en los tiempos de entrega.

Identificación de las oportunidades de mejora: En esta fase se identifican los puntos en los que se pueden reducir los tiempos de entrega mediante la eliminación de desperdicios y la reducción de la variabilidad.

Herramientas de Lean Six Sigma para mejorar la eficiencia

Existen varias herramientas de Lean Six Sigma que se pueden utilizar para mejorar la eficiencia de los procesos. Algunas de las herramientas más comunes son:

Mapa de procesos (Value Stream Mapping): El mapa de procesos es una herramienta que permite visualizar todos los procesos involucrados en la producción de un producto y los flujos de información y materiales entre ellos. Esta herramienta es útil para identificar los procesos que son críticos para la producción y los puntos en los que se pueden reducir los tiempos de entrega.

Kanban: Kanban es un sistema de control de inventario que se utiliza para reducir los inventarios y los tiempos de entrega. Este sistema se basa en el uso de tarjetas kanban que indican cuándo se debe producir un producto o cuándo se debe reabastecer un inventario.

Poka-Yoke: Poka-Yoke es una técnica que se utiliza para prevenir errores y reducir la variabilidad en los procesos. Esta técnica se basa en la incorporación de dispositivos o mecanismos que impiden que se produzcan errores en los procesos.

Análisis de causa raíz (Root Cause Analysis): El análisis de causa raíz es una técnica que se utiliza para identificar las causas fundamentales de un problema en los procesos. Esta técnica se basa en la identificación de las causas más profundas de un problema, en lugar de las causas superficiales.

5S: 5S es una técnica que se utiliza para mejorar la organización y la limpieza en los procesos. Esta técnica se basa en la implementación de cinco pasos: Clasificación, Orden, Limpieza, Estandarización y Disciplina.

Ejemplo de aplicación de Lean Six Sigma en la reducción de tiempos de entrega

Para ilustrar la aplicación de Lean Six Sigma en la reducción de tiempos de entrega, se presentará un ejemplo hipotético en el que se desea reducir los tiempos de entrega en la producción de piezas de automóviles.

Definición del problema: El problema a resolver es el largo tiempo de entrega de las piezas de automóviles.

Medición: Se recolectan datos sobre los tiempos de entrega actuales y se identifican los procesos que tienen un mayor impacto en los tiempos de entrega.

Análisis: Se utiliza el mapa de procesos para identificar los procesos críticos y se realiza un análisis de causa raíz para identificar las causas de los problemas identificados en los procesos críticos.

Mejora: Se implementan mejoras en los procesos críticos identificados en la fase de análisis, como la implementación de dispositivos Poka-Yoke para reducir la variabilidad en los procesos y la implementación del sistema Kanban para reducir los inventarios y los tiempos de entrega.

Control: Se establecen controles para asegurar que las mejoras implementadas se mantengan a largo plazo, como la implementación de la técnica 5S para mantener la organización y la limpieza en los procesos.

Conclusión

El análisis de la cadena de valor y la metodología Lean Six Sigma son herramientas poderosas para mejorar la eficiencia en los procesos productivos y reducir los tiempos de entrega. La combinación de estas herramientas permite identificar los procesos críticos en la producción y los puntos en los que se pueden reducir los tiempos de entrega mediante la eliminación de desperdicios y la mejora de la calidad de los productos.

La aplicación de estas herramientas puede generar importantes beneficios para las empresas, como la reducción de costos y tiempos de entrega, la mejora de la calidad de los productos, la reducción de errores y la mejora en la satisfacción de los clientes.

Sin embargo, la implementación de estas herramientas requiere de un compromiso a largo plazo por parte de la empresa y la capacitación de los empleados en su aplicación. Además, es importante que se realice un seguimiento y monitoreo continuo de los procesos para asegurar que las mejoras se mantengan en el tiempo.

En resumen, la combinación de la metodología Lean Six Sigma y el análisis de la cadena de valor puede ser una herramienta poderosa para la mejora de los procesos productivos y la reducción de los tiempos de entrega. La aplicación de estas herramientas puede generar importantes beneficios para las empresas, pero requiere de un compromiso a largo plazo y la capacitación de los empleados en su aplicación.

IMPLEMENTACIÓN DE SISTEMAS DE GESTIÓN DE CALIDAD

La gestión de calidad es una herramienta esencial para cualquier organización que busque mejorar la eficiencia y la eficacia de sus procesos. En este contexto, Lean Six Sigma se ha convertido en una metodología popular para implementar sistemas de gestión de calidad en organizaciones de todo tipo. Este capítulo proporcionará una visión general de la metodología Lean Six Sigma y su aplicación en la implementación de sistemas de gestión de calidad.

¿Qué es Lean Six Sigma?

Lean Six Sigma es una metodología de mejora de procesos que combina dos enfoques populares: Lean y Six Sigma. Lean se enfoca en la eliminación de desperdicios y la mejora continua, mientras que Six Sigma se enfoca en la reducción de la variabilidad y la mejora de la calidad. La combinación de estos enfoques permite a las organizaciones maximizar la eficiencia y la eficacia de sus procesos.

Los principios de Lean Six Sigma

La metodología Lean Six Sigma se basa en una serie de principios clave que guían su aplicación. Estos principios incluyen:

Enfoque en el cliente

El enfoque en el cliente es fundamental para Lean Six Sigma. Esto significa entender las necesidades del cliente y diseñar procesos que satisfagan esas necesidades.

Mejora continua

La mejora continua es un principio clave de Lean Six Sigma. Esto significa que la organización se esfuerza constantemente por mejorar sus procesos y reducir los desperdicios.

Reducción de variabilidad

Six Sigma se enfoca en la reducción de la variabilidad en los procesos. Esto significa que la organización busca minimizar las desviaciones de los procesos estándar para mejorar la calidad y la consistencia.

Procesos centrados en el valor

La metodología Lean Six Sigma se enfoca en los procesos que generan valor para el cliente. Esto significa identificar y mejorar los procesos críticos que tienen un impacto directo en la satisfacción del cliente.

Uso de datos y hechos

Lean Six Sigma se basa en datos y hechos para tomar decisiones informadas. Esto significa recopilar y analizar datos para identificar las causas raíz de los problemas y tomar medidas para resolverlos.

Enfoque en el trabajo en equipo

El trabajo en equipo es fundamental para la implementación de Lean Six Sigma. Esto significa involucrar a todos los miembros de la organización en el proceso de mejora continua y fomentar la colaboración y la comunicación entre ellos.

Beneficios de Lean Six Sigma

La metodología Lean Six Sigma ofrece una serie de beneficios para las organizaciones que la implementan. Algunos de estos beneficios incluyen:

Mejora de la eficiencia

Lean Six Sigma permite a las organizaciones mejorar la eficiencia de sus procesos al eliminar los desperdicios y reducir la variabilidad.

Mejora de la calidad

Six Sigma se enfoca en la mejora de la calidad de los procesos. Esto significa reducir los defectos y mejorar la consistencia de los productos y servicios.

Aumento de la satisfacción del cliente

La implementación de Lean Six Sigma permite a las organizaciones mejorar la calidad de sus productos y servicios, lo que a su vez puede aumentar la satisfacción del cliente. Al satisfacer las necesidades del cliente de manera efectiva, la organización puede mantener la lealtad y el compromiso del cliente.

Reducción de costos

La eliminación de desperdicios y la mejora de la eficiencia pueden ayudar a reducir los costos de la organización. Esto puede conducir a un aumento en la rentabilidad y la competitividad.

Fortalecimiento de la cultura organizacional

La implementación de Lean Six Sigma puede ayudar a fortalecer la cultura organizacional al fomentar la colaboración, el trabajo en equipo y la mejora continua en todos los niveles de la organización.

Implementación de sistemas de gestión de calidad con Lean Six Sigma

La implementación de sistemas de gestión de calidad con Lean Six Sigma se centra en la mejora de los procesos y la eliminación de los desperdicios para mejorar la calidad y la eficiencia. Al combinar la metodología Lean Six Sigma con los principios de la gestión de calidad, las organizaciones pueden mejorar significativamente sus procesos y ofrecer productos y servicios de alta calidad.

Planificación

El primer paso en la implementación de un sistema de gestión de calidad con Lean Six Sigma es la planificación. Esto implica definir los objetivos del proyecto y establecer un plan detallado para su implementación. Durante esta fase, también se identifican los recursos necesarios y se establecen los indicadores clave de rendimiento (KPI) para medir el éxito del proyecto.

Análisis

En la fase de análisis, se recopilan y analizan los datos para identificar los problemas y las oportunidades de mejora. Esto implica utilizar herramientas y técnicas de Lean Six Sigma para recopilar y analizar datos y determinar las causas raíz de los problemas. Algunas herramientas comunes utilizadas en esta fase incluyen el mapa del flujo de valor, el análisis de pareto y la herramienta de diagrama de Ishikawa.

Diseño

En la fase de diseño, se desarrollan soluciones para abordar los problemas identificados en la fase de análisis. Esto implica diseñar nuevos procesos y procedimientos que reduzcan los desperdicios y mejoren la calidad. Durante esta fase, también se realizan pruebas y simulaciones para garantizar que las soluciones propuestas sean efectivas y eficientes.

Implementación

En la fase de implementación, se implementan las soluciones desarrolladas en la fase de diseño. Esto implica la capacitación del personal y la implementación de nuevos procesos y procedimientos. Durante esta fase, también se establecen los controles necesarios para garantizar la consistencia y la calidad de los procesos.

Control

En la fase de control, se monitorean y miden los procesos para garantizar que se mantengan los niveles de calidad y eficiencia establecidos en la fase de diseño. Esto implica la implementación de sistemas de monitoreo y retroalimentación para detectar problemas y oportunidades de mejora. También se establecen planes de acción para abordar cualquier problema que surja durante esta fase.

Desafíos en la implementación de sistemas de gestión de calidad con Lean Six Sigma

Aunque la implementación de sistemas de gestión de calidad con Lean Six Sigma puede ofrecer muchos beneficios, también hay desafíos que pueden surgir durante el proceso de implementación. A continuación, se describen algunos de los desafíos comunes en la implementación de sistemas de gestión de calidad con Lean Six Sigma.

Resistencia al cambio

La resistencia al cambio es un desafío común en la implementación de sistemas de gestión de calidad con Lean Six Sigma. Los empleados pueden ser reacios a cambiar la forma en que se realizan las tareas y a adoptar nuevos procesos y procedimientos. Para superar este desafío, es importante comunicar claramente los beneficios del sistema de gestión de calidad y proporcionar capacitación y apoyo a los empleados durante todo el proceso de implementación.

Falta de liderazgo y compromiso

La falta de liderazgo y compromiso es otro desafío común en la implementación de sistemas de gestión de calidad con Lean Six Sigma. Si los líderes de la organización no están comprometidos con el proceso de implementación, es probable que los empleados también lo sean. Para superar este desafío, es importante que los líderes de la organización apoyen y promuevan activamente el sistema de gestión de calidad.

Falta de recursos

La implementación de un sistema de gestión de calidad con Lean Six Sigma puede requerir recursos significativos, como tiempo, dinero y personal capacitado. Si la organización no tiene suficientes recursos para implementar el sistema de gestión de calidad de manera efectiva, es posible que el proceso no tenga éxito. Para superar este desafío, es importante asignar los recursos adecuados y garantizar que se utilicen de manera efectiva.

Falta de alineación con la estrategia de la organización

Si el sistema de gestión de calidad no está alineado con la estrategia general de la organización, es posible que no se logren los resultados deseados. Es importante que la implementación del sistema de gestión de calidad esté alineada con la estrategia general de la organización y que se establezcan objetivos claros para medir el éxito del sistema.

Conclusiones

La implementación de sistemas de gestión de calidad con Lean Six Sigma puede ayudar a las organizaciones a mejorar la calidad y la eficiencia de sus procesos, lo que a su vez puede conducir a una mayor satisfacción del cliente, una mayor rentabilidad y una cultura organizacional más sólida. Sin embargo, la implementación de sistemas de gestión de calidad con Lean Six Sigma también puede presentar desafíos, como la resistencia al cambio, la falta de liderazgo y compromiso, la falta de recursos y la falta de alineación con la estrategia de la organización.

Para superar estos desafíos, es importante planificar cuidadosamente la implementación del sistema de gestión de calidad, comunicar claramente los beneficios del sistema a los empleados, asignar los recursos adecuados y garantizar que el sistema esté alineado con la estrategia general de la organización. Con el enfoque adecuado, la implementación de sistemas de gestión de calidad con Lean Six Sigma puede ser un proceso efectivo y beneficioso para la organización.

INTEGRACIÓN DE LEAN SIX SIGMA CON OTRAS METODOLOGÍAS DE MEJORA DE PROCESOS

En este capítulo, exploraremos cómo integrar Lean Six Sigma con otras metodologías de mejora de procesos como Total Quality Management (TQM), Business Process Reengineering (BPR), Kaizen, y Agile. Analizaremos los conceptos clave de cada metodología y cómo se pueden integrar para lograr resultados de mejora efectivos.

Total Quality Management (TQM)

Total Quality Management (TQM) es una metodología que se centra en la mejora continua de la calidad a través de la satisfacción del cliente, la eliminación de desperdicios y la mejora de los procesos empresariales. TQM se basa en el principio de que la calidad es una responsabilidad de todos en la organización y que se debe buscar continuamente la mejora en todos los aspectos del proceso empresarial.

Para integrar Lean Six Sigma con TQM, es importante entender cómo se superponen las metodologías y cómo pueden complementarse entre sí. Ambas metodologías se centran en la mejora continua de los procesos y la eliminación de desperdicios. Sin embargo, Lean Six Sigma se enfoca más en la reducción de variabilidad y la mejora de la eficiencia, mientras que TQM se enfoca en la satisfacción del cliente y la mejora de la calidad.

Una forma de integrar Lean Six Sigma con TQM es usar las herramientas Lean

Six Sigma para identificar las áreas de mejora en el proceso y luego utilizar los principios de TQM para implementar los cambios necesarios para mejorar la calidad y satisfacción del cliente. Además, la metodología de TQM puede ayudar a garantizar que los cambios implementados sean sostenibles a largo plazo al involucrar a todos en la organización en el proceso de mejora continua.

Business Process Reengineering (BPR)

Business Process Reengineering (BPR) es una metodología que se centra en la reestructuración radical de los procesos empresariales para lograr mejoras significativas en la eficiencia y la calidad. BPR se enfoca en la eliminación de actividades que no agregan valor, la simplificación de los procesos y la eliminación de barreras organizacionales.

Para integrar Lean Six Sigma con BPR, es importante entender cómo se superponen las metodologías y cómo pueden complementarse entre sí. Ambas metodologías se enfocan en la mejora de la eficiencia y la eliminación de desperdicios. Sin embargo, BPR se enfoca en la reestructuración radical de los procesos empresariales, mientras que Lean Six Sigma se enfoca en la reducción de la variabilidad y la mejora de la eficiencia.

Una forma de integrar Lean Six Sigma con BPR es utilizar las herramientas Lean Six Sigma para identificar los procesos que necesitan reestructuración radical y luego aplicar los principios de BPR para realizar cambios significativos en el proceso. Además, la metodología de Lean Six Sigma puede ayudar a garantizar que los cambios implementados sean efectivos y sostenibles a largo plazo al monitorear y medir continuamente el rendimiento del proceso.

Kaizen

Kaizen es una metodología japonesa de mejora continua que se centra en la mejora gradual y constante de los procesos empresariales a través de la participación de todos los miembros de la organización. Kaizen se basa en el principio de que las pequeñas mejoras continuas en el proceso pueden sumar grandes mejoras en el resultado final.

Para integrar Lean Six Sigma con Kaizen, es importante entender cómo se superponen las metodologías y cómo pueden complementarse entre sí. Ambas metodologías se enfocan en la mejora continua y la eliminación de desperdicios. Sin embargo, Kaizen se enfoca en la mejora gradual y constante, mientras que

Lean Six Sigma se enfoca en la reducción de la variabilidad y la mejora de la eficiencia.

Una forma de integrar Lean Six Sigma con Kaizen es utilizar las herramientas Lean Six Sigma para identificar las áreas de mejora en el proceso y luego aplicar los principios de Kaizen para realizar mejoras graduales y constantes en el proceso. Además, la metodología de Kaizen puede ayudar a garantizar que todos los miembros de la organización estén involucrados en el proceso de mejora continua y que se realicen mejoras en todos los aspectos del proceso empresarial.

Agile

Agile es una metodología de gestión de proyectos que se centra en la entrega rápida y continua de valor al cliente a través de la colaboración y la adaptación constante. Agile se basa en el principio de que los requisitos y objetivos del proyecto pueden cambiar a lo largo del tiempo y, por lo tanto, se deben adaptar continuamente para satisfacer las necesidades del cliente.

Para integrar Lean Six Sigma con Agile, es importante entender cómo se superponen las metodologías y cómo pueden complementarse entre sí. Ambas metodologías se enfocan en la mejora continua y la eliminación de desperdicios. Sin embargo, Agile se enfoca en la entrega rápida y continua de valor al cliente, mientras que Lean Six Sigma se enfoca en la reducción de la variabilidad y la mejora de la eficiencia.

Una forma de integrar Lean Six Sigma con Agile es utilizar las herramientas Lean Six Sigma para identificar las áreas de mejora en el proceso y luego aplicar los principios de Agile para adaptar y mejorar continuamente el proceso para satisfacer las necesidades del cliente. Además, la metodología de Agile puede ayudar a garantizar que el enfoque de mejora se mantenga en línea con las necesidades cambiantes del cliente y que se entregue valor de manera rápida y efectiva.

Conclusión

La integración de Lean Six Sigma con otras metodologías de mejora de procesos puede ayudar a lograr un enfoque holístico en la mejora del proceso empresarial. Al utilizar las herramientas y principios de múltiples metodologías, es posible lograr mejoras significativas en la eficiencia, la calidad y la satisfacción del cliente. Es importante entender cómo se superponen y complementan las metodologías y cómo se pueden aplicar en conjunto para lograr los mejores resultados. Al integrar Lean Six Sigma con TQM, BPR, Kaizen y Agile, es posible lograr una mejora continua y sostenible en el proceso empresarial.

Es importante recordar que la integración de estas metodologías no es un enfoque único para todas las situaciones. La selección de la metodología adecuada para una situación específica debe basarse en una comprensión profunda de los procesos empresariales, los desafíos y las necesidades del cliente. Es esencial involucrar a todos los miembros de la organización en el proceso de mejora continua y establecer un enfoque colaborativo para lograr los mejores resultados.

En resumen, la integración de Lean Six Sigma con otras metodologías de mejora de procesos puede proporcionar un enfoque holístico y efectivo para la mejora continua del proceso empresarial. La selección de la metodología adecuada debe basarse en una comprensión profunda de los procesos empresariales y las necesidades del cliente. Al involucrar a todos los miembros de la organización y establecer un enfoque colaborativo, es posible lograr mejoras significativas y sostenibles en la eficiencia, la calidad y la satisfacción del cliente.

RESOLUCIÓN DE PROBLEMAS COMPLEJOS UTILIZANDO LEAN SIX SIGMA

Lean Six Sigma es una metodología que ha evolucionado a lo largo de los años a partir de dos enfoques diferentes: Lean Manufacturing y Six Sigma. El enfoque de Lean Manufacturing se originó en Japón en la década de 1950 y se centró en la eliminación de desperdicios y la mejora continua. Por otro lado, Six Sigma se originó en Motorola en la década de 1980 y se centró en la mejora de la calidad mediante la reducción de la variación. La combinación de estos dos enfoques dio lugar a la metodología de Lean Six Sigma, que se ha utilizado en una amplia variedad de industrias, incluyendo la manufactura, la atención médica y los servicios financieros.

Principios básicos de Lean Six Sigma

Los principios básicos de Lean Six Sigma se basan en la mejora continua y la eliminación de desperdicios. Estos principios se aplican a través de cinco fases: Definir, Medir, Analizar, Mejorar y Controlar (DMAIC).

Definir

La primera fase de DMAIC consiste en definir el problema que se va a resolver y establecer los objetivos del proyecto. En esta fase, es importante identificar las partes interesadas y establecer una comprensión común del problema y de los objetivos del proyecto.

Medir

La segunda fase de DMAIC consiste en medir el proceso actual y recopilar datos relevantes. En esta fase, se pueden utilizar herramientas como los mapas de procesos y los gráficos de control para analizar los datos y establecer una línea base para el proyecto.

Analizar

La tercera fase de DMAIC consiste en analizar los datos recopilados y determinar las causas fundamentales del problema. En esta fase, se utilizan herramientas como el análisis de Pareto y el análisis de causa y efecto para identificar las causas fundamentales del problema.

Mejorar

La cuarta fase de DMAIC consiste en mejorar el proceso mediante la implementación de soluciones y la realización de pruebas piloto. En esta fase, es importante asegurarse de que las soluciones implementadas sean sostenibles a largo plazo y que no creen nuevos problemas.

Controlar

La quinta fase de DMAIC consiste en controlar el proceso mejorado y monitorear su desempeño a lo largo del tiempo. En esta fase, se utilizan herramientas como los gráficos de control y los planes de control para mantener el proceso en su nueva y mejorada condición.

Enfoque de Lean Six Sigma en la resolución de problemas complejos

La metodología de Lean Six Sigma se enfoca en la resolución de problemas complejos a través de la mejora continua. La metodología se centra en la identificación y eliminación de desperdicios en los procesos, lo que lleva a una mejora en la calidad, eficiencia y rentabilidad del negocio. La mejora continua es un proceso iterativo que implica la identificación de problemas y la implementación de soluciones para resolverlos.

La mejora continua se logra mediante la implementación de la metodología DMAIC de Lean Six Sigma. Esta metodología proporciona un marco estructurado para la resolución de problemas, lo que permite una mejor comprensión del problema y una implementación más efectiva de soluciones. Además, la metodología fomenta la colaboración entre las partes interesadas y la recopilación de datos relevantes para tomar decisiones informadas.

La metodología de Lean Six Sigma también se enfoca en la eliminación de desperdicios en los procesos. Los desperdicios son actividades que no agregan valor al proceso y que consumen recursos innecesarios. Al eliminar estos desperdicios, se mejora la eficiencia del proceso y se reduce el tiempo de ciclo, lo que a su vez aumenta la satisfacción del cliente y reduce los costos de producción.

Además, la metodología de Lean Six Sigma enfatiza la importancia de la mejora continua a lo largo del tiempo. La implementación de soluciones no es suficiente para resolver un problema de forma permanente. Es importante monitorear el desempeño del proceso y hacer ajustes según sea necesario para mantener la mejora continua.

En resumen, el enfoque de Lean Six Sigma en la resolución de problemas complejos se centra en la mejora continua y la eliminación de desperdicios. La metodología DMAIC proporciona un marco estructurado para la resolución de problemas, mientras que la eliminación de desperdicios mejora la eficiencia y la rentabilidad del proceso. La mejora continua a lo largo del tiempo es clave para mantener los beneficios de la implementación de soluciones y garantizar la satisfacción del cliente.

Aplicación de Lean Six Sigma en la práctica

En este capítulo, se explorará cómo se aplica Lean Six Sigma en la práctica para resolver problemas complejos en diferentes industrias. Se presentarán casos de estudio para ilustrar cómo la metodología de Lean Six Sigma se puede utilizar para resolver problemas complejos y mejorar la eficiencia y la calidad de los procesos.

Aplicación de Lean Six Sigma en la industria manufacturera

En la industria manufacturera, Lean Six Sigma se utiliza para mejorar la eficiencia de los procesos y reducir los costos de producción. Un ejemplo de esto es la implementación de Lean Six Sigma en una empresa de fabricación de componentes electrónicos. La empresa enfrentaba problemas de calidad y rechazo de productos, lo que resultaba en un aumento de los costos de producción.

Para abordar este problema, se utilizó la metodología DMAIC de Lean Six Sigma para identificar las causas fundamentales del problema y desarrollar soluciones efectivas. Se realizaron pruebas piloto para validar las soluciones antes de su implementación, lo que aseguró que las soluciones fueran efectivas a largo plazo.

La implementación de Lean Six Sigma en esta empresa resultó en una reducción del rechazo de productos en un 40% y una mejora significativa en la calidad del producto. Además, la eficiencia del proceso mejoró, lo que resultó en una reducción de los costos de producción.

Aplicación de Lean Six Sigma en la industria de servicios

En la industria de servicios, Lean Six Sigma se utiliza para mejorar la calidad del servicio y reducir los tiempos de espera. Un ejemplo de esto es la implementación de Lean Six Sigma en un hospital para mejorar la eficiencia en la atención al paciente.

El hospital enfrentaba problemas con el tiempo de espera para la atención al paciente y la falta de coordinación entre los departamentos. Se utilizó la metodología DMAIC de Lean Six Sigma para identificar las causas fundamentales del problema y desarrollar soluciones efectivas. Se implementaron cambios en la programación de las citas y en la asignación de tareas para mejorar la coordinación entre los departamentos.

La implementación de Lean Six Sigma en este hospital resultó en una reducción significativa del tiempo de espera para la atención al paciente y una mejora en la coordinación entre los departamentos. Además, la satisfacción del paciente mejoró, lo que resultó en una mejora de la reputación del hospital.

Aplicación de Lean Six Sigma en la industria de tecnología

En la industria de tecnología, Lean Six Sigma se utiliza para mejorar la eficiencia en el desarrollo de productos y reducir los tiempos de entrega. Un ejemplo de esto es la implementación de Lean Six Sigma en una empresa de software para mejorar el proceso de desarrollo de software.

La empresa enfrentaba problemas con el tiempo de entrega del software y la falta de calidad en el producto final. Se utilizó la metodología DMAIC de Lean Six Sigma para identificar las causas fundamentales del problema y desarrollar soluciones efectivas. Se implementaron cambios en el proceso de desarrollo de software para mejorar la calidad del producto y reducir los tiempos de entrega.

La implementación de Lean Six Sigma en esta empresa resultó en una mejora significativa en la calidad del producto y una reducción en los tiempos de entrega del software. Además, la eficiencia del proceso mejoró, lo que resultó en una reducción de los costos de producción.

Aplicación de Lean Six Sigma en la industria de la construcción

En la industria de la construcción, Lean Six Sigma se utiliza para mejorar la eficiencia del proceso de construcción y reducir los tiempos de construcción. Un ejemplo de esto es la implementación de Lean Six Sigma en un proyecto de construcción de un edificio de oficinas.

El proyecto enfrentaba problemas con el tiempo de construcción y la falta de coordinación entre los equipos de construcción. Se utilizó la metodología DMAIC de Lean Six Sigma para identificar las causas fundamentales del problema y desarrollar soluciones efectivas. Se implementaron cambios en la programación de la construcción y en la coordinación entre los equipos para mejorar la eficiencia del proceso.

La implementación de Lean Six Sigma en este proyecto resultó en una reducción significativa en los tiempos de construcción del edificio y una mejora en la coordinación entre los equipos de construcción. Además, la calidad del edificio final mejoró, lo que resultó en una mejora en la satisfacción del cliente.

En resumen, la aplicación de Lean Six Sigma en diferentes industrias demuestra su eficacia en la resolución de problemas complejos y la mejora de la eficiencia y la calidad de los procesos. La metodología DMAIC proporciona un marco estructurado para la identificación de problemas y la implementación de soluciones efectivas. La mejora continua es clave para mantener los beneficios de la implementación de soluciones y garantizar la satisfacción del cliente.

GESTIÓN DE PROYECTOS LEAN SIX SIGMA

La gestión de proyectos Lean Six Sigma se puede aplicar a cualquier tipo de proyecto, desde la fabricación hasta la atención al cliente, y puede ser utilizada por cualquier organización que busque mejorar su eficiencia y efectividad. En este capítulo, se describirá la metodología de gestión de proyectos Lean Six Sigma, sus herramientas y técnicas, y cómo se puede aplicar en diferentes contextos.

Lean Six Sigma: una breve introducción Lean Six Sigma combina dos enfoques: Lean y Six Sigma. Lean se centra en la eliminación de procesos innecesarios y en la reducción del tiempo de entrega, mientras que Six Sigma se centra en la mejora de la calidad de los productos y servicios. La combinación de ambos enfoques permite a las organizaciones mejorar la calidad de sus productos y servicios al mismo tiempo que reducen los costos y aumentan la eficiencia.

La metodología Lean Six Sigma se divide en cinco fases: Definir, Medir, Analizar, Mejorar y Controlar (DMAIC, por sus siglas en inglés). Cada fase tiene una serie de actividades y herramientas asociadas que se utilizan para identificar los problemas, medir el rendimiento actual, analizar los datos, identificar oportunidades de mejora, implementar soluciones y controlar el rendimiento a largo plazo.

La fase de Definir se centra en definir el problema y establecer el alcance del proyecto. En esta fase se establecen los objetivos del proyecto, se identifica el equipo de proyecto y se establece un plan de proyecto.

La fase de Medir se centra en medir el rendimiento actual y establecer una línea base. En esta fase se identifican los datos necesarios para medir el rendimiento actual y se recopilan y analizan estos datos.

La fase de Analizar se centra en analizar los datos recopilados en la fase anterior. En esta fase se identifican las causas raíz de los problemas identificados y se identifican oportunidades de mejora.

La fase de Mejorar se centra en implementar soluciones para mejorar el rendimiento. En esta fase se desarrollan soluciones potenciales y se selecciona la solución más adecuada. Luego se implementa la solución y se realiza un seguimiento del rendimiento.

La fase de Controlar se centra en controlar el rendimiento a largo plazo. En esta fase se establecen controles para garantizar que la solución implementada siga siendo efectiva y se siguen recopilando y analizando los datos.

Herramientas y técnicas de la metodología Lean Six Sigma La metodología Lean Six Sigma utiliza una serie de herramientas y técnicas para ayudar en cada fase del proyecto. Algunas de las herramientas más comunes incluyen:

Análisis de Pareto: esta herramienta se utiliza para identificar los problemas más importantes. El análisis de Pareto se basa en el principio de que el 80% de los problemas se deben al 20% de las causas.

Diagrama de Ishikawa: también conocido como diagrama de espina de pescado o diagrama de causa y efecto, esta herramienta se utiliza para identificar las causas raíz de un problema. El diagrama se divide en categorías y se utilizan flechas para mostrar la relación entre las causas y el problema.

Mapa de flujo de valor: esta herramienta se utiliza para visualizar el flujo del proceso y identificar los puntos de mejora. El mapa de flujo de valor muestra todos los pasos necesarios para entregar un producto o servicio, desde la materia prima hasta el cliente final.

Gráfico de control: esta herramienta se utiliza para monitorear el rendimiento del proceso a lo largo del tiempo. El gráfico de control muestra los límites superior e inferior de control y los datos del proceso se grafican en el tiempo.

Análisis de capacidad del proceso: esta herramienta se utiliza para medir la capacidad del proceso para producir productos o servicios dentro de las especificaciones. Se utiliza para determinar si el proceso está funcionando dentro de las especificaciones y si se requieren mejoras.

Análisis de regresión: esta herramienta se utiliza para identificar la relación entre dos variables. Se utiliza para determinar si una variable afecta el resultado de otra variable y en qué medida.

Aplicación de la metodología Lean Six Sigma en diferentes contextos

La metodología Lean Six Sigma se puede aplicar en una amplia gama de contextos, desde la fabricación hasta la atención al cliente. A continuación, se describen algunos ejemplos de cómo se puede aplicar la metodología Lean Six Sigma en diferentes contextos.

Fabricación

En el contexto de la fabricación, la metodología Lean Six Sigma se puede utilizar para mejorar la eficiencia y reducir los costos de producción. Por ejemplo, se puede utilizar la metodología para identificar los cuellos de botella en la línea de producción y mejorar la eficiencia de los procesos. También se puede utilizar para reducir el tiempo de ciclo de producción y mejorar la calidad del producto.

Servicios financieros

En el contexto de los servicios financieros, la metodología Lean Six Sigma se puede utilizar para mejorar la eficiencia de los procesos y reducir los costos. Por ejemplo, se puede utilizar para identificar los procesos innecesarios en la gestión de préstamos hipotecarios y eliminarlos para reducir los costos de procesamiento. También se puede utilizar para mejorar la calidad del servicio al cliente, reduciendo el tiempo de respuesta y aumentando la satisfacción del cliente.

Atención médica

En el contexto de la atención médica, la metodología Lean Six Sigma se puede utilizar para mejorar la calidad del cuidado del paciente y reducir los costos de atención médica. Por ejemplo, se puede utilizar para reducir el tiempo de espera en las salas de emergencia y mejorar la eficiencia de los procesos de admisión y alta hospitalaria. También se puede utilizar para mejorar la seguridad del paciente y reducir los errores médicos.

Conclusiones

La metodología de gestión de proyectos Lean Six Sigma es una poderosa herramienta para mejorar la eficiencia y la calidad en cualquier tipo de organización. Al combinar los enfoques Lean y Six Sigma, se pueden identificar y eliminar los procesos innecesarios y mejorar la calidad de los productos y servicios. La metodología se divide en cinco fases: Definir, Medir, Analizar, Mejorar y Controlar (DMAIC), y utiliza una serie de herramientas y técnicas para ayudar en cada fase del proyecto. La metodología Lean Six Sigma se puede aplicar en una amplia gama de contextos, desde la fabricación hasta la atención médica y los servicios financieros.

Una de las principales ventajas de la metodología Lean Six Sigma es que se enfoca en la mejora continua. Esto significa que los proyectos nunca se consideran "terminados", sino que se revisan y mejoran constantemente para garantizar que los procesos sigan siendo eficientes y de alta calidad. Además, al enfocarse en los datos y la medición, la metodología ayuda a las organizaciones a tomar decisiones basadas en hechos en lugar de suposiciones.

Sin embargo, la implementación exitosa de la metodología Lean Six Sigma requiere una planificación y capacitación adecuadas. Es importante que las organizaciones comprendan los principios y herramientas de la metodología, y que capaciten a su personal en su uso. También es esencial que las organizaciones asignen suficiente tiempo y recursos para el proyecto, y que cuenten con el apoyo de la alta dirección para garantizar su éxito.

En resumen, la metodología Lean Six Sigma es una herramienta poderosa para mejorar la eficiencia y la calidad en cualquier tipo de organización. Al combinar los enfoques Lean y Six Sigma, se pueden identificar y eliminar los procesos innecesarios y mejorar la calidad de los productos y servicios. La metodología se divide en cinco fases: Definir, Medir, Analizar, Mejorar y Controlar (DMAIC), y utiliza una serie de herramientas y técnicas para ayudar en cada fase del proyecto. La metodología Lean Six Sigma se puede aplicar en una amplia gama de contextos y se enfoca en la mejora continua a través de datos y medición. Para su implementación exitosa se requiere planificación, capacitación y apoyo de la alta dirección.

DESARROLLO Y GESTIÓN DE EQUIPOS LEAN SIX SIGMA

El desarrollo y gestión de equipos Lean Six Sigma es un proceso crítico para cualquier organización que busque mejorar sus procesos y aumentar la satisfacción del cliente. En este capítulo, discutiremos los aspectos clave del desarrollo y gestión de equipos Lean Six Sigma, incluyendo la formación de equipos, la gestión del cambio, la comunicación efectiva y la medición del rendimiento.

Formación de equipos

La formación de equipos es el primer paso crítico en el desarrollo de un equipo Lean Six Sigma efectivo. Los equipos Lean Six Sigma generalmente se componen de personas de diferentes departamentos y funciones, y pueden incluir tanto empleados de nivel operativo como de nivel de gestión. Es importante que los miembros del equipo tengan habilidades complementarias y que estén dispuestos a trabajar juntos para lograr los objetivos del proyecto.

La formación de equipos generalmente comienza con la selección de los miembros del equipo. Esto implica identificar a los empleados que tienen habilidades específicas y conocimientos en el área de enfoque del proyecto. Por ejemplo, si el proyecto se enfoca en mejorar la eficiencia de la cadena de suministro, es posible que se seleccione a miembros del equipo con experiencia en logística, compras y producción.

Una vez que se ha seleccionado al equipo, es importante que se les brinde la formación necesaria para que puedan entender los conceptos básicos de Lean Six Sigma y aplicarlos en el proyecto. Esto puede incluir cursos de formación en herramientas Lean Six Sigma, como diagramas de Ishikawa y mapas de flujo de valor, así como formación en habilidades blandas, como liderazgo y comunicación.

Gestión del cambio

La gestión del cambio es otro aspecto crítico del desarrollo y gestión de equipos Lean Six Sigma. Los proyectos Lean Six Sigma a menudo implican cambios significativos en los procesos, la tecnología y la cultura de una organización. La resistencia al cambio es común, y puede ser un obstáculo importante para el éxito del proyecto.

Para gestionar el cambio de manera efectiva, es importante comunicar claramente los objetivos del proyecto y los beneficios potenciales de la implementación de Lean Six Sigma. Esto puede incluir la reducción de costos, la mejora de la calidad y la satisfacción del cliente. Es importante involucrar a todos los empleados afectados por el proyecto y proporcionarles la formación y los recursos necesarios para que puedan contribuir al éxito del proyecto.

La comunicación efectiva

La comunicación efectiva es otro factor crítico en el desarrollo y gestión de equipos Lean Six Sigma. La comunicación efectiva es importante para asegurar que todos los miembros del equipo estén alineados en los objetivos del proyecto, comprendan sus roles y responsabilidades y estén dispuestos a trabajar juntos para lograr los objetivos.

La comunicación efectiva también es importante para mantener a todos los interesados informados sobre el progreso del proyecto. Esto puede incluir informes regulares de progreso, actualizaciones de correo electrónico y reuniones de equipo regulares. Es importante que la comunicación sea clara y concisa, y que se adapte al público adecuado. Por ejemplo, es posible que se necesite una comunicación diferente para los empleados de nivel operativo y los ejecutivos de alto nivel.

Medición del rendimiento

La medición del rendimiento es un aspecto crítico del desarrollo y gestión de equipos Lean Six Sigma. Es importante medir el rendimiento del proyecto y los resultados de manera efectiva para determinar si se han logrado los objetivos del proyecto y para identificar áreas de mejora para futuros proyectos.

La medición del rendimiento generalmente implica el seguimiento de las métricas clave del proyecto, como el tiempo de ciclo, el costo, la calidad y la satisfacción del cliente. Estas métricas deben ser medibles y cuantificables, y se deben establecer objetivos específicos para cada una de ellas.

Es importante utilizar herramientas Lean Six Sigma, como el control estadístico de procesos (SPC), para medir y analizar los datos. Esto puede ayudar a identificar patrones y tendencias, y permitir la toma de decisiones basadas en datos.

Además de medir el rendimiento del proyecto, también es importante medir el rendimiento del equipo. Esto puede incluir la medición de la satisfacción del equipo, la efectividad del equipo y el desarrollo de habilidades individuales.

Conclusión

En resumen, el desarrollo y gestión de equipos Lean Six Sigma es crítico para el éxito de cualquier proyecto de mejora de procesos. La formación de equipos efectivos, la gestión del cambio, la comunicación efectiva y la medición del rendimiento son aspectos clave que deben ser considerados para lograr los objetivos del proyecto y mejorar la satisfacción del cliente. Es importante que las organizaciones dediquen los recursos necesarios para desarrollar equipos Lean Six Sigma efectivos y apoyarlos a medida que implementan proyectos de mejora de procesos.

ENTRENAMIENTO Y CERTIFICACIÓN DE PROFESIONALES EN LEAN SIX SIGMA

Para implementar Lean Six Sigma de manera efectiva, es necesario contar con profesionales capacitados y certificados en la metodología. En este capítulo, exploraremos el proceso de entrenamiento y certificación de profesionales en Lean Six Sigma, desde los conceptos básicos hasta los niveles más avanzados de certificación.

Conceptos básicos de Lean Six Sigma

Antes de adentrarnos en el proceso de entrenamiento y certificación, es importante comprender los conceptos básicos de Lean Six Sigma. A continuación, presentamos una breve introducción a algunos de los términos más importantes:

Desperdicio: Cualquier actividad que no agrega valor a un proceso se considera un desperdicio. Los siete tipos de desperdicios más comunes en los procesos son el exceso de producción, el tiempo de espera, el transporte innecesario, el procesamiento innecesario, el inventario innecesario, los movimientos innecesarios y los defectos.

Variabilidad: La variabilidad se refiere a cualquier fluctuación en el proceso que puede afectar negativamente la calidad o la eficiencia. La reducción de la variabilidad es uno de los principales objetivos de la metodología Six Sigma.

DMAIC: DMAIC es la metodología principal utilizada en Lean Six Sigma. Significa Definir, Medir, Analizar, Mejorar y Controlar. Cada etapa del proceso se enfoca en un aspecto diferente de la mejora continua.

Black Belt: Un Black Belt es un profesional certificado en Lean Six Sigma que ha completado un nivel avanzado de entrenamiento y tiene la capacidad de liderar proyectos complejos de mejora continua.

Green Belt: Un Green Belt es un profesional certificado en Lean Six Sigma que ha completado un nivel intermedio de entrenamiento y tiene la capacidad de liderar proyectos simples de mejora continua.

Niveles de certificación en Lean Six Sigma

Existen varios niveles de certificación en Lean Six Sigma, cada uno con diferentes requisitos y habilidades necesarias. A continuación, presentamos los niveles de certificación más comunes:

Yellow Belt: Un Yellow Belt es un profesional que ha completado una capacitación básica en Lean Six Sigma. Los Yellow Belts tienen una comprensión básica de la metodología y pueden contribuir en proyectos simples de mejora continua.

Green Belt: Como se mencionó anteriormente, un Green Belt es un profesional que ha completado un nivel intermedio de entrenamiento en Lean Six Sigma. Los Green Belts tienen una comprensión más profunda de la metodología y pueden liderar proyectos simples de mejora continua.

Black Belt: Un Black Belt es un profesional que ha completado un nivel avanzado de entrenamiento en Lean Six Sigma. Los Black Belts tienen una comprensión completa de la metodología y pueden liderar proyectos complejos de mejora continua.

Master Black Belt: Un Master Black Belt es un profesional que ha completado un nivel de entrenamiento aún más avanzado en Lean Six Sigma. Los Master Black Belts tienen un conocimiento profundo de la metodología y pueden liderar múltiples proyectos y entrenar a otros profesionales en Lean Six Sigma.

Champion: Un Champion es un líder de la organización que apoya y promueve la implementación de Lean Six Sigma en toda la empresa. Los Champions no están necesariamente certificados en Lean Six Sigma, pero tienen un papel importante en el éxito de la metodología en la organización.

Cada nivel de certificación tiene diferentes requisitos en cuanto a horas de entrenamiento, experiencia práctica y habilidades necesarias para ser certificado. Además, cada nivel de certificación tiene diferentes responsabilidades y expectativas en cuanto a liderar proyectos de mejora continua.

Proceso de entrenamiento en Lean Six Sigma

El proceso de entrenamiento en Lean Six Sigma varía según el proveedor de entrenamiento y la organización que busca la certificación. Sin embargo, en general, el proceso de entrenamiento en Lean Six Sigma consta de los siguientes pasos:

Identificación de la necesidad de entrenamiento: La organización debe evaluar si necesita capacitación en Lean Six Sigma y qué nivel de certificación es necesario para cumplir con sus objetivos de mejora continua.

Selección del proveedor de entrenamiento: La organización debe seleccionar un proveedor de entrenamiento de confianza que ofrezca cursos de capacitación en Lean Six Sigma del nivel necesario.

Capacitación: Los profesionales que buscan la certificación deben completar las horas de entrenamiento requeridas y adquirir las habilidades necesarias para cumplir con los requisitos del nivel de certificación deseado.

Proyecto práctico: Los profesionales deben completar un proyecto práctico de mejora continua que demuestre su habilidad para aplicar la metodología en un entorno real.

Examen de certificación: Los profesionales deben aprobar un examen de certificación que evalúa su conocimiento y habilidades en Lean Six Sigma.

Certificación: Una vez que se cumplen todos los requisitos, el profesional recibe la certificación en Lean Six Sigma en el nivel deseado.

Es importante tener en cuenta que el proceso de entrenamiento y certificación en Lean Six Sigma es un compromiso a largo plazo y requiere una dedicación significativa de tiempo y recursos. Sin embargo, los beneficios de la metodología son igualmente significativos y pueden tener un impacto positivo en toda la organización.

Beneficios de la certificación en Lean Six Sigma

La certificación en Lean Six Sigma puede proporcionar varios beneficios para los profesionales y la organización en general. A continuación, presentamos algunos de los beneficios más comunes:

Mejora de la eficiencia: La metodología Lean Six Sigma se centra en la eliminación de desperdicios y la optimización de procesos, lo que puede resultar en una mayor eficiencia en todas las áreas de la organización.

Reducción de errores: Al enfocarse en la eliminación de variaciones y errores, Lean Six Sigma puede ayudar a reducir el número de errores en los procesos, lo que puede mejorar la calidad de los productos y servicios y reducir los costos asociados con la corrección de errores.

Mejora de la satisfacción del cliente: Al mejorar la calidad de los productos y servicios, Lean Six Sigma puede ayudar a mejorar la satisfacción del cliente y la lealtad a la marca.

Ahorro de costos: La mejora de la eficiencia y la reducción de errores pueden llevar a una reducción de los costos de operación y la mejora de la rentabilidad.

Mejora de la cultura organizacional: Al adoptar Lean Six Sigma como una metodología de mejora continua, las organizaciones pueden crear una cultura de mejora continua que fomente la innovación y la colaboración.

Desarrollo profesional: La certificación en Lean Six Sigma puede ser un valioso activo en el desarrollo profesional de un individuo, lo que puede mejorar sus perspectivas de carrera y oportunidades de crecimiento dentro de la organización.

Desafíos de la implementación de Lean Six Sigma

A pesar de los beneficios potenciales de Lean Six Sigma, la implementación de la metodología puede presentar varios desafíos para las organizaciones. A continuación, presentamos algunos de los desafíos más comunes:

Resistencia al cambio: La implementación de Lean Six Sigma puede requerir cambios significativos en la cultura organizacional y los procesos existentes, lo que puede provocar resistencia al cambio por parte de los empleados y líderes.

Falta de compromiso de la alta dirección: La implementación de Lean Six Sigma requiere el compromiso y el apoyo de la alta dirección para ser efectiva. Si los líderes no están comprometidos con la metodología, puede haber dificultades para implementarla de manera efectiva.

Falta de recursos: La implementación de Lean Six Sigma requiere recursos significativos en términos de tiempo, dinero y personal capacitado. Si una organización no está dispuesta o no tiene los recursos para invertir en la implementación de la metodología, puede ser difícil lograr los beneficios potenciales.

Falta de comprensión: Si los empleados no comprenden la metodología o su importancia para la organización, puede haber dificultades para implementarla de manera efectiva. La educación y la capacitación son fundamentales para garantizar que todos los empleados comprendan y apoyen la implementación de Lean Six Sigma.

Dificultades para medir el éxito: La implementación de Lean Six Sigma requiere una medición y evaluación constante de los procesos para identificar oportunidades de mejora. Si una organización tiene dificultades para medir el éxito o establecer objetivos claros, puede ser difícil implementar la metodología de manera efectiva.

Conclusión

La implementación de Lean Six Sigma puede ser una herramienta valiosa para mejorar la eficiencia, reducir errores, mejorar la calidad y aumentar la satisfacción del cliente. Sin embargo, la implementación exitosa de la metodología requiere un compromiso significativo de tiempo y recursos y puede presentar desafíos para las organizaciones.

La capacitación y certificación en Lean Six Sigma pueden ayudar a los profesionales a adquirir las habilidades necesarias para liderar proyectos de mejora continua y proporcionar un valioso activo en su desarrollo profesional. Además, la educación y la capacitación son fundamentales para garantizar que todos los empleados comprendan la metodología y apoyen su implementación.

Es importante tener en cuenta que Lean Six Sigma no es una solución única para todas las organizaciones o problemas. Cada organización es única y puede requerir una adaptación de la metodología para satisfacer sus necesidades específicas. Además, es importante recordar que la implementación exitosa de Lean Six Sigma requiere un compromiso continuo con la mejora continua y la cultura organizacional.

En conclusión, la implementación de Lean Six Sigma puede ser una herramienta valiosa para mejorar la eficiencia y la calidad de las operaciones empresariales, y la capacitación y certificación en la metodología pueden proporcionar beneficios significativos para el desarrollo profesional de los individuos y la cultura organizacional. Sin embargo, la implementación efectiva de Lean Six Sigma requiere un compromiso significativo de tiempo, recursos y liderazgo para superar los desafíos que pueden surgir durante el proceso de implementación.

IMPLEMENTACIÓN DE LEAN SIX SIGMA EN DIFERENTES SECTORES INDUSTRIALES: APLICACIONES Y CASOS DE ÉXITO

La implementación de Lean Six Sigma en la industria manufacturera ha sido ampliamente estudiada y documentada. En esta sección, exploraremos algunos casos de éxito en diferentes sub-sectores de la industria manufacturera.

Caso de éxito en la industria automotriz

Toyota es conocida por ser una de las empresas que lideró la adopción de la filosofía Lean en la producción de automóviles. La implementación de Lean Six Sigma en Toyota se centró en la mejora continua de los procesos de producción para reducir el desperdicio y mejorar la calidad de los vehículos.

El enfoque de Toyota en la mejora continua ha llevado a la empresa a convertirse en una de las más eficientes en la producción de automóviles. El enfoque de la empresa en la calidad y la eficiencia ha sido tan efectivo que se ha convertido en un modelo para otras empresas que buscan mejorar sus procesos.

Caso de éxito en la industria alimentaria

La implementación de Lean Six Sigma en la industria alimentaria se ha centrado en mejorar la calidad de los productos, reducir los tiempos de producción y minimizar el desperdicio. Un ejemplo de éxito en la implementación de Lean Six Sigma en la industria alimentaria es el caso de Heinz.

Heinz implementó la metodología Lean Six Sigma en su planta de producción en Escocia, lo que llevó a una reducción del 30% en los costos de producción y un aumento del 10% en la producción. La empresa también logró mejorar la calidad de sus productos, lo que resultó en un aumento de la satisfacción del cliente.

Caso de éxito en la industria farmacéutica

La implementación de Lean Six Sigma en la industria farmacéutica se ha centrado en mejorar la calidad de los productos y reducir los tiempos de producción. Un ejemplo de éxito en la implementación de Lean Six Sigma en la industria farmacéutica es el caso de GlaxoSmithKline (GSK).

GSK implementó Lean Six Sigma en su planta de producción en el Reino Unido, lo que llevó a una reducción del 25% en el tiempo de ciclo de producción y una reducción del 15% en los costos de producción. Además, la empresa logró mejorar la calidad de sus productos, lo que resultó en una mayor satisfacción del cliente.

Implementación de Lean Six Sigma en la industria de servicios

La implementación de Lean Six Sigma en la industria de servicios se ha centrado en mejorar la eficiencia y la calidad del servicio al cliente. En esta sección, exploraremos algunos casos de éxito en diferentes sub-sectores de la industria de servicios.

Caso de éxito en la industria de la banca

La implementación de Lean Six Sigma en la industria bancaria se ha centrado en mejorar la eficiencia del servicio al cliente y reducir los tiempos de espera. Un ejemplo de éxito en la implementación de Lean Six Sigma en la industria bancaria es el caso de Bank of America.

Bank of America implementó Lean Six Sigma en su departamento de préstamos hipotecarios, lo que llevó a una reducción del 30% en el tiempo de procesamiento de préstamos y una reducción del 50% en los costos de procesamiento. Además, la empresa logró mejorar la satisfacción del cliente al proporcionar un servicio más rápido y eficiente.

Caso de éxito en la industria de la atención médica

La implementación de Lean Six Sigma en la industria de la atención médica se ha centrado en mejorar la eficiencia del servicio al paciente y reducir los tiempos de espera. Un ejemplo de éxito en la implementación de Lean Six Sigma en la industria de la atención médica es el caso de Virginia Mason Medical Center.

Virginia Mason Medical Center implementó Lean Six Sigma en su departamento de atención médica, lo que llevó a una reducción del 50% en los tiempos de espera y una reducción del 30% en los costos de atención médica. La empresa también logró mejorar la satisfacción del paciente al proporcionar un servicio más rápido y eficiente.

Caso de éxito en la industria de la logística

La implementación de Lean Six Sigma en la industria de la logística se ha centrado en mejorar la eficiencia de la cadena de suministro y reducir los costos de producción. Un ejemplo de éxito en la implementación de Lean Six Sigma en la industria de la logística es el caso de DHL.

DHL implementó Lean Six Sigma en su departamento de logística, lo que llevó a una reducción del 20% en los costos de producción y una reducción del 30% en los tiempos de entrega. La empresa también logró mejorar la calidad de sus servicios, lo que resultó en una mayor satisfacción del cliente.

Desafíos y consideraciones en la implementación de Lean Six Sigma

Aunque Lean Six Sigma ha demostrado ser un enfoque efectivo para mejorar la calidad y la eficiencia en diferentes sectores industriales, también presenta algunos desafíos y consideraciones importantes que deben abordarse durante su implementación.

Desafíos en la implementación de Lean Six Sigma

Uno de los principales desafíos en la implementación de Lean Six Sigma es el cambio cultural necesario para adoptar esta metodología. Los empleados deben estar dispuestos a cambiar sus procesos y formas de trabajar para lograr los objetivos de mejora de Lean Six Sigma. Además, la implementación de Lean Six Sigma puede requerir una inversión significativa en tiempo y recursos.

Otro desafío en la implementación de Lean Six Sigma es la necesidad de una planificación y gestión cuidadosa para asegurar que los objetivos y resultados de mejora sean alcanzados de manera efectiva.

Consideraciones en la implementación de Lean Six Sigma

Al implementar Lean Six Sigma, es importante tener en cuenta el contexto y las necesidades específicas de cada industria y organización. La metodología debe ser adaptada y personalizada para satisfacer las necesidades únicas de cada empresa.

Además, la capacitación y el desarrollo de habilidades son esenciales para el éxito de la implementación de Lean Six Sigma. Los empleados deben estar capacitados en la metodología y las herramientas de Lean Six Sigma para asegurar que puedan participar efectivamente en el proceso de mejora continua.

Conclusión

La implementación de Lean Six Sigma ha demostrado ser efectiva para mejorar la calidad y eficiencia en diferentes sectores industriales, incluyendo manufactura, atención médica, banca, logística y muchos más. Los casos de éxito presentados en este libro demuestran el impacto positivo que Lean Six Sigma puede tener en la reducción de costos, el aumento de la eficiencia y la mejora de la satisfacción del cliente.

Sin embargo, también se presentan algunos desafíos y consideraciones importantes que deben tenerse en cuenta al implementar Lean Six Sigma. Es esencial que la metodología sea personalizada y adaptada para satisfacer las necesidades únicas de cada organización. Además, el cambio cultural y la inversión de tiempo y recursos pueden ser un desafío, pero son necesarios para alcanzar los resultados de mejora deseados.

En resumen, la implementación de Lean Six Sigma puede ser una herramienta poderosa para mejorar la calidad y eficiencia en cualquier sector industrial. Al abordar los desafíos y consideraciones y personalizar la metodología para satisfacer las necesidades de la organización, se puede lograr un impacto positivo en la satisfacción del cliente, la reducción de costos y la mejora de la eficiencia.

INTRODUCCIÓN A LA INGENIERÍA EN MANUFACTURA

La Ingeniería en Manufactura es una disciplina que se encarga de diseñar, desarrollar, implementar y mejorar los procesos de producción de bienes y productos. Su objetivo principal es optimizar la eficiencia, calidad y rentabilidad en la fabricación de productos, utilizando diferentes tecnologías, métodos y herramientas. La ingeniería en manufactura abarca una amplia gama de industrias, desde la automotriz hasta la farmacéutica, y desempeña un papel crucial en la economía global.

Historia de la Ingeniería en Manufactura

La historia de la ingeniería en manufactura se remonta a los albores de la civilización, cuando los seres humanos comenzaron a fabricar herramientas y utensilios utilizando técnicas rudimentarias. Con el paso del tiempo, estas técnicas evolucionaron, dando lugar a procesos más sofisticados y eficientes. Uno de los hitos más importantes en la historia de la manufactura fue la Revolución Industrial, que marcó el inicio de la producción en masa y el uso de maquinaria impulsada por vapor.

Principios Básicos de la Ingeniería en Manufactura

La ingeniería en manufactura se basa en una serie de principios fundamentales que guían el diseño y la implementación de procesos de producción. Algunos de estos principios incluyen:

Eficiencia

La eficiencia es un aspecto clave en la ingeniería en manufactura, ya que busca maximizar la producción utilizando la menor cantidad de recursos posible. Esto implica optimizar el uso de materiales, energía y mano de obra, así como minimizar los tiempos de ciclo y los desperdicios.

Calidad

La calidad es otro principio fundamental en la ingeniería en manufactura, ya que afecta directamente la satisfacción del cliente y la reputación de la empresa. Para garantizar la calidad de los productos, se deben implementar sistemas de control de calidad y realizar pruebas exhaustivas durante todo el proceso de producción.

Innovación

La innovación juega un papel crucial en la ingeniería en manufactura, ya que impulsa el desarrollo de nuevos procesos, materiales y tecnologías. Esto permite a las empresas mantenerse competitivas en un mercado en constante cambio y satisfacer las demandas cambiantes de los clientes.

Tecnologías en la Ingeniería en Manufactura

La ingeniería en manufactura se vale de una amplia gama de tecnologías para llevar a cabo sus procesos de producción. Algunas de las tecnologías más comunes incluyen:

Fabricación aditiva

La fabricación aditiva, también conocida como impresión 3D, es una tecnología que permite crear objetos tridimensionales mediante la superposición de capas sucesivas de material. Esta tecnología ofrece ventajas como la personalización de productos, la reducción de tiempos de producción y la optimización del uso de materiales.

Control numérico computarizado (CNC)

El control numérico computarizado es un sistema que utiliza computadoras para controlar máquinas herramienta, como tornos y fresadoras. Esto permite una mayor precisión y repetibilidad en los procesos de mecanizado, así como la automatización de tareas repetitivas.

Robótica industrial

La robótica industrial se encarga de diseñar, construir y programar robots para realizar tareas de fabricación en entornos industriales. Estos robots pueden realizar una amplia variedad de tareas, desde el ensamblaje de productos hasta el manejo de materiales pesados, lo que aumenta la eficiencia y la seguridad en la planta de producción.

Desafíos y Tendencias en la Ingeniería en Manufactura

A pesar de los avances tecnológicos, la ingeniería en manufactura enfrenta una serie de desafíos y tendencias que están dando forma al futuro de la industria. Algunos de estos desafíos incluyen:

Globalización

La globalización ha llevado a una mayor competencia en el mercado global, lo que ha obligado a las empresas a buscar formas de reducir costos y mejorar la eficiencia en la producción. Esto ha llevado a un aumento en la subcontratación y la deslocalización de la producción, así como a la adopción de tecnologías avanzadas para mantenerse competitivas.

Sostenibilidad

La sostenibilidad es un tema cada vez más importante en la industria manufacturera, ya que las empresas buscan reducir su impacto en el medio ambiente y cumplir con regulaciones ambientales cada vez más estrictas. Esto ha llevado a un mayor énfasis en la eficiencia energética, el reciclaje de materiales y el uso de procesos de producción más limpios.

Industria Moderna

La industria moderna se refiere a la integración de tecnologías digitales en los procesos de producción, lo que permite una mayor automatización, conectividad y análisis de datos en tiempo real. Esto está cambiando la forma en que se diseñan y operan las plantas de producción, permitiendo una mayor flexibilidad y eficiencia en la fabricación de productos.

Conclusión

La ingeniería en manufactura desempeña un papel fundamental en la economía global, impulsando la producción de bienes y productos en una amplia gama de industrias. A través de la aplicación de tecnologías avanzadas y la adopción de mejores prácticas, las empresas pueden mejorar la eficiencia, calidad y rentabilidad en sus procesos de producción, manteniéndose competitivas en el mercado.

FUNDAMENTOS DE PROCESOS DE MANUFACTURA

Los procesos de fabricación son la piedra angular de la industria moderna, desplegando una amplia gama de técnicas para transformar materias primas en productos finales. Desde la revolución industrial hasta la era digital, estos procesos han evolucionado continuamente para satisfacer las demandas de una sociedad en constante cambio. Este capítulo se adentra en los conceptos fundamentales que subyacen a los procesos de fabricación, explorando su importancia, clasificación y principios básicos.

Importancia de los Procesos de Fabricación

La importancia de los procesos de fabricación radica en su papel vital en la creación de bienes de consumo, componentes industriales y productos en una variedad de sectores. Desde la construcción de automóviles hasta la producción de dispositivos electrónicos, estos procesos son el alma de la fabricación moderna. Además de impulsar la economía global, los procesos de fabricación influyen en la calidad de vida, la innovación tecnológica y la sostenibilidad ambiental.

Clasificación de Procesos de Fabricación

Los procesos de fabricación se pueden clasificar de diversas maneras, dependiendo de varios criterios:

Por Formado: Este grupo incluye procesos como la fundición, la forja, la laminación y la extrusión, que implican dar forma al material mediante la aplicación de fuerzas mecánicas.

Por Remoción de Material: Engloba técnicas como el torneado, el fresado, el taladrado y el rectificado, donde se elimina material de una pieza para obtener la forma deseada.

Por Deformación sin Arranque de Viruta: Comprende procesos como el embutido, el estirado y el doblado, que alteran la forma del material sin eliminar material.

Por Solidificación: Implica la solidificación de materiales fundidos, como la fundición de metales y el moldeo por inyección de plástico.

Por Uniones: Incluye técnicas como soldadura, adhesión y ensamblaje mecánico para unir materiales y componentes.

Esta clasificación proporciona una visión general de la diversidad de técnicas disponibles en la fabricación moderna, cada una con sus propias aplicaciones y desafíos específicos.

Principios Básicos de Procesos de Fabricación

Materialización del Producto

La materialización del producto es el proceso de convertir una idea conceptual en un objeto físico. Requiere una cuidadosa selección de materiales, diseño de la geometría y elección de procesos de fabricación adecuados. Este proceso abarca desde la concepción inicial del producto hasta su fabricación y distribución.

Tecnologías de Fabricación Aditiva y Sustractiva

Fabricación Aditiva: Conocida también como impresión 3D, implica la construcción de objetos agregando material capa por capa. Esta técnica permite la creación de geometrías complejas y la fabricación de prototipos rápidos.

Fabricación Sustractiva: Consiste en eliminar material de una pieza para dar forma al producto final. Técnicas como el torneado, el fresado y el taladrado son ejemplos de este enfoque.

Selección de Materiales

La selección de materiales es un aspecto crucial de los procesos de fabricación, ya que afecta las propiedades y el rendimiento del producto final. Factores como la resistencia, la durabilidad, la conductividad y la apariencia estética deben tenerse en cuenta al elegir los materiales adecuados para una aplicación específica.

Diseño para la Fabricación

El diseño para la fabricación implica considerar la manufacturabilidad del producto desde las primeras etapas del proceso de diseño. Esto implica optimizar la geometría del producto para facilitar la fabricación, minimizar la complejidad y reducir los costos de producción.

Tecnologías Avanzadas en Procesos de Fabricación

Fabricación Digital

La fabricación digital integra tecnologías como la modelación computacional, la simulación y la fabricación aditiva para mejorar la eficiencia y la precisión en la producción. Esto incluye el uso de software de diseño asistido por computadora (CAD), simulación de procesos y control numérico computarizado (CNC).

Internet de las Cosas (IoT) en Fabricación

La integración de dispositivos conectados a internet en entornos de fabricación permite el monitoreo en tiempo real, la optimización de procesos y la detección temprana de fallas. Esto incluye sensores de temperatura, humedad, presión y movimiento, así como sistemas de gestión de datos en la nube.

Robótica y Automatización

El uso de robots y sistemas automatizados en los procesos de fabricación aumenta la velocidad, la precisión y la seguridad, además de reducir los costos laborales. Los robots industriales se utilizan para tareas como ensamblaje, soldadura, pintura y manejo de materiales en entornos de producción.

Fabricación Verde

La fabricación verde se enfoca en minimizar el impacto ambiental de los procesos de fabricación, mediante la reducción de residuos, el uso eficiente de recursos y la adopción de tecnologías limpias. Esto incluye prácticas como el reciclaje de materiales, la optimización del uso de energía y la reducción de emisiones de gases de efecto invernadero.

Conclusión

Los procesos de fabricación son esenciales para la creación de una amplia variedad de productos en la industria moderna. Desde los principios básicos hasta las tecnologías avanzadas, la comprensión de los fundamentos de estos procesos es crucial para optimizar la eficiencia, la calidad y la sostenibilidad en la fabricación. La continua evolución en este campo impulsa la innovación y el progreso en la industria manufacturera, contribuyendo al desarrollo económico y social a nivel mundial.

SELECCIÓN DE MATERIALES EN LA MANUFACTURA

La selección de materiales desempeña un papel crucial en el proceso de manufactura, determinando en gran medida las propiedades, la durabilidad, el rendimiento y la calidad del producto final. Desde la ingeniería de componentes hasta la fabricación de productos de consumo, la elección adecuada de materiales es fundamental para lograr los objetivos de diseño, optimizar los procesos de fabricación y satisfacer las necesidades del mercado. En este capítulo, exploraremos en detalle la importancia de la selección de materiales en la manufactura, los criterios clave que influyen en esta selección, las propiedades esenciales de los materiales y las tendencias emergentes en este campo en constante evolución.

Importancia de la Selección de Materiales

La selección de materiales es un aspecto crítico en la manufactura por varias razones fundamentales:

Impacto en las Propiedades del Producto: Los materiales elegidos influyen directamente en las propiedades del producto final, incluyendo su resistencia, ductilidad, dureza, conductividad, entre otras. La elección adecuada de materiales puede garantizar que el producto cumpla con los estándares de calidad y rendimiento requeridos.

Optimización del Proceso de Fabricación: La selección de materiales apropiados puede simplificar y optimizar los procesos de fabricación, reduciendo los tiempos de producción, minimizando los desperdicios y mejorando la eficiencia global del sistema de manufactura.

Consideraciones Económicas: La selección de materiales también tiene implicaciones económicas significativas, ya que los costos asociados con la adquisición, procesamiento y manipulación de los materiales pueden representar una parte importante del costo total de producción. La selección de materiales adecuados puede ayudar a reducir los costos y mejorar la rentabilidad.

Sostenibilidad y Responsabilidad Ambiental: En un contexto de creciente conciencia ambiental y regulaciones más estrictas, la selección de materiales sostenibles y respetuosos con el medio ambiente es cada vez más importante. Los fabricantes están buscando activamente materiales renovables, reciclables y de bajo impacto ambiental para sus productos y procesos de fabricación.

Criterios de Selección de Materiales

La selección de materiales en la manufactura se basa en una variedad de criterios interrelacionados, que deben ser considerados de manera integral para tomar decisiones informadas:

Propiedades Requeridas del Producto: La primera consideración al seleccionar materiales es identificar las propiedades físicas, mecánicas, térmicas, eléctricas y químicas que son requeridas para el producto final. Estas propiedades pueden variar según la aplicación específica del producto y deben ser cuidadosamente evaluadas.

Compatibilidad con el Proceso de Fabricación: Los materiales seleccionados deben ser compatibles con los procesos de fabricación utilizados para producir el producto. Esto incluye consideraciones como la temperatura de procesamiento, la facilidad de conformado, la resistencia a la corrosión durante los procesos químicos, entre otros.

Costo y Disponibilidad: El costo de los materiales y su disponibilidad en el mercado son factores críticos a tener en cuenta. Los materiales excesivamente costosos o difíciles de obtener pueden afectar negativamente la viabilidad económica del producto.

Desempeño y Durabilidad: Es fundamental seleccionar materiales que cumplan con los requisitos de desempeño y durabilidad del producto en su entorno de uso previsto. Esto puede implicar pruebas de resistencia, durabilidad a largo plazo y compatibilidad con condiciones ambientales específicas.

Aspectos Estéticos y de Diseño: En algunos casos, los aspectos estéticos y de diseño pueden influir en la selección de materiales, especialmente en productos de consumo donde la apariencia juega un papel importante en la percepción del cliente.

Impacto Ambiental y Regulatorio: La selección de materiales también debe considerar el impacto ambiental de los materiales a lo largo de su ciclo de vida, incluyendo la extracción, procesamiento, uso y disposición final. Además, los materiales deben cumplir con las regulaciones y normativas ambientales aplicables.

Reciclabilidad y Sostenibilidad: Con el aumento de la conciencia ambiental, la reciclabilidad y la sostenibilidad de los materiales se han vuelto aspectos cada vez más importantes en la selección de materiales. Los materiales reciclables y de origen sostenible están ganando popularidad en la industria manufacturera.

Propiedades de los Materiales

Al seleccionar materiales para la manufactura, es crucial comprender las propiedades clave que determinan su comportamiento y rendimiento en diversas condiciones. Algunas de las propiedades más importantes incluyen:

Resistencia Mecánica: La resistencia mecánica se refiere a la capacidad de un material para resistir cargas y deformaciones bajo tensiones aplicadas. Esta propiedad es esencial en aplicaciones donde se requiere resistencia estructural, como en la construcción de edificios, puentes, vehículos y maquinaria.

Dureza: La dureza es la resistencia de un material a la deformación plástica y al rayado. Los materiales más duros tienden a ser más resistentes al desgaste y a la abrasión, lo que los hace adecuados para aplicaciones donde se requiere resistencia a la abrasión, como en herramientas de corte y maquinaria.

Tenacidad: La tenacidad es la capacidad de un material para absorber energía antes de fracturarse. Esta propiedad es importante en aplicaciones donde se producen cargas de impacto o choque, como en componentes de vehículos y estructuras expuestas a condiciones severas.

Resistencia a la Corrosión: La resistencia a la corrosión es la capacidad de un material para resistir la degradación química causada por agentes corrosivos como agua, ácidos, bases y gases. Esta propiedad es crucial en aplicaciones expuestas a ambientes corrosivos, como en la industria química, marina y petrolera.

Conductividad Eléctrica y Térmica: La conductividad eléctrica y térmica son propiedades que determinan la capacidad de un material para transportar corriente eléctrica y calor, respectivamente. Estas propiedades son importantes en una amplia gama de aplicaciones, desde la electrónica hasta la generación de energía y la fabricación de dispositivos de calefacción y refrigeración.

Densidad: La densidad es la masa por unidad de volumen de un material y afecta directamente el peso y la masa de los productos fabricados. Los materiales de baja densidad son deseables en aplicaciones donde se requiere reducir el peso, como en la industria aeroespacial y automotriz.

Estabilidad Dimensional: La estabilidad dimensional es la capacidad de un material para mantener su forma y dimensiones bajo diversas condiciones de temperatura, humedad y carga. Esta propiedad es importante en aplicaciones donde se requiere precisión dimensional y resistencia a la deformación, como en la fabricación de componentes de precisión y moldes.

Tendencias Emergentes en Selección de Materiales

El campo de la selección de materiales está en constante evolución, impulsado por avances en ciencia de materiales, tecnología de fabricación y demandas cambiantes del mercado. Algunas tendencias emergentes en este campo incluyen:

Materiales Inteligentes: Los materiales inteligentes, también conocidos como materiales activos o adaptativos, pueden responder de manera dinámica a estímulos externos como temperatura, luz, presión y campos magnéticos. Estos materiales tienen aplicaciones potenciales en campos como la electrónica, la medicina, la construcción y la automoción.

Materiales Compuestos Avanzados: Los materiales compuestos, que consisten en la combinación de dos o más materiales para obtener propiedades mejoradas, están ganando popularidad en una amplia gama de aplicaciones. Los avances en la fabricación de materiales compuestos están abriendo nuevas oportunidades en la industria aeroespacial, automotriz, naval, deportiva y de construcción.

Materiales Biocompatibles: Con el crecimiento de la industria biomédica, hay una creciente demanda de materiales biocompatibles que sean seguros para su uso en el cuerpo humano y no provoquen reacciones adversas. Los avances en biomateriales están permitiendo el desarrollo de implantes médicos, prótesis, dispositivos de diagnóstico y medicamentos de administración controlada.

Materiales Sostenibles y Reciclables: En respuesta a las preocupaciones ambientales y la escasez de recursos naturales, los fabricantes están buscando activamente materiales sostenibles y reciclables para reducir el impacto ambiental de sus productos. Los materiales biodegradables, los materiales de origen renovable y los procesos de fabricación eco-amigables están siendo cada vez más adoptados por la industria.

Fabricación Aditiva y Personalización: La fabricación aditiva, también conocida como impresión 3D, está revolucionando la forma en que se seleccionan y utilizan los materiales en la manufactura. Esta tecnología permite la fabricación de productos altamente personalizados y complejos utilizando una amplia gama de materiales, incluyendo polímeros, metales, cerámicas y compuestos.

Conclusión

La selección de materiales en la manufactura es un proceso complejo que requiere un enfoque multidisciplinario y una comprensión profunda de las propiedades de los materiales, los procesos de fabricación y los requisitos del producto final. Los criterios de selección, que van desde las propiedades requeridas hasta consideraciones económicas y ambientales, deben ser cuidadosamente evaluados para tomar decisiones informadas y optimizar el desempeño global del sistema de manufactura. Con el surgimiento de nuevas tecnologías y materiales innovadores, el campo de la selección de materiales está evolucionando rápidamente, abriendo nuevas oportunidades y desafíos para la industria manufacturera.

PROCESOS DE MAQUINADO

Los procesos de maquinado representan un conjunto de técnicas fundamentales en la manufactura industrial. Estos procesos son esenciales para dar forma, dimensionar y dar acabado a una amplia variedad de piezas y componentes mecánicos. Desde la creación de superficies cilíndricas hasta la producción de formas complejas, los procesos de maquinado abarcan una gama diversa de operaciones que son cruciales en numerosas industrias. Este capítulo explora en detalle los diferentes tipos de procesos de maquinado, las máquinas herramienta involucradas, las operaciones comunes y las aplicaciones industriales.

Tipos de Procesos de Maquinado

Los procesos de maquinado se pueden clasificar en varios tipos principales, cada uno con sus propias características y aplicaciones específicas:

Torneado

El torneado es uno de los procesos de maquinado más fundamentales y ampliamente utilizados. Implica la rotación de una pieza de trabajo mientras una herramienta de corte se desplaza en una trayectoria lineal o circular para eliminar el material y dar forma a la pieza. El torneado se utiliza para crear piezas cilíndricas, cónicas, esféricas y otras formas similares. Las máquinas herramienta utilizadas en el torneado incluyen tornos de diferentes tipos, como tornos paralelos, tornos CNC y tornos automáticos.

Fresado

El fresado es otro proceso de maquinado esencial que implica el uso de una herramienta de corte giratoria para eliminar material de la superficie de una pieza de trabajo. Se pueden realizar una variedad de operaciones de fresado, como fresado frontal, fresado de ranuras, fresado de cavidades y fresado de superficies irregulares, utilizando diferentes tipos de fresas y configuraciones de máquinas. Las fresadoras pueden ser máquinas verticales u horizontales y pueden ser controladas manualmente o mediante sistemas CNC.

Taladrado

El taladrado es un proceso de maquinado que se utiliza para crear agujeros cilíndricos en una pieza de trabajo. Se realiza utilizando una broca giratoria que se mueve axialmente hacia abajo para cortar el material y formar el agujero deseado. Las taladradoras pueden ser máquinas de columna, máquinas de taladrado radial o máquinas de taladrado CNC, y están disponibles en una variedad de tamaños y capacidades.

Rectificado

El rectificado es un proceso de maquinado que se utiliza para obtener tolerancias dimensionales estrechas y un acabado superficial fino en piezas de trabajo. Se realiza utilizando una muela abrasiva giratoria que elimina material de la superficie de la pieza de trabajo mediante el corte y la abrasión. El rectificado es comúnmente utilizado en la fabricación de herramientas de corte, moldes, matrices y componentes de precisión. Las rectificadoras pueden ser rectificadoras cilíndricas, rectificadoras de superficies planas, rectificadoras sin centros o rectificadoras de herramientas, dependiendo de la aplicación específica.

Bruñido

El bruñido es un proceso de maquinado de acabado que se utiliza para mejorar la superficie de una pieza de trabajo y reducir la rugosidad superficial. Se realiza mediante el deslizamiento de una herramienta de bruñido a través de la superficie de la pieza de trabajo, que elimina las irregularidades microscópicas y produce un acabado suave y brillante. El bruñido se utiliza comúnmente en aplicaciones donde se requiere un acabado de alta calidad, como en la fabricación de cilindros hidráulicos, cojinetes y componentes de precisión.

Electroerosión

La electroerosión es un proceso de maquinado no convencional que utiliza descargas eléctricas para eliminar material de una pieza de trabajo. Se utiliza principalmente en materiales conductores, como metales, y es especialmente útil para fabricar formas complejas y realizar operaciones de acabado de alta precisión. La electroerosión puede ser electroerosión de corte por hilo (EDM) o electroerosión por penetración (EDM), dependiendo de la aplicación específica y el tipo de material utilizado.

Otros Procesos

Además de los procesos mencionados anteriormente, existen una variedad de otros procesos de maquinado que se utilizan en aplicaciones especializadas. Estos incluyen procesos como mandrinado, escariado, roscado, brochado, tallado y pulido, entre otros. Cada uno de estos procesos tiene sus propias características y aplicaciones específicas, y puede ser utilizado para crear una amplia gama de formas y geometrías en piezas de trabajo de diferentes materiales.

Máquinas Herramienta en Procesos de Maquinado

Las máquinas herramienta son equipos especializados utilizados en procesos de maquinado para realizar operaciones de corte, conformado, acabado y otras operaciones relacionadas. Algunas de las máquinas herramienta más comunes utilizadas en procesos de maquinado incluyen:

Torno

El torno es una máquina herramienta utilizada para realizar operaciones de torneado en piezas de trabajo cilíndricas. Puede ser utilizado para crear superficies exteriores, interiores, cónicas y roscadas, así como para realizar operaciones de taladrado, mandrinado y escariado. Los tornos están disponibles en una variedad de tipos y configuraciones, desde tornos manuales convencionales hasta tornos CNC altamente automatizados.

Fresadora

La fresadora es una máquina herramienta utilizada para realizar operaciones de fresado en una variedad de piezas de trabajo. Puede realizar fresado frontal, fresado de superficies planas, fresado de ranuras, fresado de engranajes y una variedad de otras operaciones utilizando diferentes tipos de fresas y configuraciones de máquinas. Las fresadoras pueden ser máquinas verticales u horizontales y pueden ser controladas manualmente o mediante sistemas CNC.

Taladradora

La taladradora es una máquina herramienta utilizada para realizar operaciones de taladrado en piezas de trabajo. Puede realizar taladrado en materiales metálicos, plásticos y otros materiales utilizando una variedad de brocas y configuraciones de máquinas. Las taladradoras pueden ser máquinas de columna, máquinas de taladrado radial o máquinas de taladrado CNC, y están disponibles en una variedad de tamaños y capacidades.

Rectificadora

La rectificadora es una máquina herramienta utilizada para realizar operaciones de rectificado en piezas de trabajo. Puede realizar rectificado cilíndrico, rectificado de superficies planas, rectificado de formas y una variedad de otras operaciones utilizando diferentes tipos de muelas abrasivas y configuraciones de máquinas. Las rectificadoras pueden ser rectificadoras cilíndricas, rectificadoras de superficies planas, rectificadoras sin centros o rectificadoras de herramientas, dependiendo de la aplicación específica.

Máquina de Electroerosión

La máquina de electroerosión es una máquina herramienta utilizada para realizar operaciones de electroerosión en piezas de trabajo. Puede realizar electroerosión de corte por hilo, electroerosión por penetración y una variedad de otras operaciones utilizando diferentes tipos de electrodos y configuraciones de máquinas. Las máquinas de electroerosión son especialmente útiles para fabricar formas complejas y realizar operaciones de acabado de alta precisión en materiales conductores.

Otras Máquinas

Además de las máquinas mencionadas anteriormente, existen una variedad de otras máquinas herramienta utilizadas en procesos de maquinado, como máquinas de mandrinado, máquinas de escariado, máquinas de brochado, máquinas de tallado y máquinas de pulido, entre otras. Cada una de estas máquinas tiene sus propias características y aplicaciones específicas, y puede ser utilizada para realizar una amplia gama de operaciones de maquinado en diferentes tipos de piezas de trabajo.

Operaciones Comunes en Procesos de Maquinado

Corte

El corte es una operación común en todos los procesos de maquinado, que implica la separación de material de la pieza de trabajo utilizando una herramienta de corte. Se pueden utilizar diferentes tipos de herramientas de corte, como cuchillas, fresas, brocas y muelas abrasivas, dependiendo de la aplicación específica y el material de la pieza de trabajo. El corte se utiliza para dar forma, dimensionar y dar acabado a una amplia variedad de piezas y componentes mecánicos en numerosas industrias.

Desbaste

El desbaste es una operación que se realiza para eliminar grandes cantidades de material de la pieza de trabajo de manera rápida y eficiente. Se realiza utilizando herramientas de corte con velocidades de avance y profundidades de corte elevadas para maximizar la tasa de remoción de material. El desbaste se utiliza comúnmente en la etapa inicial de la fabricación para eliminar el exceso de material y dar forma básica a la pieza de trabajo antes de realizar operaciones de acabado más precisas.

Acabado

El acabado es una operación que se realiza para mejorar la precisión dimensional y el acabado superficial de la pieza de trabajo. Se realiza utilizando herramientas de corte con velocidades de avance y profundidades de corte bajas, así como técnicas de bruñido, rectificado y pulido para obtener tolerancias estrechas y un acabado superficial fino. El acabado se utiliza para mejorar la precisión dimensional, reducir la rugosidad superficial y mejorar la apariencia estética de la pieza de trabajo antes de su uso final.

Roscado

El roscado es una operación que se realiza para crear roscas en la superficie de la pieza de trabajo. Se realiza utilizando herramientas de roscar, como machos y terrajas, que cortan el material para formar las roscas deseadas. El roscado se utiliza comúnmente en la fabricación de tornillos, pernos, tuercas y otros componentes roscados en una variedad de industrias, incluyendo la automotriz, la aeroespacial, la electrónica y la construcción.

Mandrinado

El mandrinado es una operación que se realiza para crear agujeros de precisión en la superficie de la pieza de trabajo. Se realiza utilizando herramientas de mandrinar, como mandriles y brocas de mandrinado, que se desplazan axialmente hacia abajo para cortar el material y formar el agujero deseado. El mandrinado se utiliza comúnmente para fabricar agujeros de gran tamaño, agujeros con tolerancias estrechas y agujeros con acabados superficiales precisos en una variedad de materiales y geometrías de piezas de trabajo.

Aplicaciones Industriales de los Procesos de Maquinado

Los procesos de maquinado tienen una amplia gama de aplicaciones en diversas industrias, incluyendo:

Automotriz: Fabricación de motores, transmisiones, ejes, frenos y otros componentes mecánicos.

Aeroespacial: Fabricación de estructuras de aeronaves, componentes de motores, sistemas de control y aviónica.

Electrónica: Fabricación de componentes de precisión, circuitos impresos, conectores y dispositivos semiconductores.

Médica: Fabricación de instrumentos quirúrgicos, implantes médicos, dispositivos de diagnóstico y equipos de laboratorio.

Metalúrgica: Fabricación de herramientas de corte, moldes, matrices, troqueles y piezas de máquinas industriales.

Los procesos de maquinado son fundamentales en la fabricación de una amplia variedad de productos y componentes en estas industrias, y desempeñan un papel crucial en la producción de productos de alta calidad, precisión y fiabilidad.

Conclusión

Los procesos de maquinado son técnicas esenciales en la manufactura industrial que permiten la creación de una amplia variedad de piezas y componentes mecánicos. Desde el torneado y el fresado hasta el taladrado y el rectificado, estos procesos ofrecen una gama diversa de opciones para dar forma, dimensionar y dar acabado a piezas de trabajo de diferentes materiales y geometrías.

PROCESOS DE CONFORMADO

Los procesos de conformado son fundamentales en la fabricación industrial, abarcando una amplia gama de técnicas que permiten la transformación de materiales en formas y geometrías específicas. Desde la producción de componentes simples hasta la fabricación de estructuras complejas, los procesos de conformado son indispensables en diversas industrias. En este capítulo, exploraremos con profundidad los diferentes tipos de procesos de conformado, las máquinas y herramientas utilizadas, las operaciones comunes y las aplicaciones industriales.

Tipos de Procesos de Conformado

Los procesos de conformado se clasifican en varias categorías, cada una adaptada para cumplir con requisitos específicos de fabricación. A continuación, se detallan algunos de los tipos más comunes:

Conformado en Frío

El conformado en frío implica la deformación plástica de materiales a temperatura ambiente o ligeramente elevada, sin la necesidad de aplicar calor adicional. Este proceso es común en la producción de piezas metálicas de pared delgada, como láminas y perfiles, y abarca técnicas como estampado, embutición, plegado y estirado en frío. Se utiliza ampliamente en industrias como la automotriz, la electrónica y la de electrodomésticos.

Conformado en Caliente

El conformado en caliente implica la deformación plástica de materiales a temperaturas elevadas, generalmente por encima de su temperatura de recristalización. Este proceso se utiliza para fabricar componentes con geometrías complejas y propiedades mecánicas mejoradas. Ejemplos de procesos de conformado en caliente incluyen la forja, laminación, extrusión y estampado en caliente. Es común en la fabricación de componentes para industrias como la aeroespacial, la construcción y la naval.

Conformado Incremental

El conformado incremental se basa en una serie de pasos de conformado progresivo para obtener la forma final de una pieza. Este proceso es ideal para la fabricación de componentes con geometrías complejas y tolerancias ajustadas, como engranajes y levas. Ejemplos de procesos de conformado incremental incluyen el estampado progresivo, conformación en rollo y formación en frío. Se emplea en la producción de piezas para la industria de la maquinaria, la aeroespacial y la automotriz.

Conformado Superplástico

El conformado superplástico se realiza a temperaturas elevadas y velocidades de deformación muy bajas. Este proceso permite la fabricación de componentes con formas y detalles altamente complejos, como los utilizados en aplicaciones aeroespaciales y biomédicas. Ejemplos de procesos de conformado superplástico incluyen el estirado superplástico y la hidroconformación superplástica.

Otros Procesos

Además de los mencionados anteriormente, existen una serie de procesos de conformado especializados utilizados en diversas aplicaciones. Estos incluyen el troquelado, la embutición profunda, el plegado de tubos, la forja en matriz cerrada y la formación de laminillas, entre otros.

Máquinas y Herramientas en Procesos de Conformado

Los procesos de conformado requieren una variedad de máquinas y herramientas especializadas para aplicar fuerzas controladas y dar forma a los materiales. Algunas de las máquinas y herramientas más comunes incluyen:

Prensas

Las prensas son máquinas utilizadas para aplicar fuerzas controladas en procesos de conformado como estampado, embutición y formación de tubos. Pueden ser mecánicas, hidráulicas o neumáticas, y están diseñadas para una variedad de capacidades y velocidades de operación.

Rodillos

Los rodillos son herramientas utilizadas en procesos de conformado para reducir el grosor de una pieza de material y darle forma. Los rodillos de laminación en frío y en caliente, así como los rodillos de estampado y perfilado, son comunes en la producción de láminas, perfiles y barras.

Troqueles y Moldes

Los troqueles y moldes son herramientas utilizadas en procesos de estampado, embutición y moldeo para dar forma a los materiales en la forma deseada. Pueden ser simples o complejos, dependiendo de la geometría de la pieza y los detalles del diseño.

Equipos de Calentamiento

Los equipos de calentamiento, como hornos de inducción y hornos de resistencia, se utilizan en procesos de conformado en caliente para elevar la temperatura de los materiales por encima de su temperatura de recristalización.

Equipos de Refrigeración

Los equipos de refrigeración se utilizan para controlar la temperatura de los materiales durante los procesos de conformado, evitando la deformación excesiva y la fractura. Los sistemas de enfriamiento por aire, agua u aceite son comunes en aplicaciones de conformado en frío y en caliente.

Operaciones Comunes en Procesos de Conformado

Estampado

El estampado implica el uso de una prensa para forzar una pieza de material a través de un troquel para obtener la forma deseada. Se utiliza en la producción de una amplia variedad de componentes, desde piezas automotrices hasta partes electrónicas.

Embutición

La embutición utiliza una prensa para formar una pieza de material en una cavidad de troquel, creando una forma tridimensional. Se emplea para fabricar componentes con paredes delgadas y geometrías complejas.

Laminación

La laminación utiliza rodillos para reducir el grosor de una pieza de material y darle forma. Se utiliza en la producción de láminas metálicas, láminas y perfiles.

Forja

La forja implica la deformación plástica de materiales calientes mediante la aplicación de fuerzas controladas. Se utiliza para fabricar componentes de alta resistencia y resistencia, como ejes y bielas.

Extrusión

La extrusión fuerza un material a través de un troquel para obtener una forma continua y uniforme. Se utiliza para fabricar componentes con secciones transversales uniformes, como tubos y perfiles.

Conformado por Explosión

El conformado por explosión utiliza explosivos para deformar plásticamente un material y crear formas complejas. Se utiliza en aplicaciones aeroespaciales y militares.

Hidroconformado

El hidroconformado utiliza un fluido a alta presión para forzar un material contra un molde y obtener la forma deseada. Se utiliza en la fabricación de carrocerías de automóviles y componentes de tuberías.

Otros Procesos

Otros procesos incluyen el plegado de tubos, el estirado de tubos, la expansión de tubos, la plegadora de chapa y la formación de laminillas, cada uno con sus propias aplicaciones y desafíos.

Aplicaciones Industriales de los Procesos de Conformado

Los procesos de conformado tienen una amplia gama de aplicaciones en diversas industrias, incluyendo:

Automotriz: Fabricación de carrocerías, chasis, suspensiones y componentes de motor.

Aeroespacial: Fabricación de estructuras de aeronaves, componentes de motores y sistemas de propulsión.

Electrónica: Fabricación de carcasas, chasis y componentes de montaje en superficie.

Médica: Fabricación de implantes, instrumentos quirúrgicos y dispositivos de diagnóstico.

Metalúrgica: Fabricación de herramientas, componentes de maquinaria y equipos de procesamiento.

Conclusión

Los procesos de conformado son esenciales en la fabricación de una amplia variedad de productos y componentes industriales. Desde la producción de piezas simples hasta la formación de componentes estructurales complejos, estos procesos ofrecen una variedad de opciones para dar forma, dimensionar y dar acabado a materiales metálicos y no metálicos. Con el avance de la tecnología y la innovación en materiales, se espera que los procesos de conformado continúen desempeñando un papel crucial en la fabricación moderna en el futuro.

SOLDADURA Y UNIÓN DE MATERIALES

La soldadura y unión de materiales representan un conjunto de técnicas esenciales en la fabricación moderna, permitiendo la conexión permanente de piezas metálicas y no metálicas en una amplia variedad de industrias, desde la construcción hasta la automotriz, pasando por la aeroespacial y la electrónica. Este capítulo se sumerge en los intrincados aspectos de los diferentes tipos de procesos de soldadura y unión, analiza las técnicas y equipos utilizados, explora los materiales involucrados y examina las aplicaciones industriales junto con los desafíos asociados.

Tipos de Procesos de Soldadura y Unión

Los procesos de soldadura y unión se subdividen en varias categorías, cada una adaptada para diferentes materiales, espesores y aplicaciones. A continuación, se detallan algunos de los tipos más comunes:

Soldadura por Arco Eléctrico

La soldadura por arco eléctrico es uno de los métodos más comunes, donde un arco eléctrico generado entre un electrodo y el material de trabajo funde ambos extremos, formando una unión sólida al enfriarse. Los subtipos incluyen:

Soldadura de Electrodo Revestido (SMAW): Utiliza un electrodo revestido que se funde durante la soldadura, creando un gas protector y escoria que protege la soldadura.

Soldadura con Gas de Tungsteno (GTAW o TIG): Emplea un electrodo de tungsteno no consumible y gas inerte para proteger la soldadura, ideal para aplicaciones de alta calidad.

Soldadura con Alambre Sólido (GMAW o MIG): Usa un alambre de soldadura continuo y gas de protección para unir los materiales.

Soldadura con Alambre Tubular (FCAW): Similar a GMAW, pero utiliza un alambre tubular relleno de flux para proteger la soldadura.

Soldadura por Resistencia

La soldadura por resistencia se basa en la generación de calor mediante la resistencia eléctrica entre las piezas a unir, formando la soldadura al enfriarse. Tipos comunes incluyen:

Soldadura por Puntos: Utiliza corriente eléctrica para fundir pequeñas áreas de los materiales a unir, formando puntos de soldadura.

Soldadura por Costura: Aplica una corriente continua a través de las piezas, creando una unión continua a lo largo de la costura.

Soldadura por Proyección: Utiliza electrodos especiales para concentrar la corriente eléctrica en áreas específicas de las piezas.

Soldadura por Fricción

La soldadura por fricción implica la generación de calor mediante fricción mecánica entre las superficies de las piezas, facilitando su unión plástica. Tipos destacados son:

Soldadura por Fricción-Agitación: Combina fricción y vibración para unir materiales, reduciendo la deformación y minimizando la formación de defectos.

Soldadura por Fricción Lineal: Aplica fricción y presión lineal para unir materiales, siendo útil para juntas lineales largas.

Soldadura por Fricción Rotativa: Gira una de las piezas mientras se aplica presión axial, generando calor por fricción y uniendo los materiales.

Soldadura por Láser

La soldadura por láser utiliza un haz de luz láser de alta intensidad para fundir y unir las piezas, ofreciendo alta precisión y control, así como una zona de calor reducida. Es ideal para aplicaciones sensibles al calor y de alta precisión.

Soldadura por Ultrasonido

La soldadura por ultrasonido aplica vibraciones ultrasónicas a las piezas, generando calor por fricción y formando una unión sólida al enfriarse. Es especialmente útil para materiales termoplásticos y aplicaciones que requieren una unión rápida y limpia.

Otros Procesos

Además de los mencionados, existen otros métodos de soldadura y unión, como la soldadura por haz de electrones, la soldadura por difusión, la soldadura por gas caliente y la soldadura por inducción, cada uno con sus propias aplicaciones y ventajas específicas.

Técnicas y Equipos Utilizados en Soldadura y Unión

Los procesos de soldadura y unión requieren una variedad de técnicas y equipos especializados para garantizar uniones de alta calidad y durabilidad. A continuación, se presentan algunos de los equipos comunes utilizados en estos procesos:

Fuentes de Energía

Las fuentes de energía son fundamentales en los procesos de soldadura y unión, proporcionando la potencia necesaria para generar calor y fundir los materiales. Estas pueden incluir fuentes de energía eléctrica, como generadores y transformadores, así como fuentes de energía térmica, como hornos y láseres.

Equipos de Soldadura

Los equipos de soldadura varían según el tipo de proceso utilizado y pueden incluir máquinas de soldadura por arco, soldadoras por resistencia, máquinas de soldadura láser, equipos de soldadura por ultrasonido y equipos de soldadura por fricción. Estos equipos están diseñados para proporcionar la potencia, precisión y control necesarios para lograr uniones de alta calidad.

Electrodos y Consumibles

Los electrodos y consumibles son componentes clave en muchos procesos de soldadura y unión. Estos pueden incluir electrodos revestidos, alambres de soldadura, gases de protección, flujo de soldadura, materiales de relleno y materiales de sellado. La selección adecuada de estos consumibles es crucial para garantizar la calidad y durabilidad de las uniones.

Herramientas de Sujeción

Las herramientas de sujeción son utilizadas para alinear y sujetar las piezas durante el proceso de soldadura y unión, asegurando una unión precisa y libre de deformaciones. Estas herramientas pueden incluir abrazaderas, mordazas, mesas de trabajo y dispositivos de fijación automáticos.

Equipos de Protección

La soldadura y unión de materiales pueden generar radiación, chispas, humos y calor, por lo que es fundamental utilizar equipos de protección personal adecuados. Estos pueden incluir cascos de soldadura, gafas de protección, guantes resistentes al calor, delantales de cuero y respiradores.

Materiales Utilizados en Soldadura y Unión

La selección de materiales es crucial en los procesos de soldadura y unión, ya que afecta la calidad, resistencia y durabilidad de las uniones. Algunos de los materiales comunes utilizados en estos procesos incluyen:

Metales

Los metales son los materiales más comúnmente soldados y unidos, debido a su amplia disponibilidad, conductividad térmica y conductividad eléctrica. Algunos de los metales más comunes utilizados en soldadura incluyen acero, aluminio, cobre, titanio y níquel.

Plásticos

Los plásticos son ampliamente utilizados en aplicaciones donde se requiere ligereza, resistencia a la corrosión y aislamiento eléctrico. Algunos de los plásticos más comunes soldados incluyen polietileno, polipropileno, PVC, ABS y policarbonato.

Cerámicos

Los materiales cerámicos son utilizados en aplicaciones que requieren alta resistencia al calor, la corrosión y la abrasión. La soldadura de cerámica es un proceso especializado que se utiliza en la fabricación de componentes electrónicos, catalizadores y productos cerámicos avanzados.

Compuestos

Los materiales compuestos están formados por la combinación de dos o más materiales diferentes para lograr propiedades específicas. Estos pueden incluir compuestos de fibra de carbono, fibra de vidrio, kevlar y resina epoxi, entre otros.

Aplicaciones Industriales de la Soldadura y Unión

La soldadura y unión de materiales tienen una amplia gama de aplicaciones en diversas industrias, incluyendo:

Construcción: Unión de estructuras metálicas, vigas y pilares.

Automotriz: Soldadura de carrocerías, chasis y componentes del motor.

Aeroespacial: Unión de componentes estructurales y sistemas de propulsión.

Electrónica: Soldadura de componentes electrónicos y cables.

Petróleo y Gas: Unión de tuberías, tanques y equipos de perforación.

Desafíos y Consideraciones

A pesar de los numerosos beneficios de la soldadura y unión de materiales, existen desafíos y consideraciones importantes a tener en cuenta, como la selección de materiales adecuada, la preparación de las superficies, el control de la temperatura y la calidad de la soldadura. Además, la seguridad del operador y la protección del medio ambiente son consideraciones clave en todos los procesos de soldadura y unión.

Conclusión

La soldadura y unión de materiales desempeñan un papel crucial en la fabricación moderna, permitiendo la creación de productos y estructuras complejas en una variedad de industrias. Con una amplia gama de procesos, técnicas y equipos disponibles, los fabricantes tienen la flexibilidad de elegir el método más adecuado para sus necesidades específicas. Sin embargo, es importante tener en cuenta los desafíos y consideraciones asociados para garantizar uniones de alta calidad, durabilidad y seguridad.

FUNDICIÓN Y MOLDEO

La fundición y el moldeo son procesos esenciales en la industria manufacturera, utilizados para producir una amplia gama de componentes metálicos y plásticos que son fundamentales en numerosas aplicaciones industriales y de consumo. Este capítulo explorará a fondo estos procesos, desde sus fundamentos hasta las últimas innovaciones tecnológicas, destacando su importancia y su impacto en la fabricación moderna.

Fundición

La fundición es un proceso de fabricación en el cual se vierte material fundido en un molde, donde se solidifica para formar una pieza sólida. Es uno de los métodos más antiguos de fabricación de componentes metálicos y sigue siendo ampliamente utilizado en diversas industrias.

La fundición desempeña un papel crucial en la fabricación de piezas complejas que no se pueden producir fácilmente por otros métodos de fabricación. Desde pequeñas piezas de joyería hasta componentes de motores de aviones, la fundición es fundamental en la producción industrial moderna.

Proceso de Fundición en Arena

La fundición en arena es uno de los métodos más comunes de fundición. Implica la creación de moldes de arena que se utilizan para verter metal fundido. El proceso consta de varias etapas, que incluyen la preparación de la arena, el moldeo, el colado, el enfriamiento y el desmoldeo.

En la preparación de la arena, se mezcla con un aglutinante para mejorar su cohesión y permeabilidad. Luego, se compacta alrededor de un modelo de la pieza a fundir para formar el molde. Una vez que el molde está listo, se vierte metal fundido en él y se deja enfriar hasta que se solidifica. Después del enfriamiento, se retira el molde y se realiza el acabado de la pieza fundida.

Otros Procesos de Fundición

Además de la fundición en arena, existen varios otros métodos de fundición utilizados en la industria. Estos incluyen la fundición a presión, la fundición centrífuga, la fundición a la cera perdida y la fundición de precisión, entre otros.

La fundición a presión es especialmente adecuada para la producción en masa de piezas de formas complejas y delgadas, mientras que la fundición a la cera perdida se utiliza para piezas de alta precisión que requieren detalles finos. Cada método de fundición tiene sus propias ventajas y aplicaciones específicas en términos de precisión, velocidad y costo.

Moldeo

El moldeo es el proceso de fabricación de moldes que se utilizan para dar forma a materiales fundidos durante el proceso de fundición. La calidad del molde es crucial para la calidad final de la pieza fundida, ya que determina la precisión y el acabado superficial de la misma.

Los moldes pueden estar hechos de una variedad de materiales, incluyendo arena, cerámica, yeso, metal y plástico. La elección del material del molde depende de varios factores, como el tipo de material fundido, la complejidad de la pieza y el volumen de producción.

Tipos de Moldes

Existen diferentes tipos de moldes utilizados en el proceso de fundición, cada uno con sus propias características y aplicaciones específicas. Algunos de los tipos de moldes más comunes incluyen:

Moldes de arena: utilizados en la fundición en arena, estos moldes se fabrican compactando arena alrededor de un modelo de la pieza.

Moldes de cerámica: fabricados a partir de materiales cerámicos que ofrecen una mayor resistencia al calor y una mejor precisión dimensional.

Moldes de yeso: hechos de yeso y utilizado en la fundición de metales no ferrosos y plásticos.

Moldes metálicos permanentes: fabricados de metal y reutilizables para producciones en serie.

Cada tipo de molde tiene sus propias ventajas y limitaciones, y la elección del molde adecuado depende de las especificaciones del producto y los requisitos de producción.

Técnicas de Moldeo

Existen diversas técnicas de moldeo utilizadas en la fabricación de moldes, cada una con sus propias ventajas y aplicaciones específicas. Algunas de las técnicas de moldeo más comunes incluyen:

Moldeo en arena verde: una técnica de moldeo en la que se utiliza arena húmeda mezclada con un aglutinante para formar el molde.

Moldeo en coquilla: una técnica de moldeo en la que se utiliza una cáscara de arena o metal para formar el molde.

Moldeo por inyección de plástico: una técnica de moldeo utilizada en la fabricación de piezas de plástico mediante la inyección de material fundido en un molde.

Moldeo por compresión: una técnica de moldeo en la que se aplica presión a un material fundido para darle forma.

Cada técnica de moldeo tiene sus propias ventajas en términos de precisión, velocidad y costo, y la elección de la técnica adecuada depende de las especificaciones del producto y los requisitos de producción.

Aplicaciones Industriales

Industria Metalúrgica

La fundición y el moldeo juegan un papel fundamental en la industria metalúrgica, donde se utilizan para fabricar una amplia gama de componentes metálicos utilizados en diversas aplicaciones. Algunos de los sectores industriales que dependen en gran medida de la fundición y el moldeo incluyen:

Industria automotriz: donde se utilizan para fabricar motores, carrocerías y otras piezas metálicas.

Industria aeroespacial: donde se utilizan para fabricar componentes de aviones y cohetes.

Industria naval: donde se utilizan para fabricar piezas de barcos y submarinos.

Industria de la construcción: donde se utilizan para fabricar piezas estructurales y componentes de maquinaria.

Industria Plástica

En la industria del plástico, el moldeo es esencial para la fabricación de una amplia gama de productos, desde envases hasta componentes electrónicos. Los procesos de moldeo de plástico, como la inyección y la extrusión, son utilizados en todo el mundo para producir productos plásticos de alta precisión.

Tendencias y Futuro

Avances Tecnológicos

Los avances tecnológicos están transformando la industria de la fundición y el moldeo, permitiendo una mayor precisión, eficiencia y personalización en la producción de piezas fundidas. Algunas de las tecnologías emergentes que están cambiando el panorama de la fundición y el moldeo incluyen:

Impresión 3D: que permite la fabricación de moldes y piezas de formas complejas con una precisión sin precedentes.

Simulación por computadora: que permite a los fabricantes predecir y optimizar el proceso de fundición y moldeo antes de la producción.

Automatización y robótica: que están siendo utilizadas para mejorar la eficiencia y la calidad en los procesos de fundición y moldeo.

Sostenibilidad y Eco-fundición

La sostenibilidad es una preocupación creciente en la industria manufacturera, y la fundición y el moldeo no son una excepción. Los fabricantes están buscando formas de reducir el impacto ambiental de estos procesos mediante la adopción de prácticas eco-amigables, como:

Reciclaje de materiales: que permite reutilizar los desechos de fundición y moldeo para reducir la cantidad de residuos generados.

Uso de energías renovables: que ayuda a reducir las emisiones de carbono asociadas con la fundición y el moldeo.

Diseño para la sostenibilidad: que implica diseñar productos y procesos de fabricación que minimicen el consumo de recursos naturales y la generación de residuos.

Conclusión

La fundición y el moldeo desempeñan un papel vital en la fabricación moderna, permitiendo la producción eficiente y rentable de una amplia variedad de componentes metálicos y plásticos. Con el continuo avance tecnológico y un enfoque renovado en la sostenibilidad, estos procesos seguirán evolucionando para satisfacer las demandas de la industria global.

FABRICACIÓN ADITIVA (IMPRESIÓN 3D)

La Fabricación Aditiva, también conocida como impresión 3D, ha emergido como una tecnología disruptiva que está transformando radicalmente la manera en que se fabrican y diseñan objetos en una amplia gama de industrias. Este capítulo explora en profundidad los fundamentos, los procesos, las aplicaciones y el futuro de la impresión 3D, destacando su importancia y su impacto en la fabricación moderna.

La Fabricación Aditiva es un proceso de fabricación por capas, en el cual los objetos tridimensionales se construyen añadiendo material capa por capa. A diferencia de los métodos tradicionales de fabricación, que son sustractivos, la impresión 3D es un proceso aditivo que ofrece una mayor libertad de diseño y una reducción de residuos.

Los principios fundamentales de la impresión 3D se basan en la digitalización de los diseños, la conversión de los modelos digitales en instrucciones de impresión y la deposición de material capa por capa para construir el objeto deseado.

Historia y Evolución

La historia de la impresión 3D se remonta a la década de 1980, cuando se desarrollaron los primeros prototipos de sistemas de fabricación aditiva. Desde entonces, la tecnología ha experimentado un rápido crecimiento y desarrollo, impulsado por avances en materiales, hardware y software.

Algunos hitos importantes en la evolución de la impresión 3D incluyen la invención de la estereolitografía (SLA) en la década de 1980, la patente de la impresión 3D por deposición de material fundido (FDM) en la década de 1990 y el desarrollo de tecnologías de impresión metálica en los últimos años.

Tipos de Tecnologías de Impresión 3D

Existen varios tipos de tecnologías de impresión 3D, cada una con sus propias características, ventajas y limitaciones. Algunas de las tecnologías de impresión 3D más comunes incluyen:

Estereolitografía (SLA): Utiliza un láser ultravioleta para solidificar capas de resina fotosensible.

Fusión por Láser Selectivo (SLS): Utiliza un láser para fusionar polvo de material en capas sucesivas.

Deposición de Material Fundido (FDM): Deposita filamentos de material termoplástico capa por capa.

Impresión 3D a Chorro de Tinta (MJM): Utiliza cabezales de impresión para depositar material líquido sobre un sustrato.

Cada tecnología tiene sus propias aplicaciones específicas, desde la producción de prototipos y herramientas hasta la fabricación de piezas finales y productos personalizados.

Procesos y Materiales

Proceso de Impresión 3D

El proceso de impresión 3D consta de varias etapas, que incluyen la preparación del modelo digital, la configuración de la impresora, la impresión del objeto capa por capa y el postprocesamiento.

La preparación del modelo digital implica la creación o descarga de un modelo tridimensional en un formato compatible con la impresora 3D. Luego, el modelo se procesa mediante software de slicing, que divide el objeto en capas y genera instrucciones de impresión para la impresora.

Una vez que el modelo se ha preparado, se carga en la impresora 3D y se configuran los parámetros de impresión, como la temperatura, la velocidad y la resolución. La impresora comienza entonces a construir el objeto capa por capa, depositando material según las instrucciones de impresión generadas por el software de slicing.

Una vez completada la impresión, el objeto puede requerir ciertas operaciones de postprocesamiento, como el lijado, el pulido, el recorte de soportes y el recubrimiento superficial, para mejorar su acabado y funcionalidad.

Materiales Utilizados

La impresión 3D utiliza una amplia variedad de materiales, que incluyen plásticos, metales, cerámicas, materiales biocompatibles y composites. Cada material tiene sus propias propiedades físicas y mecánicas, lo que lo hace adecuado para diferentes aplicaciones y requisitos de rendimiento.

Los plásticos son los materiales más comunes utilizados en la impresión 3D FDM, incluyendo PLA, ABS, PETG, nylon y resinas fotopolimerizables. Los metales, como el acero inoxidable, el aluminio y el titanio, son utilizados en la impresión 3D metálica mediante tecnologías como SLS y DMLS.

Los materiales biocompatibles son utilizados en aplicaciones médicas, como la impresión de implantes y prótesis personalizadas, mientras que los composites ofrecen propiedades mejoradas, como resistencia a la tracción y conductividad térmica.

Desafíos y Consideraciones

A pesar de sus numerosas ventajas, la impresión 3D también enfrenta desafíos y consideraciones importantes que deben ser tenidos en cuenta. Algunos de estos desafíos incluyen la precisión dimensional, la resistencia y durabilidad de las piezas impresas, la velocidad de impresión y el costo de los materiales y equipos.

Otros aspectos a considerar son la seguridad y la calidad del proceso de impresión, la optimización del diseño para la fabricación aditiva y la gestión de residuos y reciclaje de materiales.

Aplicaciones Industriales

Industria Aeroespacial

La industria aeroespacial es pionera en la adopción de la impresión 3D para la fabricación de componentes de aviones y cohetes. La impresión 3D permite la producción de piezas ligeras, complejas y personalizadas, reduciendo el peso total de las aeronaves y mejorando su rendimiento.

Ejemplos de aplicaciones incluyen la fabricación de turbinas de aviones, estructuras de ala, conductos de combustible y componentes de satélites.

Industria Médica

La impresión 3D está revolucionando la industria médica al permitir la fabricación de implantes personalizados, modelos anatómicos, instrumentos quirúrgicos y prótesis. La capacidad de crear dispositivos médicos personalizados a partir de imágenes de escaneo de pacientes ha abierto nuevas posibilidades en el campo de la medicina personalizada.

Aplicaciones destacadas incluyen la fabricación de prótesis de extremidades, implantes dentales, modelos de órganos para planificación quirúrgica y herramientas de formación para cirugías complejas.

Industria Automotriz

En la industria automotriz, la impresión 3D se utiliza para la fabricación de prototipos de diseño, herramientas de producción y piezas personalizadas. La capacidad de crear prototipos rápidos y iterar diseños de manera eficiente ha acelerado el desarrollo de nuevos vehículos y componentes.

Ejemplos de aplicaciones incluyen la fabricación de piezas de automóviles, como componentes de interiores, soportes de motor y conductos de refrigeración, así como la producción de herramientas de sujeción y moldes para la fabricación tradicional.

Tendencias y Futuro

Avances Tecnológicos

La impresión 3D sigue experimentando avances tecnológicos significativos, impulsados por la investigación y el desarrollo en curso en áreas como materiales, hardware y software. Algunas áreas de innovación incluyen la impresión 3D multimaterial, la impresión 3D a gran escala, la impresión 3D de alta velocidad y la impresión 3D de nanomateriales.

Los avances en la inteligencia artificial, la robótica y el aprendizaje automático también están transformando la impresión 3D al mejorar la precisión, la eficiencia y la automatización de los procesos de fabricación.

Impresión 3D a Gran Escala

Una tendencia emergente en la impresión 3D es la fabricación a gran escala de estructuras arquitectónicas, infraestructuras, vehículos y componentes industriales. La impresión 3D a gran escala ofrece ventajas en términos de velocidad de producción, personalización y reducción de costos.

Ejemplos de aplicaciones incluyen la construcción de viviendas asequibles, puentes y carreteras, la fabricación de vehículos eléctricos y la producción de componentes de energía renovable, como turbinas eólicas y paneles solares.

Sostenibilidad y Eco-impresión 3D

La sostenibilidad es una preocupación creciente en la industria de la impresión 3D, y se están desarrollando soluciones eco-amigables para abordar los desafíos ambientales asociados con la fabricación aditiva. Algunas iniciativas incluyen el uso de materiales biodegradables, el reciclaje de residuos de impresión y la optimización de los procesos de fabricación para reducir el consumo de energía y recursos naturales.

Conclusión

La Fabricación Aditiva, o impresión 3D, está redefiniendo la forma en que se fabrican y diseñan objetos en una amplia gama de industrias. Con su capacidad para crear objetos personalizados, complejos y funcionales de manera rápida y eficiente, la impresión 3D está en camino de convertirse en una tecnología dominante en la fabricación del siglo XXI.

AUTOMATIZACIÓN EN LA MANUFACTURA

La automatización en la manufactura ha sido un catalizador fundamental en la evolución de la industria, transformando los procesos de producción y mejorando la eficiencia, la calidad y la rentabilidad. En este capítulo, exploraremos en detalle los fundamentos, los tipos, las aplicaciones y el futuro de la automatización en la manufactura, destacando su importancia y su impacto en la fabricación moderna.

La automatización en la manufactura se refiere al uso de sistemas y tecnologías para realizar tareas de producción de forma autónoma, sin intervención humana directa. Los sistemas automatizados pueden incluir robots industriales, máquinas controladas por computadora, sistemas de control numérico y sistemas de gestión de procesos.

Los principios fundamentales de la automatización en la manufactura incluyen la sustitución de la mano de obra humana por máquinas, la optimización de los procesos de producción, la reducción de los costos operativos y la mejora de la calidad y la consistencia de los productos.

Historia y Evolución

La automatización en la manufactura tiene sus raíces en la Revolución Industrial, con la introducción de la maquinaria mecánica para realizar tareas previamente realizadas a mano. A lo largo del siglo XX, la automatización se ha ido desarrollando y refinando, con avances significativos en tecnologías como la electrónica, la informática y la robótica.

La introducción de la automatización programable en la década de 1970 marcó un hito importante en la evolución de la automatización en la manufactura, permitiendo la programación y reprogramación de sistemas automatizados para adaptarse a diferentes tareas y procesos.

Beneficios y Desafíos

La automatización en la manufactura ofrece una serie de beneficios significativos, incluyendo:

Aumento de la eficiencia y la productividad.

Mejora de la calidad y la consistencia de los productos.

Reducción de los costos laborales y operativos.

Mayor flexibilidad y capacidad de adaptación a cambios en la demanda del mercado.

Sin embargo, la automatización también plantea desafíos, como la inversión inicial en tecnología y capacitación, el riesgo de desplazamiento laboral y la necesidad de mantenimiento y actualización continuos de los sistemas automatizados.

Tipos de Automatización

Automatización Fija

La automatización fija implica el uso de equipos especializados diseñados para realizar tareas específicas de producción de manera repetitiva y constante. Los sistemas de automatización fija son adecuados para procesos de producción con alta demanda y poca variabilidad, donde la inversión en equipos especializados puede justificarse por el volumen de producción.

Ejemplos de sistemas de automatización fija incluyen líneas de ensamblaje automatizadas, células de fabricación y sistemas de transporte y manipulación automatizados.

Automatización Flexible

La automatización flexible implica el uso de sistemas que pueden adaptarse y reconfigurarse para realizar una variedad de tareas y procesos de producción. Los sistemas de automatización flexible son adecuados para entornos de producción con una alta variedad de productos y una demanda variable, donde se requiere una rápida reconfiguración de los equipos para adaptarse a cambios en la demanda del mercado.

Ejemplos de sistemas de automatización flexible incluyen robots industriales programables, sistemas de visión artificial y sistemas de control numérico.

Automatización Inteligente

La automatización inteligente implica el uso de sistemas avanzados que pueden aprender, adaptarse y tomar decisiones en tiempo real en función de datos y retroalimentación del entorno. Los sistemas de automatización inteligente están equipados con sensores, actuadores y algoritmos de control avanzados que les permiten operar de manera autónoma y optimizar continuamente sus operaciones.

Ejemplos de sistemas de automatización inteligente incluyen robots colaborativos, sistemas de control basados en inteligencia artificial y sistemas de gestión de la cadena de suministro basados en análisis predictivo.

Aplicaciones Industriales

Industria Automotriz

La industria automotriz ha sido pionera en la adopción de la automatización en la manufactura, utilizando sistemas automatizados para fabricar vehículos, motores, componentes y accesorios. Los robots industriales son ampliamente utilizados en líneas de ensamblaje para realizar tareas de soldadura, pintura, ensamblaje y manipulación de materiales.

Ejemplos de aplicaciones incluyen robots de soldadura en la fabricación de carrocerías de automóviles, sistemas de pintura automatizados en la aplicación de recubrimientos, y robots de ensamblaje en la fabricación de motores y transmisiones.

Industria Electrónica

La industria electrónica utiliza la automatización en la manufactura para producir componentes electrónicos, dispositivos y equipos. Los sistemas automatizados son utilizados en la fabricación de placas de circuito impreso, montaje de componentes, soldadura de precisión y pruebas de calidad.

Ejemplos de aplicaciones incluyen sistemas de colocación de componentes en la fabricación de tarjetas de circuito impreso, sistemas de inspección visual para detectar defectos de fabricación, y sistemas de prueba funcional para verificar la funcionalidad de los productos electrónicos.

Industria Alimentaria

La industria alimentaria utiliza la automatización en la manufactura para procesar, envasar y distribuir una amplia variedad de productos alimenticios. Los sistemas automatizados son utilizados en la manipulación de materias primas, el procesamiento de alimentos, el envasado y etiquetado, y la logística de distribución.

Ejemplos de aplicaciones incluyen sistemas de transporte automatizado en plantas de procesamiento de alimentos, sistemas de llenado y sellado en líneas de envasado, y sistemas de clasificación y distribución en almacenes y centros de distribución.

Tendencias y Futuro

Industria Moderna

La industria moderna representa una nueva era de la manufactura impulsada por la digitalización, la conectividad y la inteligencia artificial. En la industria moderna, los sistemas de automatización en la manufactura están interconectados y pueden comunicarse entre sí a través de Internet de las Cosas (IoT) y la nube.

Ejemplos de tecnologías en la industria moderna incluyen sistemas de fabricación aditiva, gemelos digitales de fábrica, sistemas de producción autónoma y sistemas de gestión de la cadena de suministro basados en blockchain.

Robótica Colaborativa

La robótica colaborativa, o cobots, representa una nueva generación de robots diseñados para trabajar de forma segura y colaborativa junto a los humanos en entornos de trabajo compartidos. Los cobots son capaces de realizar tareas de montaje, ensamblaje, manipulación y transporte de manera segura y eficiente.

Ejemplos de aplicaciones de cobots incluyen la colaboración entre humanos y robots en líneas de ensamblaje, operaciones de paletización y despaletización, y tareas de inspección y manipulación en entornos peligrosos.

Automatización en la Cadena de Suministro

La automatización en la cadena de suministro está transformando la forma en que se gestionan y operan las operaciones logísticas, desde el almacenamiento y la preparación de pedidos hasta el transporte y la entrega de productos. Los sistemas automatizados, como los almacenes automatizados, los sistemas de transporte autónomo y los drones de entrega, están mejorando la eficiencia y la precisión de la cadena de suministro.

Ejemplos de aplicaciones incluyen sistemas de gestión de almacenes automatizados, sistemas de picking y embalajes automatizados, y sistemas de seguimiento y localización en tiempo real de productos y envíos.

Conclusión

La automatización en la manufactura es un componente clave en la evolución de la industria, permitiendo la mejora continua de los procesos de producción y la optimización de la cadena de valor. Con el avance de la tecnología y la adopción de enfoques innovadores como la industria moderna y la robótica colaborativa, la automatización seguirá desempeñando un papel fundamental en la fabricación del futuro.

CONTROL DE CALIDAD EN LA MANUFACTURA

El control de calidad en la manufactura es un proceso vital que asegura la consistencia, fiabilidad y conformidad de los productos fabricados con los estándares de calidad establecidos. Este capítulo profundizará en los fundamentos, métodos, herramientas, implementación y tecnologías emergentes del control de calidad en la manufactura, destacando su impacto en la calidad del producto, la satisfacción del cliente y el éxito empresarial.

El control de calidad en la manufactura es el conjunto de actividades planificadas y sistemáticas implementadas en los procesos de producción para garantizar que los productos cumplan con los requisitos de calidad definidos. Los principios fundamentales del control de calidad incluyen la prevención de defectos, la detección temprana de problemas, la mejora continua y la satisfacción del cliente.

La calidad no es simplemente la ausencia de defectos, sino que implica la consistencia y la capacidad de cumplir con las expectativas y necesidades del cliente.

Importancia del Control de Calidad

El control de calidad desempeña un papel crítico en la manufactura por varias razones:

Garantiza la satisfacción del cliente al proporcionar productos que cumplen con sus expectativas y requisitos.

Reduce los costos asociados con los defectos de producción, como el retrabajo, los rechazos y las devoluciones.

Mejora la competitividad al diferenciar la empresa en el mercado y construir una reputación de calidad y fiabilidad.

Impulsa la mejora continua al identificar áreas de oportunidad para optimizar los procesos y aumentar la eficiencia.

El control de calidad es esencial para mantener la viabilidad a largo plazo de una empresa en un entorno competitivo y en constante cambio.

Ciclo de Control de Calidad

El ciclo de control de calidad, también conocido como ciclo PDCA (Planificar, Hacer, Verificar, Actuar), es un enfoque sistemático para la mejora continua de los procesos y la calidad de los productos. Este ciclo consta de las siguientes etapas:

Planificar: Establecer objetivos de calidad y desarrollar un plan detallado para alcanzarlos.

Hacer: Implementar el plan según lo diseñado durante la fase de planificación.

Verificar: Evaluar los resultados obtenidos mediante la comparación con los estándares de calidad definidos.

Actuar: Tomar medidas correctivas y preventivas para mejorar los procesos y evitar la recurrencia de problemas.

El ciclo PDCA es un enfoque iterativo que promueve la mejora continua al identificar y abordar áreas de oportunidad en cada ciclo.

Métodos y Herramientas de Control de Calidad

Inspección Visual

La inspección visual es uno de los métodos más comunes de control de calidad, que implica la evaluación visual de productos para detectar defectos o irregularidades. Esta técnica puede ser realizada por operadores humanos o mediante sistemas automatizados de visión artificial.

La inspección visual es particularmente efectiva para identificar defectos superficiales, como rayones, abolladuras, grietas o decoloraciones.

Pruebas de Funcionamiento

Las pruebas de funcionamiento son utilizadas para evaluar el rendimiento y la funcionalidad de los productos en condiciones reales de operación. Estas pruebas pueden incluir pruebas de resistencia, pruebas de durabilidad, pruebas de temperatura y pruebas de rendimiento eléctrico, entre otras.

Las pruebas de funcionamiento son esenciales para garantizar que los productos cumplan con los requisitos de rendimiento y seguridad especificados.

Control Estadístico de Procesos (CEP)

El Control Estadístico de Procesos (CEP) es una técnica utilizada para monitorear y controlar la variabilidad de un proceso de fabricación mediante el análisis de datos estadísticos. El CEP utiliza herramientas como gráficos de control, histogramas, diagramas de Pareto y análisis de capacidad para identificar patrones, tendencias y anomalías en los datos de producción.

El CEP es fundamental para identificar y corregir desviaciones en el proceso de fabricación antes de que afecten la calidad del producto final.

Planificación del Control de Calidad

La planificación del control de calidad es un paso crítico en el proceso de fabricación. Durante esta fase, se establecen los estándares de calidad, se definen los criterios de aceptación y se seleccionan los métodos y herramientas de control adecuados. También se desarrollan procedimientos de inspección y pruebas para garantizar que los productos cumplan con los requisitos de calidad especificados.

La planificación del control de calidad sienta las bases para el éxito del control de calidad en todo el proceso de fabricación.

Ejecución del Control de Calidad

La ejecución del control de calidad implica la implementación de los procedimientos y actividades planificados durante la fase de planificación. Durante esta etapa, se llevan a cabo inspecciones, pruebas y análisis de datos para verificar que los productos cumplan con los estándares de calidad definidos.

La ejecución del control de calidad es un proceso continuo que se realiza en todas las etapas del proceso de fabricación para garantizar la calidad del producto final.

Mejora Continua del Control de Calidad

La mejora continua del control de calidad es un objetivo clave para cualquier empresa orientada a la calidad. Esta fase implica la identificación de áreas de mejora a través de la retroalimentación del cliente, el análisis de datos y la aplicación de técnicas de resolución de problemas.

La mejora continua del control de calidad permite a las empresas optimizar sus procesos de fabricación y mejorar la calidad de sus productos de manera constante.

Tecnologías Emergentes en el Control de Calidad

Inteligencia Artificial (IA)

La inteligencia artificial (IA) está revolucionando el control de calidad en la manufactura al permitir la automatización de tareas de inspección y análisis de datos. Los sistemas de IA pueden procesar grandes volúmenes de datos y identificar patrones y anomalías con una precisión y velocidad sin precedentes.

La IA se utiliza en aplicaciones como sistemas de visión artificial, análisis de imágenes y diagnóstico de fallas para mejorar la eficiencia y precisión del control de calidad.

Internet de las Cosas (IoT)

El Internet de las Cosas (IoT) está permitiendo la monitorización en tiempo real de los procesos de fabricación y la recopilación de datos de sensores para el control de calidad. Los dispositivos IoT pueden recopilar datos sobre parámetros de producción, condiciones ambientales y rendimiento del equipo, y transmitir esta información a sistemas de análisis de datos en la nube.

El IoT se utiliza en aplicaciones como sensores de temperatura, monitoreo de vibraciones y seguimiento de activos para mejorar la calidad y eficiencia del control de calidad.

Fabricación Aditiva

La fabricación aditiva, también conocida como impresión 3D, está transformando el control de calidad al permitir la fabricación de prototipos y piezas personalizadas con una precisión y calidad excepcionales. Esta tecnología permite la producción de productos con geometrías complejas y detalles finos que pueden ser difíciles de lograr con métodos tradicionales de fabricación.

La fabricación aditiva se utiliza en aplicaciones como la fabricación de moldes de inspección, prototipos de productos y herramientas de fabricación personalizadas para mejorar la calidad y eficiencia del control de calidad.

Conclusión

El control de calidad en la manufactura es esencial para garantizar la calidad, fiabilidad y satisfacción del cliente. Con la implementación de métodos y herramientas adecuados, así como el aprovechamiento de tecnologías emergentes como la inteligencia artificial, el Internet de las Cosas y la fabricación aditiva, las empresas pueden mejorar la eficiencia y precisión de su control de calidad, lo que les permite ofrecer productos de alta calidad que cumplen con los estándares más exigentes.

LEAN MANUFACTURING Y MEJORA CONTINUA

En un mundo empresarial caracterizado por la competencia global y la búsqueda constante de eficiencia, el Lean Manufacturing y la Mejora Continua emergen como filosofías y prácticas esenciales para optimizar los procesos, reducir costos y mejorar la calidad. Este capítulo se adentrará profundamente en estos conceptos, explorando sus fundamentos, herramientas, técnicas y aplicaciones en la industria manufacturera y más allá.

Lean Manufacturing

El Lean Manufacturing, originario del Toyota Production System (TPS), es un enfoque holístico para la gestión de operaciones que busca la eliminación de desperdicios y la optimización de procesos para maximizar el valor para el cliente. Los principios fundamentales del Lean Manufacturing son la piedra angular de su filosofía:

Identificación del Valor: Comprender y definir qué es valioso desde la perspectiva del cliente.

Mapeo del Flujo de Valor: Analizar el flujo de trabajo desde la recepción de materiales hasta la entrega del producto final, identificando actividades que agregan valor y aquellas que no.

Creación de Flujo Continuo: Establecer un flujo de trabajo continuo y sin interrupciones para eliminar tiempos muertos y reducir el tiempo de entrega.

Producción Pull: Producir solo lo que se necesita, cuando se necesita, en respuesta a la demanda del cliente, evitando la sobreproducción.

Búsqueda de la Perfección: Buscar continuamente la mejora y la excelencia en todos los aspectos del negocio, nunca conformarse con el statu quo.

Herramientas y Técnicas del Lean

El Lean Manufacturing se apoya en una amplia gama de herramientas y técnicas para identificar y eliminar desperdicios en los procesos de producción. Estas incluyen:

Mapeo del Flujo de Valor (Value Stream Mapping): Visualizar y analizar el flujo de materiales y la creación de valor en toda la cadena de suministro.

Just in Time (JIT): Producir y entregar productos justo a tiempo para satisfacer la demanda del cliente, minimizando inventarios y costos.

5S: Una metodología para organizar y mantener un entorno de trabajo limpio, ordenado y eficiente.

Kaizen: Fomentar la mejora continua mediante la participación activa de los empleados en la identificación y resolución de problemas.

Poka-Yoke: Implementar dispositivos o mecanismos a prueba de errores para prevenir defectos en el proceso.

Beneficios del Lean Manufacturing

La implementación efectiva del Lean Manufacturing puede conducir a una serie de beneficios tangibles para las organizaciones, incluyendo:

Reducción de Costos: Eliminación de desperdicios y optimización de procesos que conducen a una reducción de costos operativos.

Mejora de la Calidad: Enfoque en la eliminación de defectos y la creación de procesos más eficientes y confiables.

Aumento de la Productividad: Simplificación de los procesos y reducción de los tiempos de ciclo que aumentan la eficiencia y la productividad.

Mejora de los Plazos de Entrega: Producción JIT que permite una respuesta más rápida a la demanda del cliente y una reducción de los tiempos de entrega.

Mejora de la Satisfacción del Cliente: Entrega de productos de alta calidad de manera oportuna que aumenta la satisfacción y la lealtad del cliente.

Mejora Continua

La Mejora Continua, también conocida como Kaizen, es un proceso sistemático y constante de mejora de los procesos, productos y servicios. Los principios fundamentales de la Mejora Continua incluyen:

Compromiso de la Dirección: La alta dirección debe liderar el camino y mostrar un compromiso claro con la mejora continua.

Participación de los Empleados: Todos los empleados deben estar involucrados en la identificación y resolución de problemas en sus áreas de trabajo.

Enfoque en la Mejora Incremental: Pequeñas mejoras graduales en lugar de grandes cambios disruptivos.

Medición y Evaluación Constantes: El progreso y los resultados deben ser medidos y evaluados regularmente utilizando datos y métricas clave.

Herramientas y Técnicas de Mejora Continua

La Mejora Continua se basa en una variedad de herramientas y técnicas para identificar, analizar y abordar problemas en los procesos de trabajo. Estas incluyen:

Diagrama de Ishikawa (Espina de Pescado): Identifica las posibles causas de un problema y visualiza sus relaciones.

Diagrama de Pareto: Prioriza los problemas identificados según su impacto en los resultados.

Análisis de Causa Raíz: Identifica las causas fundamentales de un problema y desarrolla soluciones efectivas.

Círculos de Calidad: Grupos de empleados que se reúnen regularmente para identificar y resolver problemas en sus áreas de trabajo.

Benchmarking: Comparación de procesos y resultados con otras organizaciones líderes en la industria.

Cultura de Mejora Continua

Una cultura de mejora continua es esencial para el éxito a largo plazo de cualquier iniciativa de mejora continua. Los elementos clave incluyen:

Liderazgo Inspirador: Los líderes deben inspirar a sus equipos a buscar la excelencia y la mejora constante.

Empoderamiento de los Empleados: Los empleados deben sentirse capacitados para proponer ideas y soluciones para mejorar los procesos.

Fomento de la Experimentación: La toma de riesgos controlados y la experimentación son fundamentales para la innovación y la mejora continua.

Reconocimiento y Recompensa: El reconocimiento y la recompensa del esfuerzo y los logros en la mejora continua son esenciales para mantener la motivación y el compromiso.

Aplicaciones y Casos de Estudio

Aplicaciones del Lean Manufacturing

El Lean Manufacturing se ha aplicado con éxito en una amplia gama de industrias y sectores, incluyendo la manufactura, la salud, los servicios financieros y la tecnología. Ejemplos de empresas que han implementado con éxito el Lean Manufacturing incluyen Toyota, GE, Amazon y Nike.

Casos de Éxito en Mejora Continua

Empresas de todo el mundo han utilizado con éxito la Mejora Continua para mejorar sus procesos y resultados. Ejemplos de casos de éxito incluyen la reducción del tiempo de ciclo en líneas de producción, la mejora de la calidad del producto y la optimización de los procesos logísticos.

Conclusión

El Lean Manufacturing y la Mejora Continua son enfoques poderosos para mejorar la eficiencia, la calidad y la competitividad en la industria manufacturera y más allá. Al adoptar estos enfoques y fomentar una cultura de mejora continua, las organizaciones pueden adaptarse con éxito a los desafíos del mercado y seguir siendo líderes en su entorno empresarial.

DISEÑO PARA LA MANUFACTURA

En el entorno competitivo de la industria manufacturera, el diseño de productos juega un papel crucial en el éxito empresarial. El Diseño para la Manufactura (DfM) emerge como una metodología esencial que busca integrar consideraciones de fabricación desde las etapas iniciales del proceso de diseño. Este capítulo proporciona una exploración exhaustiva de los principios, herramientas y técnicas del DfM, destacando su impacto en la eficiencia y competitividad de las empresas manufactureras.

Fundamentos del Diseño para la Manufactura

El Diseño para la Manufactura (DfM) se fundamenta en una serie de principios esenciales que guían la integración efectiva de consideraciones de fabricación en el proceso de diseño de productos. Profundicemos en cada uno de estos principios:

Simplicidad y Elegancia en el Diseño: La simplicidad en el diseño no solo reduce la complejidad de fabricación, sino que también mejora la usabilidad y la estética del producto. La elegancia en el diseño se refiere a la capacidad de lograr un equilibrio armonioso entre la forma y la función, optimizando tanto la estética como la funcionalidad del producto.

Optimización de Tolerancias y Especificaciones: Las tolerancias y especificaciones de diseño deben ser cuidadosamente evaluadas y optimizadas para garantizar la fabricabilidad del producto. Esto implica especificar tolerancias dimensionales y geométricas que sean adecuadas para los procesos de fabricación disponibles, evitando la sobre especificación que pueda conducir a costos innecesarios.

Selección Estratégica de Materiales: La selección de materiales es un aspecto crítico del diseño para la manufactura. Los diseñadores deben considerar no solo las propiedades mecánicas y químicas de los materiales, sino también su disponibilidad, costo y capacidad de fabricación. La elección de materiales adecuados puede tener un impacto significativo en la fabricabilidad, el rendimiento y la durabilidad del producto.

Consideraciones de Montaje y Desmontaje: El diseño de productos debe facilitar tanto el ensamblaje como el desmontaje, minimizando la necesidad de herramientas especializadas y simplificando el proceso de mantenimiento y reparación. Esto implica el diseño de interfaces de ensamblaje que sean intuitivas y accesibles, así como la minimización del número de componentes y la estandarización de las conexiones.

Factores a Considerar en el Diseño para la Manufactura

El proceso de diseño de productos debe tener en cuenta una amplia gama de factores que afectan la fabricación y calidad del producto final. Algunos de los factores más importantes a considerar incluyen:

Ergonomía y Experiencia del Usuario: El diseño de productos debe tener en cuenta las necesidades y preferencias del usuario final, garantizando que el producto sea cómodo, seguro y fácil de usar. Esto implica la consideración de factores ergonómicos como el tamaño, la forma y la ubicación de los controles, así como la optimización de la experiencia del usuario a través de interfaces intuitivas y eficientes.

Estándares de Calidad y Seguridad: Cumplir con los estándares de calidad y seguridad es fundamental para garantizar la satisfacción del cliente y la reputación de la marca. Los diseñadores deben tener en cuenta los requisitos reglamentarios y normativos aplicables, así como las mejores prácticas de la industria en términos de calidad y seguridad del producto.

Compatibilidad con Procesos de Fabricación: El diseño de productos debe ser compatible con los procesos de fabricación disponibles, minimizando así la necesidad de inversiones adicionales en equipos o tecnologías. Esto implica la selección de procesos de fabricación adecuados y la optimización del diseño para maximizar la eficiencia y la calidad del proceso de fabricación.

Análisis de Ciclo de Vida: Considerar el impacto ambiental de los productos a lo largo de su ciclo de vida es esencial para promover la sostenibilidad y la responsabilidad social corporativa. Esto implica la evaluación de los impactos ambientales asociados con la extracción de materias primas, la fabricación, el uso y el eventual desecho del producto, y la implementación de medidas para minimizar estos impactos en todas las etapas del ciclo de vida del producto.

Herramientas y Métodos para el Diseño para la Manufactura

Una variedad de herramientas y métodos están disponibles para ayudar a los diseñadores a optimizar el diseño de productos para la fabricación. Algunas de las herramientas y métodos más comunes incluyen:

Análisis de Valor (AV): El análisis de valor es una técnica que se utiliza para evaluar la relación entre el costo y el rendimiento de un producto, identificar áreas de mejora y optimizar el diseño para maximizar el valor percibido por el cliente.

Análisis de Modo y Efecto de Falla (AMEF): El análisis de modo y efecto de falla es una metodología que se utiliza para identificar posibles modos de falla en el diseño de productos y desarrollar medidas preventivas para mitigar su impacto.

Simulación de Procesos de Fabricación: La simulación de procesos de fabricación es una herramienta poderosa que se utiliza para predecir el comportamiento de los productos durante el proceso de fabricación y optimizar su diseño en consecuencia. Esto puede incluir la simulación de procesos de mecanizado, formado, ensamblaje y acabado para identificar posibles problemas y realizar mejoras antes de la producción en masa.

Prototipado Rápido: El prototipado rápido es una técnica que se utiliza para construir prototipos físicos de productos utilizando tecnologías de fabricación aditiva como la impresión 3D. Esto permite a los diseñadores evaluar la funcionalidad y manufacturabilidad del producto antes de la producción en masa, identificar posibles problemas y realizar ajustes en el diseño según sea necesario.

Optimización del Proceso de Fabricación

La optimización del proceso de fabricación es un aspecto clave del Diseño para la

Manufactura que busca mejorar la eficiencia y reducir los costos de producción. Algunas estrategias comunes de optimización del proceso de fabricación incluyen:

Automatización y Robótica: La automatización y la robótica se utilizan para realizar tareas repetitivas y laboriosas de manera eficiente y precisa, reduciendo los tiempos de ciclo y mejorando la calidad del producto. Esto puede incluir la implementación de sistemas de automatización de ensamblaje, sistemas de manipulación robótica y sistemas de control de calidad automatizados.

Justo a Tiempo (JIT): El enfoque Justo a Tiempo (JIT) implica la entrega de materias primas, componentes y productos terminados en el momento exacto en que son necesarios, minimizando así el inventario y los tiempos de espera y reduciendo los costos asociados con el almacenamiento y la gestión de inventario.

Fabricación Celular: La fabricación celular implica la organización de la planta de fabricación en celdas de producción autónomas que pueden fabricar productos completos o subconjuntos de productos de manera eficiente y flexible. Esto puede mejorar la comunicación y coordinación entre los trabajadores, reducir los tiempos de ciclo y mejorar la calidad del producto final.

Mejora Continua: La mejora continua es un proceso sistemático que busca identificar y eliminar desperdicios y defectos en el proceso de fabricación. Esto puede incluir la implementación de programas como Lean Manufacturing y Seis Sigma, así como la realización de análisis de causa raíz y la implementación de medidas correctivas y preventivas para mejorar continuamente la eficiencia y calidad del proceso de fabricación.

Casos de Estudio y Ejemplos Prácticos

Para ilustrar la aplicación práctica de los conceptos y técnicas discutidos, presentaremos varios casos de estudio y ejemplos concretos de Diseño para la Manufactura en acción. Estos casos proporcionarán una visión detallada de cómo el DfM puede ser implementado con éxito en una variedad de industrias y contextos, destacando los beneficios tangibles que puede generar para las empresas manufactureras.

Retos y Futuras Tendencias en el Diseño para la Manufactura

Si bien el Diseño para la Manufactura ofrece numerosos beneficios, también enfrenta una serie de retos y debe adaptarse a las tendencias emergentes y las demandas cambiantes del mercado. Algunos de los retos y tendencias futuras más importantes incluyen:

Innovación Tecnológica: La rápida evolución de la tecnología está transformando la industria manufacturera, con avances en áreas como la inteligencia artificial, la fabricación aditiva y la Internet de las cosas que ofrecen nuevas oportunidades y desafíos para el Diseño para la Manufactura.

Globalización: La globalización está redefiniendo el panorama competitivo de la industria manufacturera, con cadenas de suministro cada vez más globales y una creciente competencia de empresas de todo el mundo. Los diseñadores deben adaptarse a este entorno cambiante y buscar oportunidades para colaborar con socios y proveedores internacionales.

Sostenibilidad y Responsabilidad Social: La sostenibilidad y la responsabilidad social están ganando cada vez más importancia en la industria manufacturera, con consumidores y reguladores que exigen productos y procesos de fabricación más sostenibles y respetuosos con el medio ambiente.

Personalización y Co-creación: La demanda de productos personalizados y la co-creación con los clientes están cambiando la forma en que se diseñan y fabrican los productos, con un énfasis creciente en la flexibilidad y la capacidad de respuesta a las necesidades individuales de los clientes.

Conclusión

El Diseño para la Manufactura es una disciplina fundamental en la industria manufacturera que busca optimizar el diseño de productos para facilitar su fabricación y mejorar su calidad y eficiencia. Al adoptar un enfoque sistemático y centrado en el cliente, las empresas pueden reducir costos, acelerar los tiempos de lanzamiento al mercado y mantenerse competitivas en un entorno empresarial cada vez más exigente. Al continuar explorando y adoptando las mejores prácticas en el Diseño para la Manufactura, las empresas pueden contribuir al avance de la industria manufacturera en general.

INGENIERÍA CONCURRENTE

En un entorno empresarial altamente competitivo y en constante evolución, la Ingeniería Concurrente (IC) se ha convertido en un enfoque fundamental para el desarrollo eficiente y efectivo de productos. Este enfoque estratégico busca reducir los tiempos de comercialización, optimizar los costos y mejorar la calidad al integrar simultáneamente actividades de diseño, fabricación y otras fases del ciclo de vida del producto. En este capítulo, exploraremos en profundidad los principios, estrategias, herramientas y aplicaciones de la Ingeniería Concurrente, destacando su importancia en la innovación y competitividad en la industria moderna.

La Ingeniería Concurrente se basa en una serie de principios fundamentales que guían su aplicación efectiva en el desarrollo de productos:

Integración de Procesos: En contraposición al enfoque tradicional secuencial, donde cada etapa del proceso de desarrollo de productos se realiza de forma independiente y secuencial, la IC promueve la integración simultánea de actividades. Esto significa que las diferentes etapas, como diseño, fabricación, ensamblaje y pruebas, se llevan a cabo de manera colaborativa y coordinada desde el principio hasta el final del proceso de desarrollo.

Comunicación y Colaboración: La IC enfatiza la importancia de una comunicación abierta y una colaboración efectiva entre los equipos multidisciplinarios involucrados en el desarrollo de productos. Al fomentar una cultura de trabajo en equipo y compartir conocimientos y recursos, se puede optimizar el proceso de toma de decisiones y minimizar los retrasos y errores.

Enfoque en el Cliente: Un aspecto fundamental de la IC es la orientación hacia el cliente. Esto implica comprender las necesidades, expectativas y deseos del cliente desde el principio y asegurarse de que el producto final cumpla con estos requisitos de manera efectiva. Al poner al cliente en el centro del proceso de desarrollo, se pueden crear productos que generen mayor satisfacción y lealtad.

Flexibilidad y Adaptabilidad: Dado el entorno empresarial dinámico y cambiante en el que operan las organizaciones, la IC reconoce la importancia de la flexibilidad y la adaptabilidad. Esto significa estar preparado para ajustar y modificar el proceso de desarrollo según sea necesario en respuesta a cambios en los requisitos del cliente, avances tecnológicos, fluctuaciones del mercado u otros factores externos.

Estrategias y Herramientas de la Ingeniería Concurrente

Para implementar con éxito la Ingeniería Concurrente, las organizaciones pueden recurrir a una variedad de estrategias y herramientas, entre las que se incluyen:

Equipos Multifuncionales: La formación de equipos multidisciplinarios que incluyan representantes de diferentes áreas funcionales, como diseño, ingeniería, fabricación, marketing y servicio al cliente, es fundamental para el éxito de la IC. Estos equipos colaborativos pueden trabajar juntos para abordar desafíos complejos y tomar decisiones informadas que beneficien al producto final.

Diseño para la Manufactura (DfM): Integrar consideraciones de fabricación en las primeras etapas del proceso de diseño es esencial para optimizar la fabricabilidad y la eficiencia de producción del producto. El DfM busca identificar y abordar posibles problemas de fabricación desde el principio, lo que ayuda a reducir costos y tiempos de desarrollo.

Prototipado Rápido y Simulación: El uso de técnicas de prototipado rápido, como la impresión 3D, permite a los equipos crear y probar rápidamente prototipos de productos antes de la producción en masa. Esto facilita la detección temprana de errores de diseño y la realización de ajustes necesarios. Además, la simulación de procesos y comportamientos del producto ayuda a prever y resolver problemas potenciales antes de que se conviertan en problemas reales durante la producción.

Gestión de la Cadena de Suministro: La IC requiere una cadena de suministro eficiente y bien gestionada para garantizar la disponibilidad oportuna de materias primas y componentes necesarios para la fabricación. La colaboración estrecha con proveedores y socios estratégicos es fundamental para optimizar la cadena de suministro y minimizar los riesgos de interrupciones.

Ventajas y Desafíos de la Ingeniería Concurrente

La Ingeniería Concurrente ofrece una serie de ventajas significativas para las organizaciones que la implementan, pero también presenta desafíos que deben ser abordados:

Ventajas:

Reducción del Tiempo de Lanzamiento al Mercado: La IC permite acortar el tiempo necesario para llevar un producto al mercado, lo que permite a las empresas responder más rápidamente a las demandas cambiantes del mercado y ganar una ventaja competitiva.

Reducción de Costos: Al integrar actividades y optimizar procesos, la IC puede ayudar a reducir los costos de desarrollo, fabricación y distribución de productos, mejorando así la rentabilidad y el retorno de la inversión.

Mejora de la Calidad: Al facilitar la comunicación y colaboración entre los equipos funcionales, la IC puede ayudar a identificar y resolver problemas de diseño y fabricación antes de que afecten la calidad del producto final.

Desafíos:

Cambio Cultural: Implementar la IC puede requerir un cambio cultural significativo dentro de la organización, ya que implica superar las barreras departamentales y fomentar la colaboración entre equipos que tradicionalmente han operado de manera independiente.

Coordinación y Gestión de Proyectos: Coordinar actividades y gestionar proyectos en un entorno de IC puede ser complejo y requerir habilidades de gestión avanzadas, así como el uso efectivo de herramientas de colaboración y seguimiento de proyectos.

Gestión de Riesgos: La IC puede aumentar la exposición a riesgos potenciales, como retrasos en el desarrollo, problemas de calidad y conflictos entre equipos, que deben ser identificados y gestionados de manera proactiva para minimizar su impacto en el proceso de desarrollo de productos.

Aplicaciones de la Ingeniería Concurrente

La Ingeniería Concurrente se aplica en una amplia variedad de industrias y contextos, incluyendo:

Automoción: En la industria automotriz, la IC se utiliza para acelerar el desarrollo de nuevos modelos de vehículos, reducir los costos de fabricación y mejorar la calidad y fiabilidad de los productos.

Electrónica de Consumo: En la electrónica de consumo, la IC se utiliza para desarrollar productos innovadores que se lancen al mercado rápidamente y cumplan con las expectativas de los consumidores en términos de diseño, rendimiento y funcionalidad.

Aeroespacial y Defensa: En la industria aeroespacial y de defensa, la IC se utiliza para desarrollar sistemas complejos y altamente integrados que cumplan con los requisitos de rendimiento, seguridad y confiabilidad en un entorno altamente regulado y exigente.

Tecnología de la Información: En la industria de la tecnología de la información, la IC se utiliza para desarrollar software y sistemas informáticos que se adapten rápidamente a las cambiantes demandas del mercado y proporcionen soluciones innovadoras y de alta calidad a los clientes.

Casos de Estudio y Ejemplos Prácticos

Para ilustrar la aplicación práctica de la Ingeniería Concurrente, presentaremos varios casos de estudio y ejemplos concretos en diversas industrias y contextos. Estos casos proporcionarán una visión detallada de cómo la IC puede ser implementada con éxito para acelerar el desarrollo de productos, reducir los costos y mejorar la calidad y la competitividad en el mercado.

Futuras Tendencias y Direcciones en la Ingeniería Concurrente

La Ingeniería Concurrente continúa evolucionando en respuesta a las tendencias emergentes y las demandas cambiantes del mercado. Algunas de las futuras tendencias y direcciones en la IC incluyen:

Integración de Tecnologías Emergentes: La integración de tecnologías emergentes como la inteligencia artificial, la realidad aumentada y la fabricación aditiva está transformando la forma en que se desarrollan y fabrican los productos, permitiendo un enfoque aún más integrado y colaborativo en la IC.

Enfoque en la Sostenibilidad: La creciente conciencia sobre los desafíos ambientales está impulsando un mayor enfoque en la sostenibilidad en el desarrollo de productos, lo que lleva a la integración de consideraciones ambientales y sociales en la IC para minimizar el impacto ambiental y promover la responsabilidad social corporativa.

Colaboración Global: La globalización está dando lugar a equipos de desarrollo de productos distribuidos geográficamente, lo que requiere una mayor colaboración y coordinación entre equipos en diferentes ubicaciones para implementar con éxito la IC a escala global.

Personalización y Co-creación: La demanda de productos personalizados y la co-creación con los clientes están impulsando un enfoque más centrado en el usuario en la IC, con un énfasis en comprender las necesidades individuales de los clientes y diseñar productos que se adapten a sus preferencias y requisitos específicos.

Conclusión

La Ingeniería Concurrente es una metodología poderosa que permite a las empresas acelerar el desarrollo de productos, reducir los costos y mejorar la calidad y la competitividad en el mercado. Al integrar actividades de diseño, fabricación y otros procesos relacionados de manera simultánea y colaborativa, la IC proporciona un marco efectivo para innovar y responder rápidamente a las demandas del mercado en constante cambio. Al adoptar la IC como parte de su enfoque de desarrollo de productos, las empresas pueden posicionarse de manera más efectiva para el éxito a largo plazo.

SISTEMAS DE MANUFACTURA INTEGRADA

En la era actual de la industria, la competitividad y la eficiencia son elementos cruciales para el éxito empresarial. Los sistemas de manufactura integrada han emergido como una respuesta efectiva a la creciente demanda de optimización de procesos y recursos en la producción industrial. Este capítulo tiene como objetivo explorar en profundidad qué son los sistemas de manufactura integrada, cómo funcionan y cuáles son sus beneficios y desafíos.

Los sistemas de manufactura integrada son sistemas que combinan tecnologías, procesos y recursos humanos dentro de una organización para optimizar la producción y mejorar la eficiencia. Se centran en la integración y coordinación de todas las etapas del proceso de fabricación, desde la concepción y diseño del producto hasta su entrega al cliente final. La integración puede abarcar aspectos tanto físicos como virtuales de la producción, con el objetivo de lograr una operación sin problemas y altamente eficiente.

Componentes de los Sistemas de Manufactura Integrada

Automatización de Procesos

La automatización desempeña un papel central en los sistemas de manufactura integrada. Implica el uso de tecnologías avanzadas, como robots industriales, sistemas de control numérico computarizado (CNC), sistemas de visión artificial y sistemas de transporte automatizado, para realizar tareas repetitivas y tediosas de manera eficiente y precisa. La automatización no solo aumenta la velocidad y la precisión de la producción, sino que también reduce los errores humanos y el tiempo de inactividad, lo que lleva a una mejora general en la productividad.

Integración de Sistemas de Información

La integración de sistemas de información es otro componente clave de los sistemas de manufactura integrada. Implica la conexión y sincronización de diferentes sistemas de software, como el diseño asistido por computadora (CAD), la fabricación asistida por computadora (CAM) y los sistemas de planificación de recursos empresariales (ERP), para permitir el intercambio de datos en tiempo real. Esta integración facilita la coordinación de actividades en toda la cadena de suministro, desde la adquisición de materias primas hasta la distribución de productos terminados, lo que conduce a una mayor visibilidad, control y eficiencia en toda la operación.

Flexibilidad y Agilidad

Los sistemas de manufactura integrada están diseñados para ser flexibles y adaptables a los cambios en la demanda del mercado y los requisitos de producción. Esto se logra mediante la implementación de tecnologías como la fabricación aditiva (impresión 3D), la fabricación flexible y la producción bajo demanda. La fabricación aditiva, en particular, ha revolucionado la forma en que se diseñan y producen los productos, permitiendo la fabricación de piezas complejas y personalizadas con mayor rapidez y eficiencia.

Optimización de Procesos

La optimización de procesos es un objetivo fundamental de los sistemas de manufactura integrada. Esto implica la identificación y eliminación de cuellos de botella, redundancias y actividades no productivas en el proceso de fabricación. Mediante el uso de técnicas como la simulación de procesos, el análisis de datos y la optimización de la cadena de suministro, las organizaciones pueden mejorar continuamente la eficiencia y la rentabilidad de sus operaciones.

Colaboración Humano-Máquina

A pesar del énfasis en la automatización y la tecnología, los sistemas de manufactura integrada también reconocen la importancia de la colaboración entre humanos y máquinas. Los trabajadores siguen desempeñando un papel crucial en la supervisión, el mantenimiento y la optimización de los sistemas automatizados, así como en la resolución de problemas y la toma de decisiones que requieren juicio humano y experiencia.

Beneficios de los Sistemas de Manufactura Integrada

Mejora de la Eficiencia y la Productividad

La integración de sistemas y procesos permite una mayor eficiencia y productividad en la producción. La automatización de tareas repetitivas y la optimización de procesos reducen los tiempos de ciclo y los costos operativos, lo que lleva a una producción más rápida y rentable.

Mayor Calidad del Producto

La estandarización y la automatización de procesos contribuyen a una mayor consistencia y calidad del producto. La integración de sistemas de control de calidad y la retroalimentación en tiempo real permiten la detección temprana de defectos y la corrección rápida de problemas, lo que resulta en productos finales de alta calidad y satisfacción del cliente.

Reducción de Desperdicios y Costos

Los sistemas de manufactura integrada están diseñados para minimizar los desperdicios y optimizar el uso de recursos, lo que conduce a una reducción significativa de los costos operativos y ambientales. La optimización de la cadena de suministro y la gestión eficiente de inventario ayudan a evitar el exceso de existencias y reducir los costos asociados con el almacenamiento y el transporte.

Mayor Flexibilidad y Adaptabilidad

La capacidad de adaptarse rápidamente a los cambios en el mercado y los requisitos de producción es fundamental en un entorno empresarial dinámico y competitivo. Los sistemas de manufactura integrada permiten una producción ágil y flexible, que puede ajustarse según la demanda del cliente y las condiciones del mercado, lo que garantiza la competitividad a largo plazo de la organización.

Innovación y Diferenciación

La integración de tecnologías avanzadas y procesos innovadores en los sistemas de manufactura integrada permite a las organizaciones diferenciarse en el mercado y mantenerse a la vanguardia de la innovación. La capacidad de desarrollar y producir productos personalizados y de alta calidad de manera eficiente puede ser un factor clave para el éxito en industrias altamente competitivas.

Desafíos de los Sistemas de Manufactura Integrada

A pesar de los numerosos beneficios que ofrecen, los sistemas de manufactura integrada también enfrentan varios desafíos que deben abordarse:

Costo de Implementación y Mantenimiento

La implementación y el mantenimiento de sistemas de manufactura integrada pueden ser costosos, ya que requieren inversiones significativas en tecnología, capacitación de personal y reestructuración de procesos. Además, los costos asociados con el mantenimiento y la actualización continua de la tecnología pueden ser una carga financiera adicional para las organizaciones.

Complejidad Tecnológica y de Integración

La integración de múltiples sistemas y tecnologías puede resultar en una mayor complejidad técnica, lo que puede dificultar la implementación y el mantenimiento de los sistemas de manufactura integrada. La interoperabilidad entre diferentes sistemas y la estandarización de protocolos de comunicación son desafíos importantes que deben abordarse para garantizar una integración sin problemas.

Resistencia al Cambio y Capacitación del Personal

La adopción de nuevos sistemas y procesos puede encontrar resistencia por parte de los empleados que están acostumbrados a formas de trabajo más tradicionales. Es importante ofrecer capacitación y apoyo adecuados para garantizar una transición suave y exitosa hacia los sistemas de manufactura integrada. La capacitación del personal en el uso de nuevas tecnologías y procesos es fundamental para maximizar los beneficios y minimizar los riesgos asociados con la implementación de sistemas de manufactura integrada.

Seguridad y Ciberseguridad

La creciente interconexión de dispositivos y sistemas en los sistemas de manufactura integrada aumenta el riesgo de ciberataques y violaciones de seguridad. Es fundamental implementar medidas de seguridad robustas, como firewalls, cifrado de datos y protocolos de autenticación, para proteger los sistemas y datos críticos contra amenazas internas y externas.

Gestión del Cambio Organizacional

La implementación de sistemas de manufactura integrada no solo implica cambios tecnológicos, sino también cambios organizativos y culturales. Es importante contar con un liderazgo sólido y una estrategia de gestión del cambio efectiva para garantizar la aceptación y adopción exitosa de los nuevos sistemas y procesos por parte de todos los miembros de la organización.

Conclusiones

En resumen, los sistemas de manufactura integrada son una herramienta poderosa para mejorar la eficiencia, la calidad y la flexibilidad en los procesos de producción. Al integrar tecnologías avanzadas, procesos optimizados y colaboración humana-máquina, las organizaciones pueden lograr una mayor competitividad y éxito empresarial en un entorno empresarial en constante cambio. Sin embargo, la implementación exitosa de sistemas de manufactura integrada requiere una planificación cuidadosa, una inversión significativa y un enfoque centrado en las personas. Con el avance continuo de la tecnología y la evolución de las prácticas empresariales, se espera que los sistemas de manufactura integrada sigan desempeñando un papel crucial en la mejora de la competitividad y el éxito empresarial.

GESTIÓN DE LA CADENA DE SUMINISTRO EN LA MANUFACTURA

En el complejo panorama empresarial actual, la gestión efectiva de la cadena de suministro se ha convertido en un factor crítico para el éxito de las empresas manufactureras. Este capítulo aborda en profundidad la gestión de la cadena de suministro en el contexto de la manufactura, explorando su definición, importancia, procesos clave, estrategias de optimización y desafíos enfrentados.

Definición y Alcance de la Gestión de la Cadena de Suministro en la Manufactura

La gestión de la cadena de suministro en la manufactura abarca todas las actividades relacionadas con la adquisición, producción, almacenamiento y distribución de materias primas, productos semiacabados y productos terminados, desde los proveedores hasta los clientes finales. Este proceso implica la planificación, coordinación y control de las actividades a lo largo de toda la cadena de valor para garantizar la entrega oportuna de productos de calidad a los clientes.

Procesos Clave de la Gestión de la Cadena de Suministro en la Manufactura

Planificación de la Demanda y la Oferta

La planificación de la demanda y la oferta es un primer paso crítico en la gestión de la cadena de suministro en la manufactura. Implica la previsión de la demanda futura de productos y la planificación de la producción en consecuencia para satisfacer esa demanda. Esto se logra mediante el análisis de datos históricos de ventas, tendencias del mercado, pronósticos de la demanda y la colaboración con clientes y proveedores para desarrollar un plan de producción preciso y eficiente.

Gestión de la Relación con Proveedores

La gestión de la relación con proveedores es esencial para asegurar un suministro confiable y oportuno de materias primas y componentes. Esto implica la selección y evaluación de proveedores, la negociación de términos y condiciones de compra, la gestión de contratos y la colaboración en la mejora continua de la calidad y la eficiencia.

Gestión de Inventarios

La gestión de inventarios es un proceso fundamental en la gestión de la cadena de suministro en la manufactura. Implica el seguimiento y control de los niveles de inventario de materias primas, productos semiacabados y productos terminados para evitar escasez o exceso de existencias. Estrategias como el just-in-time (JIT), la gestión de inventarios basada en la demanda y el uso de sistemas de gestión de inventarios ayudan a minimizar los costos de almacenamiento y maximizar la disponibilidad de productos.

Producción y Fabricación

La producción y fabricación son procesos centrales en la gestión de la cadena de suministro en la manufactura. Implica la transformación de materias primas en productos terminados mediante procesos de fabricación eficientes y rentables. La optimización de la producción, la programación de la mano de obra y la maquinaria, y el control de calidad son aspectos clave de este proceso.

Logística y Distribución

La logística y distribución se refieren al transporte y almacenamiento de productos terminados desde la planta de fabricación hasta el cliente final. Esto incluye la gestión de almacenes, la planificación de rutas de transporte, la selección de transportistas y la entrega oportuna de productos a los clientes. La optimización de la logística y distribución es fundamental para garantizar la satisfacción del cliente y minimizar los costos operativos.

Estrategias Clave en la Gestión de la Cadena de Suministro en la Manufactura

Colaboración y Visibilidad en la Cadena de Suministro

La colaboración estrecha y la visibilidad en toda la cadena de suministro son fundamentales para una gestión efectiva. Esto implica compartir información en tiempo real con proveedores y clientes, establecer relaciones sólidas y trabajar en conjunto para mejorar la eficiencia y la calidad en toda la cadena de suministro.

Uso de Tecnología de la Información

El uso de tecnología de la información, como sistemas de planificación de recursos empresariales (ERP), sistemas de gestión de la cadena de suministro (SCM) y sistemas de gestión de inventarios, es esencial para optimizar los procesos y la visibilidad en la cadena de suministro. Estas herramientas proporcionan información en tiempo real sobre la demanda, el inventario y la producción, lo que permite una toma de decisiones más informada y ágil.

Implementación de Prácticas de Manufactura Lean

La implementación de prácticas de manufactura lean es una estrategia efectiva para eliminar desperdicios y mejorar la eficiencia en la cadena de suministro. Esto incluye la identificación y eliminación de actividades que no agregan valor, la reducción de los tiempos de ciclo, la optimización de los flujos de trabajo y la mejora continua de los procesos.

Gestión de Riesgos y Resiliencia de la Cadena de Suministro

La gestión de riesgos y la resiliencia de la cadena de suministro son aspectos críticos en un entorno empresarial cada vez más volátil y globalizado. Esto implica identificar y mitigar riesgos potenciales, como interrupciones en la cadena de suministro, cambios en las condiciones del mercado y desastres naturales, y desarrollar planes de contingencia para garantizar la continuidad del negocio.

Importancia de la Gestión de la Cadena de Suministro en la Manufactura

La gestión eficaz de la cadena de suministro en la manufactura es esencial por varias razones:

Mejora de la Eficiencia y la Productividad: Una gestión eficaz de la cadena de suministro permite una producción más eficiente y rentable al minimizar los tiempos de espera, reducir los costos de inventario y optimizar los flujos de trabajo.

Satisfacción del Cliente: Una cadena de suministro bien gestionada garantiza la disponibilidad oportuna de productos de alta calidad para satisfacer las necesidades y expectativas de los clientes, lo que contribuye a la lealtad del cliente y la reputación de la marca.

Reducción de Costos y Desperdicios: La optimización de la cadena de suministro ayuda a minimizar los costos operativos y los desperdicios al eliminar actividades innecesarias, reducir los excesos de inventario y mejorar la eficiencia en toda la cadena de valor.

Agilidad y Adaptabilidad: Una cadena de suministro ágil y adaptable puede responder rápidamente a los cambios en la demanda del mercado, las condiciones económicas y los eventos imprevistos, lo que permite a las organizaciones mantenerse competitivas en un entorno empresarial dinámico y cambiante.

Desafíos en la Gestión de la Cadena de Suministro en la Manufactura

A pesar de su importancia, la gestión de la cadena de suministro en la manufactura enfrenta varios desafíos:

Complejidad y Fragmentación: Las cadenas de suministro en la manufactura suelen ser largas y complejas, con múltiples proveedores, ubicaciones de producción y canales de distribución, lo que dificulta la coordinación y el control de extremo a extremo.

Volatilidad y Riesgos: La volatilidad en los mercados globales, los cambios en la demanda del mercado, los problemas políticos y económicos, y los desastres naturales representan riesgos significativos para la gestión de la cadena de suministro, que deben ser gestionados y mitigados de manera efectiva.

Tecnología y Transformación Digital: Si bien la tecnología de la información puede mejorar la eficiencia y la visibilidad en la cadena de suministro, la implementación y adopción de nuevas tecnologías pueden ser costosas y complejas, y requerir una curva de aprendizaje significativa para el personal.

Gestión del Cambio Organizacional: La implementación de nuevas estrategias y procesos en la gestión de la cadena de suministro puede encontrar resistencia por parte de los empleados y requerir una gestión cuidadosa del cambio para garantizar una adopción exitosa y una mejora continua.

Sostenibilidad y Responsabilidad Social Corporativa: El aumento de la conciencia ambiental y social ha llevado a una mayor presión sobre las empresas manufactureras para adoptar prácticas sostenibles y éticas en su cadena de suministro. Esto incluye la reducción de emisiones de carbono, la gestión responsable de recursos naturales y el respeto de los derechos humanos en toda la cadena de suministro.

Conclusión

En resumen, la gestión efectiva de la cadena de suministro en la manufactura es fundamental para el éxito empresarial en el entorno empresarial actual. Al optimizar los procesos, mejorar la colaboración y la visibilidad, y abordar los desafíos existentes, las organizaciones pueden mejorar la eficiencia, reducir los costos y satisfacer las demandas cambiantes del mercado. Sin embargo, la gestión de la cadena de suministro en la manufactura enfrenta desafíos significativos que requieren un enfoque estratégico y una gestión proactiva para superarlos con éxito. Con una estrategia sólida, colaboración con socios de la cadena de suministro y enfoque en la innovación y la mejora continua, las organizaciones pueden aprovechar al máximo su cadena de suministro y mantenerse competitivas.

TECNOLOGÍAS EMERGENTES EN LA MANUFACTURA

La manufactura moderna está experimentando una revolución impulsada por avances tecnológicos innovadores. En este capítulo, exploraremos en profundidad las tecnologías emergentes que están transformando el panorama de la manufactura. Desde la producción aditiva hasta la inteligencia artificial, estas tecnologías están redefiniendo los procesos de fabricación y abriendo nuevas oportunidades para la eficiencia, la calidad y la innovación en la industria.

Producción Aditiva (Impresión 3D)

La producción aditiva, comúnmente conocida como impresión 3D, ha ganado prominencia en la industria manufacturera en las últimas décadas. Esta tecnología revolucionaria permite la fabricación de objetos tridimensionales capa por capa a partir de una variedad de materiales, incluyendo plástico, metal y cerámica. La producción aditiva ofrece numerosos beneficios, como la capacidad de crear piezas complejas con geometrías personalizadas, la reducción de costos y tiempos de producción y la optimización del diseño y la fabricación de prototipos.

La versatilidad de la producción aditiva la hace aplicable en una amplia gama de industrias, incluyendo la automotriz, aeroespacial, médica y de bienes de consumo. En la industria aeroespacial, por ejemplo, la producción aditiva se utiliza para fabricar componentes ligeros y resistentes, reduciendo el peso de los aviones y mejorando la eficiencia del combustible. En la industria médica, se utiliza para fabricar prótesis personalizadas, implantes y dispositivos médicos específicos para cada paciente.

Robótica Avanzada

Los avances en robótica están transformando los procesos de fabricación al mejorar la velocidad, precisión y flexibilidad en la producción. Los robots industriales son utilizados en una amplia gama de aplicaciones, incluyendo soldadura, ensamblaje, manipulación de materiales y inspección de calidad. La integración de sensores, visión artificial y aprendizaje automático permite a los robots adaptarse a entornos cambiantes y realizar tareas más complejas con mayor eficiencia.

La robótica colaborativa, donde los robots trabajan en estrecha colaboración con los humanos, está ganando popularidad en la manufactura. Estos sistemas permiten una colaboración segura y eficiente entre humanos y robots, mejorando la productividad y la seguridad en el lugar de trabajo. Además, los exoesqueletos robóticos están siendo utilizados para mejorar la ergonomía y reducir la fatiga de los trabajadores en tareas físicamente exigentes.

Internet de las Cosas (IoT) y Fabricación Conectada

El Internet de las Cosas (IoT) está revolucionando la manufactura al permitir la conexión y comunicación entre dispositivos, máquinas y sistemas en tiempo real. Esto facilita la monitorización y control remoto de procesos de producción, el mantenimiento predictivo de equipos, la optimización de la cadena de suministro y la personalización de productos.

La fabricación conectada aprovecha el poder del IoT para crear fábricas inteligentes y adaptativas. Los sensores integrados en equipos y máquinas recopilan datos en tiempo real sobre el rendimiento y el estado de los activos. Estos datos son analizados utilizando análisis avanzados y aprendizaje automático para identificar patrones, predecir fallos y optimizar procesos. Esto permite a las empresas tomar decisiones informadas y mejorar continuamente la eficiencia y la calidad en toda la cadena de valor.

Inteligencia Artificial y Aprendizaje Automático

La inteligencia artificial (IA) y el aprendizaje automático están transformando la manufactura al ofrecer capacidades avanzadas de análisis y toma de decisiones. Estas tecnologías permiten la predicción de fallas de equipos, la optimización de procesos de producción, la personalización de productos y la detección de anomalías en la calidad.

Los sistemas de IA y aprendizaje automático pueden analizar grandes volúmenes de datos para identificar patrones y tendencias, proporcionando información valiosa para mejorar la eficiencia y la rentabilidad en la manufactura. Por ejemplo, en la industria automotriz, se utilizan algoritmos de aprendizaje automático para optimizar la programación de la producción y predecir la demanda de vehículos, reduciendo los costos de inventario y mejorando la planificación de la cadena de suministro.

Realidad Virtual y Aumentada

La realidad virtual (RV) y aumentada (RA) están siendo utilizadas en la manufactura para mejorar la capacitación de empleados, el diseño de productos y la visualización de procesos de producción. La RV permite a los trabajadores entrenar en entornos virtuales simulados, mientras que la RA proporciona información contextual y visualización de datos en tiempo real durante las operaciones de fabricación.

Estas tecnologías mejoran la comprensión y eficacia de los trabajadores, reduciendo errores y tiempos de capacitación, y facilitando la colaboración entre equipos distribuidos geográficamente. Por ejemplo, en la industria aeroespacial, se utilizan sistemas de RV para simular montajes complejos y entrenar a los técnicos en procedimientos de ensamblaje de manera segura y eficiente.

Implicaciones de las Tecnologías Emergentes en la Manufactura

Mejora de la Eficiencia y la Productividad: Las tecnologías emergentes permiten una producción más eficiente y rentable al reducir los tiempos de ciclo, minimizar los desperdicios y optimizar los procesos de fabricación.

Mejora de la Calidad y la Innovación: La adopción de tecnologías como la producción aditiva, la IA y el aprendizaje automático permite la fabricación de productos de mayor calidad y la introducción de innovaciones en el diseño y la producción.

Personalización y Flexibilidad: Las tecnologías emergentes facilitan la personalización de productos y la adaptación rápida a las demandas cambiantes del mercado, permitiendo a las empresas satisfacer las necesidades individuales de los clientes y competir en un entorno empresarial dinámico.

Reducción de Costos y Tiempos de Producción: La automatización y optimización de procesos mediante tecnologías emergentes conducen a una reducción de costos operativos y tiempos de producción, mejorando la competitividad y rentabilidad de las empresas manufactureras.

Mejora de la Seguridad y Salud Laboral: La implementación de robots colaborativos y tecnologías de realidad virtual/aumentada en la manufactura mejora la seguridad y salud laboral al reducir la exposición a entornos peligrosos y la realización de tareas repetitivas y físicamente exigentes.

Desafíos y Consideraciones

A pesar de sus numerosos beneficios, la adopción de tecnologías emergentes en la manufactura también presenta desafíos y consideraciones importantes:

Costo de Implementación: La implementación de tecnologías emergentes puede ser costosa, especialmente para pequeñas y medianas empresas (PYMEs), que pueden enfrentar desafíos financieros y de recursos para adoptar nuevas tecnologías.

Gestión del Cambio: La introducción de tecnologías emergentes requiere una gestión cuidadosa del cambio y la capacitación del personal para garantizar una adopción exitosa y una integración efectiva en los procesos existentes.

Seguridad y Privacidad de Datos: La conectividad y el intercambio de datos en la manufactura conectada pueden plantear preocupaciones sobre la seguridad y privacidad de los datos, especialmente en lo que respecta a la propiedad intelectual y la protección de la propiedad industrial.

Impacto en el Empleo y la Fuerza Laboral: Si bien las tecnologías emergentes pueden mejorar la eficiencia y productividad en la manufactura, también plantean preocupaciones sobre el impacto en el empleo y la necesidad de reentrenamiento y desarrollo de habilidades para los trabajadores afectados.

Conclusión

En conclusión, las tecnologías emergentes están transformando la manufactura y ofreciendo nuevas oportunidades para mejorar la eficiencia, la calidad y la innovación en la industria. Desde la producción aditiva hasta la inteligencia artificial, estas tecnologías están revolucionando los procesos de fabricación y cambiando la forma en que las empresas diseñan, producen y entregan productos. Si bien enfrentan desafíos y consideraciones, el potencial de las tecnologías emergentes para impulsar el crecimiento y la competitividad en la manufactura es innegable. Con una planificación estratégica y una implementación cuidadosa, las empresas pueden capitalizar el poder de estas tecnologías para mantenerse a la vanguardia en una realidad en constante evolución.

ROBÓTICA INDUSTRIAL

La robótica industrial ha sido un catalizador clave en la transformación de la manufactura moderna. En este capítulo, exploraremos a fondo la robótica industrial, desde sus fundamentos y aplicaciones hasta sus impactos en la eficiencia, la productividad y la seguridad en el entorno fabril. Al analizar detalladamente esta disciplina, se destacará su importancia en la evolución de la industria manufacturera y su papel en el desarrollo económico global.

Fundamentos de la Robótica Industrial

La robótica industrial se define como el campo de la ingeniería que se encarga del diseño, construcción, operación y aplicación de robots en entornos industriales. Estos robots están diseñados para ejecutar tareas específicas, con un alto grado de precisión y repetibilidad, lo que los hace ideales para una amplia gama de aplicaciones en la producción y fabricación. Los principales componentes de un sistema de robótica industrial incluyen el propio robot, sensores, actuadores, controladores y software de programación.

Tipos de Robots Industriales

Existen diversos tipos de robots industriales, cada uno diseñado para desempeñar funciones específicas en el proceso de manufactura:

Robots Manipuladores: Estos robots son los más comunes en la robótica industrial y se utilizan para manipular objetos en entornos controlados, como ensamblaje, soldadura, pintura y manejo de materiales.

Robots Móviles: Equipados con ruedas, orugas o patas, estos robots pueden moverse libremente por el entorno de trabajo para realizar tareas como transporte de materiales, inspección de seguridad y vigilancia.

Robots Colaborativos: También conocidos como cobots, están diseñados para trabajar de manera segura y colaborativa junto a los humanos en entornos compartidos. Estos robots pueden detectar la presencia humana y detenerse o ralentizarse para evitar colisiones.

Robots Autónomos: Capaces de operar de forma autónoma sin intervención humana, estos robots utilizan sensores avanzados y sistemas de navegación para tomar decisiones y adaptarse a cambios en el entorno.

Aplicaciones de la Robótica Industrial

La robótica industrial se utiliza en una amplia gama de aplicaciones en la manufactura y producción:

Ensamblaje: Los robots manipuladores son utilizados para ensamblar productos complejos, como automóviles, dispositivos electrónicos y muebles, con alta precisión y velocidad.

Soldadura: Los robots soldadores realizan soldaduras de alta calidad en componentes metálicos, como carrocerías de automóviles, estructuras metálicas y tuberías.

Pintura: Los robots pintores aplican pintura en componentes y productos con una cobertura uniforme y consistente, minimizando el desperdicio y mejorando la calidad del acabado.

Manipulación de Materiales: Los robots se encargan de cargar, descargar y trasladar materiales en la línea de producción, optimizando los flujos de trabajo y reduciendo los tiempos de ciclo.

Inspección y Control de Calidad: Equipados con sensores de visión y sistemas de inspección, los robots detectan defectos y realizan controles de calidad en productos manufacturados.

Impacto de la Robótica Industrial

La robótica industrial tiene un impacto significativo en la eficiencia, la productividad y la seguridad en el entorno fabril:

Eficiencia y Productividad Mejoradas: Los robots realizan tareas repetitivas con una precisión y velocidad constantes, lo que aumenta la producción y reduce los tiempos de ciclo en la fabricación.

Reducción de Costos Laborales: La automatización de tareas mediante robots reduce la dependencia de la mano de obra humana y, por ende, los costos asociados con salarios, beneficios y capacitación.

Mejora de la Calidad y Consistencia: Los robots realizan tareas con una precisión y consistencia inigualables, lo que conduce a una mejora en la calidad del producto y una reducción en la variabilidad del proceso de fabricación.

Mayor Seguridad Laboral: La introducción de robots en entornos de trabajo peligrosos o físicamente exigentes reduce el riesgo de lesiones y accidentes para los trabajadores humanos, mejorando la seguridad y salud laboral.

Flexibilidad y Adaptabilidad: Los robots industriales son fácilmente reprogramables y reconfigurables para adaptarse a cambios en la demanda del mercado, introducción de nuevos productos o modificaciones en el proceso de fabricación.

Desafíos y Consideraciones

A pesar de sus numerosos beneficios, la implementación de robótica industrial también presenta desafíos y consideraciones importantes:

Costo Inicial y Retorno de la Inversión: El costo inicial de adquisición e implementación de robots puede ser elevado, lo que requiere una evaluación cuidadosa del retorno de la inversión a largo plazo.

Gestión del Cambio y Capacitación: La introducción de robots en el lugar de trabajo requiere una gestión cuidadosa del cambio y la capacitación del personal para garantizar una transición suave y una adopción exitosa.

Integración con Sistemas Existentes: La integración de robots en sistemas de fabricación existentes puede ser compleja y requerir modificaciones en la infraestructura, equipos y procesos existentes.

Seguridad y Colaboración Humano-Robot: Es crucial implementar medidas de seguridad adecuadas para prevenir colisiones y lesiones en entornos de trabajo compartidos entre humanos y robots.

Consideraciones Éticas y Sociales: La automatización de tareas mediante robots plantea preocupaciones sobre el impacto en el empleo y la necesidad de garantizar una transición justa y equitativa para los trabajadores afectados.

Conclusión

La robótica industrial desempeña un papel fundamental en la evolución de la manufactura moderna. Desde la automatización de tareas repetitivas hasta la mejora de la eficiencia y la seguridad en el lugar de trabajo, los robots industriales ofrecen numerosos beneficios para las empresas manufactureras. Sin embargo, la implementación exitosa de robótica industrial requiere una planificación cuidadosa, una gestión proactiva y una consideración de los desafíos y consideraciones asociados. Con una estrategia sólida y una implementación cuidadosa, las empresas pueden aprovechar al máximo el potencial de la robótica industrial para mantenerse competitivas en el mercado global.

INGENIERÍA DE PROCESOS EN LA MANUFACTURA

La ingeniería de procesos constituye el núcleo de la eficiencia y la optimización en la manufactura moderna. Este capítulo se sumerge en los meandros de la ingeniería de procesos, desde sus conceptos básicos hasta su implementación en la industria manufacturera. Exploraremos en detalle cómo esta disciplina impulsa la mejora continua, la calidad del producto y la competitividad en un entorno empresarial en constante evolución.

La ingeniería de procesos se erige como un conjunto de prácticas, métodos y técnicas utilizadas para diseñar, optimizar y gestionar los procesos de producción en la industria manufacturera. Su propósito primordial es maximizar la eficiencia operativa, minimizar los costos y asegurar la calidad del producto final. Para alcanzar tales metas, la ingeniería de procesos se fundamenta en una comprensión profunda de los procesos de fabricación y en el empleo de herramientas y análisis especializados.

Fases de la Ingeniería de Procesos

La ingeniería de procesos abarca un ciclo de vida completo de los procesos de manufactura, desde la concepción hasta la mejora continua:

Planificación y Diseño del Proceso: En esta etapa inicial, se delinean los objetivos del proceso, se eligen los métodos de fabricación y se trazan los flujos de trabajo y la distribución de la planta. Se realizan análisis de viabilidad y se llevan a cabo estudios de mercado para detectar las necesidades del cliente y las oportunidades de mejora.

Desarrollo y Diseño Detallado: En esta fase, se elaboran los planos y especificaciones pormenorizadas del proceso, se seleccionan y dimensionan los equipos y se definen los parámetros operativos. Se realizan pruebas piloto y se optimizan los procesos para asegurar su eficiencia y calidad.

Implementación y Puesta en Marcha: Una vez completado el diseño del proceso, se procede a su implementación en el entorno de producción. Se instalan los equipos, se capacita al personal y se realizan pruebas de funcionamiento para asegurar la integración adecuada y el rendimiento óptimo del proceso.

Monitoreo y Control: Durante la operación del proceso, se lleva a cabo un monitoreo continuo para garantizar que se cumplan los estándares de calidad y eficiencia. Se utilizan sistemas de control y automatización para ajustar y optimizar los parámetros del proceso en tiempo real.

Mejora Continua: La ingeniería de procesos es un proceso iterativo que implica la identificación de oportunidades de mejora y la implementación de cambios para aumentar la eficiencia y la rentabilidad. Se utilizan técnicas como el análisis de causa raíz, el diseño de experimentos y la metodología Seis Sigma para optimizar los procesos y reducir la variabilidad.

Herramientas y Técnicas de Ingeniería de Procesos

La ingeniería de procesos se apoya en una amplia gama de herramientas y técnicas para analizar, diseñar y optimizar los procesos de fabricación:

Diagramas de Flujo y Layouts de Planta: Estas herramientas se utilizan para visualizar y diseñar los flujos de trabajo y la distribución física de la planta de producción, lo que permite identificar cuellos de botella y optimizar el flujo de materiales y operaciones.

Análisis de Valor Agregado (AVA): El AVA es una técnica utilizada para identificar actividades que agregan valor al producto final y eliminar aquellas que no lo hacen. Esto ayuda a reducir el desperdicio y mejorar la eficiencia en el proceso de fabricación.

Simulación de Procesos: La simulación de procesos permite modelar y analizar el comportamiento de los sistemas de producción en un entorno virtual. Esto facilita la evaluación de diferentes escenarios y la identificación de oportunidades de mejora antes de la implementación en el entorno real.

Análisis de Causa Raíz: Esta técnica se utiliza para identificar las causas subyacentes de problemas o defectos en el proceso de fabricación. Al abordar las causas fundamentales, se pueden implementar soluciones efectivas para prevenir la recurrencia de problemas.

Metodología Seis Sigma: Seis Sigma es un enfoque estructurado para mejorar la calidad y reducir la variabilidad en los procesos de fabricación. Utiliza un conjunto de herramientas estadísticas y metodologías, como DMAIC (Definir, Medir, Analizar, Mejorar, Controlar), para identificar y eliminar defectos y desperdicios.

Aplicaciones de la Ingeniería de Procesos

La ingeniería de procesos encuentra aplicación en una multitud de industrias y sectores:

Automotriz: En la industria automotriz, la ingeniería de procesos se utiliza para optimizar la fabricación de vehículos, desde la estampación de piezas metálicas hasta el ensamblaje final.

Electrónica: En la fabricación de productos electrónicos, como teléfonos móviles y computadoras, la ingeniería de procesos se emplea para garantizar la calidad y confiabilidad de los productos.

Alimentos y Bebidas: En la industria de alimentos y bebidas, la ingeniería de procesos se emplea para mejorar la eficiencia de la producción y asegurar el cumplimiento de los estándares de seguridad alimentaria.

Farmacéutica: En la industria farmacéutica, la ingeniería de procesos es fundamental para asegurar la calidad y consistencia de los productos farmacéuticos, así como para cumplir con las regulaciones de la FDA y otras agencias de salud.

Aeroespacial: En la fabricación de componentes aeroespaciales, la ingeniería de procesos se utiliza para garantizar la precisión y confiabilidad de los productos, así como para cumplir con los estándares de seguridad y calidad de la industria aeroespacial.

Impacto de la Ingeniería de Procesos

La ingeniería de procesos tiene un impacto trascendental en diversos aspectos de la manufactura:

Eficiencia Operativa Mejorada: Al optimizar los procesos de fabricación, la ingeniería de procesos permite reducir los tiempos de ciclo, aumentar la producción y minimizar el desperdicio de materiales y recursos.

Mejora de la Calidad del Producto: Al identificar y eliminar defectos y variabilidad en el proceso de fabricación, la ingeniería de procesos garantiza la calidad y consistencia del producto final, lo que mejora la satisfacción del cliente y reduce los costos de garantía.

Reducción de Costos: Al eliminar actividades que no agregan valor y optimizar el uso de recursos, la ingeniería de procesos ayuda a reducir los costos de producción y mejorar la rentabilidad de la empresa.

Flexibilidad y Adaptabilidad: La ingeniería de procesos permite a las empresas adaptarse rápidamente a cambios en la demanda del mercado, introducción de nuevos productos o modificaciones en el proceso de fabricación, lo que aumenta la competitividad y agilidad en un entorno empresarial dinámico.

Desafíos y Consideraciones

La implementación de la ingeniería de procesos puede enfrentar una serie de desafíos y consideraciones:

Complejidad del Proceso: La optimización de procesos puede ser compleja y requerir un profundo conocimiento de la tecnología y los sistemas de fabricación, así como el uso de herramientas y técnicas especializadas.

Costo de Implementación: La implementación de mejoras en los procesos puede requerir inversiones significativas en equipos, tecnología y capacitación de personal, lo que puede plantear desafíos financieros para las empresas.

Gestión del Cambio: La introducción de cambios en los procesos de fabricación puede encontrar resistencia por parte del personal y requerir una gestión cuidadosa del cambio y la comunicación para garantizar una adopción exitosa.

Cumplimiento Regulatorio: En industrias altamente reguladas, como la farmacéutica y la alimentaria, es crucial cumplir con las regulaciones y normativas gubernamentales, lo que puede agregar complejidad y costos adicionales a la ingeniería de procesos.

Tecnología y Automatización: Con el avance de la tecnología y la automatización, es importante mantenerse actualizado con las últimas tendencias y herramientas en ingeniería de procesos para mantener la competitividad y eficiencia en la fabricación.

Conclusión

En resumen, la ingeniería de procesos desempeña un papel vital en la optimización y mejora continua de los procesos de fabricación en la industria manufacturera. Desde la planificación y diseño hasta la implementación y mejora continua, la ingeniería de procesos impulsa la innovación, la eficiencia y la competitividad en la manufactura moderna. Con una comprensión profunda de los procesos de fabricación y el uso de herramientas y técnicas especializadas, las empresas pueden aumentar la eficiencia operativa, mejorar la calidad del producto y reducir los costos de producción. A pesar de los desafíos inherentes, la ingeniería de procesos ofrece un camino claro hacia la excelencia en la manufactura, asegurando así un futuro próspero y competitivo para las empresas en un mundo globalizado y en constante evolución.

SIMULACIÓN Y MODELADO EN LA MANUFACTURA

La simulación y el modelado se han convertido en pilares fundamentales de la ingeniería de manufactura moderna. Estas herramientas ofrecen a los ingenieros la capacidad de prever, analizar y optimizar una amplia gama de procesos y sistemas en la industria manufacturera. Desde la concepción y el diseño hasta la operación y la mejora continua, la simulación y el modelado proporcionan una visión invaluable que impulsa la eficiencia, la calidad y la competitividad en la producción industrial. Este capítulo profundiza en la importancia, los tipos, las aplicaciones, las herramientas y tecnologías, el impacto y los desafíos de la simulación y el modelado en la manufactura.

La simulación y el modelado en la manufactura implican la creación de representaciones virtuales de sistemas y procesos de fabricación para comprender su comportamiento y rendimiento. Estas representaciones se basan en modelos matemáticos y algoritmos que capturan las interacciones entre variables y componentes del sistema. Al simular y modelar procesos de manufactura, los ingenieros pueden realizar análisis predictivos, evaluar diferentes escenarios y optimizar el rendimiento del sistema antes de la implementación en el entorno real.

Tipos de Simulación y Modelado

Existen diversos tipos de simulación y modelado utilizados en la manufactura:

Simulación de Procesos: Esta técnica recrea los procesos de fabricación, desde el flujo de materiales hasta las operaciones de ensamblaje, utilizando modelos computacionales. Permite prever el rendimiento del proceso, identificar cuellos de botella y optimizar la configuración del sistema.

Simulación de Sistemas de Fabricación: Enfocada en modelar sistemas completos de fabricación, incluyendo la maquinaria, el flujo de materiales, la logística y la mano de obra. Esta simulación ayuda a diseñar y optimizar la disposición de la planta, la programación de la producción y la gestión de la cadena de suministro.

Simulación de Comportamiento del Producto: Permite simular el comportamiento y rendimiento de un producto durante su ciclo de vida, desde el diseño hasta el uso final. Ayuda a identificar problemas de diseño y evaluar el impacto de cambios en el producto.

Modelado de Sistemas Discretos: Se centra en el modelado y simulación de sistemas en los que los eventos ocurren en momentos discretos, como el flujo de trabajo en una línea de ensamblaje o el movimiento de piezas en un almacén.

Modelado de Eventos Discretos: Utilizado para modelar sistemas en los que los eventos ocurren en momentos específicos e instantáneos, como el flujo de tráfico en una red de transporte o el movimiento de clientes en un supermercado.

Aplicaciones de Simulación y Modelado en la Manufactura

La simulación y el modelado se aplican en una variedad de áreas en la manufactura:

Diseño de Procesos: Permite diseñar y optimizar procesos de fabricación antes de su implementación, reduciendo costos y tiempos de desarrollo.

Planificación de la Producción: Facilita la programación y secuenciación de órdenes de producción para optimizar la capacidad y la utilización de recursos.

Diseño de Sistemas de Manufactura: Ayuda a diseñar y optimizar sistemas de fabricación, incluyendo la disposición de la planta, la logística interna y la automatización.

Optimización de Inventarios: Permite optimizar los niveles de inventario y la gestión de la cadena de suministro para reducir costos y mejorar la eficiencia.

Análisis de Riesgos y Seguridad: Permite simular escenarios de riesgo y evaluar la seguridad de los procesos y sistemas de fabricación.

Herramientas y Tecnologías de Simulación y Modelado

Una variedad de herramientas y tecnologías se utilizan para llevar a cabo la simulación y el modelado en la manufactura:

Software de Simulación: Herramientas como Arena, Simul8, AnyLogic y MATLAB/Simulink se utilizan para modelar y simular sistemas complejos en una amplia gama de industrias, incluyendo la manufactura.

Tecnologías de Realidad Virtual (RV) y Aumentada (RA): Estas tecnologías permiten crear entornos virtuales que simulan procesos de fabricación, facilitando la capacitación, el diseño de productos y la planificación de la producción.

Modelado 3D y Diseño Asistido por Computadora (CAD): Software como AutoCAD, SolidWorks y CATIA se utilizan para crear modelos 3D de productos y sistemas de fabricación, que luego pueden ser importados a herramientas de simulación para análisis más detallados.

Internet de las Cosas (IoT): La integración de sensores y dispositivos IoT en los sistemas de fabricación permite recopilar datos en tiempo real sobre el rendimiento y la operación del sistema, que luego pueden ser utilizados para mejorar la precisión y validez de los modelos de simulación.

Computación en la Nube: La computación en la nube proporciona recursos informáticos escalables y flexibles para ejecutar simulaciones de gran escala, lo que permite a las empresas realizar análisis más detallados y completos sin la necesidad de inversiones costosas en infraestructura de TI.

Impacto de la Simulación y el Modelado en la Manufactura

La simulación y el modelado tienen un impacto significativo en la eficiencia, la calidad y la rentabilidad en la manufactura:

Optimización de Procesos y Sistemas: La simulación y el modelado permiten identificar y eliminar cuellos de botella, reducir tiempos de ciclo y mejorar la eficiencia operativa en la producción.

Reducción de Costos: Al simular diferentes escenarios y optimizar la operación de los sistemas, las empresas pueden reducir costos de producción, inventario y transporte, lo que aumenta la rentabilidad.

Mejora de la Calidad del Producto: La simulación y el modelado ayudan a identificar posibles problemas de calidad antes de la producción en masa, lo que reduce el desperdicio y los costos asociados con la reparación o retrabajo de productos defectuosos.

Agilidad y Flexibilidad: Al simular diferentes configuraciones y escenarios, las empresas pueden adaptarse rápidamente a cambios en la demanda del mercado, introducción de nuevos productos o modificaciones en los procesos de fabricación, lo que aumenta la competitividad y la agilidad empresarial.

Innovación y Desarrollo de Productos: La simulación y el modelado permiten a las empresas probar y validar nuevas ideas y conceptos de productos de manera rápida y económica, lo que acelera el proceso de innovación y desarrollo de productos.

Desafíos y Consideraciones

A pesar de sus numerosos beneficios, la simulación y el modelado en la manufactura también enfrentan desafíos y consideraciones importantes:

Complejidad y Precisión de los Modelos: La creación de modelos precisos y realistas puede ser compleja y requerir una comprensión profunda de los procesos de fabricación y sistemas industriales.

Recopilación de Datos: La recopilación de datos precisos y confiables para alimentar los modelos de simulación puede ser un desafío, especialmente en entornos de fabricación complejos y dinámicos.

Validación y Verificación: Los modelos de simulación deben ser validados y verificados antes de su uso para garantizar que reflejen con precisión el comportamiento real del sistema.

Costo y Capacidad Computacional: La ejecución de simulaciones complejas puede requerir una gran cantidad de recursos computacionales y tiempo, lo que puede ser costoso y limitar la capacidad de análisis de las empresas.

Gestión del Cambio: La implementación de resultados de simulación puede requerir cambios significativos en los procesos de fabricación y sistemas empresariales, lo que puede encontrar resistencia por parte del personal y requerir una gestión cuidadosa del cambio y la comunicación.

Conclusión

En resumen, la simulación y el modelado son herramientas esenciales en la industria manufacturera moderna, proporcionando una visión invaluable que impulsa la eficiencia, la calidad y la competitividad en la producción industrial. Desde el diseño y la planificación hasta la operación y la mejora continua, estas herramientas desempeñan un papel fundamental en todos los aspectos del ciclo de vida de los procesos y sistemas de fabricación. Con la creciente disponibilidad de tecnologías avanzadas y herramientas de software, la simulación y el modelado están cada vez más integrados en los procesos de toma de decisiones y diseño en la industria manufacturera, allanando el camino para la innovación, la agilidad y el éxito empresarial en un entorno empresarial global y competitivo.

SOSTENIBILIDAD EN LA MANUFACTURA

En la actualidad, la sostenibilidad se ha convertido en un tema de creciente importancia en todos los sectores industriales, y la manufactura no es una excepción. Este capítulo profundizará en el concepto de sostenibilidad en el contexto de la manufactura, explorando sus múltiples dimensiones y abordando cómo las empresas pueden integrar prácticas sostenibles en sus operaciones para promover un desarrollo económico, social y ambiental equilibrado.

La Importancia de la Sostenibilidad en la Manufactura

La manufactura es un sector que históricamente ha tenido un gran impacto en el medio ambiente y en las comunidades locales. La extracción de recursos naturales, el uso intensivo de energía y agua, la generación de residuos y las emisiones contaminantes son solo algunos de los aspectos que han contribuido a la degradación ambiental y social asociada con esta industria. Sin embargo, en un mundo donde la preocupación por el cambio climático, la escasez de recursos y la justicia social está en aumento, las empresas manufactureras están siendo cada vez más presionadas para adoptar prácticas más sostenibles.

La sostenibilidad en la manufactura no solo implica reducir el impacto ambiental de las operaciones, sino también mejorar las condiciones laborales, promover la equidad social y contribuir al bienestar de las comunidades locales. Además, las empresas están comenzando a reconocer que la sostenibilidad puede ser un motor para la innovación, la eficiencia operativa y la creación de valor a largo plazo.

Dimensiones de la Sostenibilidad en la Manufactura

La sostenibilidad en la manufactura abarca tres dimensiones principales: ambiental, social y económica. En términos ambientales, implica la reducción del consumo de recursos naturales, la minimización de la generación de residuos y la disminución de las emisiones de gases de efecto invernadero. Esto puede lograrse a través de la adopción de tecnologías más limpias, la optimización de los procesos de producción y la implementación de prácticas de reciclaje y reutilización.

Desde una perspectiva social, la sostenibilidad en la manufactura implica garantizar condiciones laborales seguras y justas, promover la diversidad y la inclusión en el lugar de trabajo y contribuir al desarrollo de las comunidades locales a través de iniciativas de responsabilidad social corporativa (RSC) y programas de inversión comunitaria.

En cuanto a la dimensión económica, la sostenibilidad en la manufactura implica mejorar la eficiencia energética, reducir los costos operativos y crear valor compartido para todas las partes interesadas. Esto puede lograrse a través de la optimización de la cadena de suministro, la implementación de prácticas de producción just-in-time y la adopción de modelos de negocio circulares que fomenten la reutilización y el reciclaje de materiales.

Herramientas y Métodos para la Sostenibilidad en la Manufactura

Existen diversas herramientas y métodos que las empresas manufactureras pueden utilizar para avanzar hacia la sostenibilidad. Esto incluye la adopción de certificaciones de sostenibilidad como ISO 14001, que establece estándares para la gestión ambiental, y LEED (Leadership in Energy and Environmental Design), que promueve la construcción y operación de edificios verdes. Además, las empresas pueden utilizar herramientas como el análisis del ciclo de vida (ACV) para evaluar el impacto ambiental de sus productos y procesos a lo largo de todo su ciclo de vida, desde la extracción de materias primas hasta su disposición final.

El diseño para el medio ambiente (DfE) es otra herramienta importante que las empresas pueden utilizar para integrar consideraciones ambientales en todas las etapas del ciclo de vida del producto. Esto implica seleccionar materiales y procesos de fabricación que minimicen el uso de recursos naturales y reduzcan el impacto ambiental, así como diseñar productos que sean duraderos, reparables y reciclables.

Además de estas herramientas específicas, las empresas manufactureras también pueden aprovechar tecnologías limpias y procesos sostenibles para reducir su huella ambiental. Esto incluye la adopción de energías renovables como la solar y la eólica, la implementación de sistemas de gestión de energía eficientes y la optimización de los procesos de producción para reducir el consumo de recursos y minimizar los residuos.

Casos de Estudio y Ejemplos Prácticos

Para ilustrar cómo la sostenibilidad se está integrando en la manufactura en la práctica, consideremos algunos casos de estudio y ejemplos prácticos de empresas que están liderando el camino en términos de prácticas sostenibles:

Interface: Esta empresa de fabricación de alfombras ha sido pionera en prácticas sostenibles en toda su cadena de suministro, desde la selección de materiales reciclados y biodegradables hasta la implementación de procesos de fabricación más eficientes en términos de energía y recursos. Interface también ha establecido objetivos ambiciosos para reducir su huella ambiental y alcanzar la neutralidad de carbono para el año 2040.

Patagonia: Esta empresa de ropa outdoor ha sido reconocida por su compromiso con la sostenibilidad y la responsabilidad social corporativa. Patagonia utiliza materiales reciclados en muchos de sus productos y ha implementado programas de comercio justo para garantizar condiciones laborales justas en su cadena de suministro. Además, la empresa ha invertido en tecnologías sostenibles, como la fabricación de tejidos a partir de plásticos reciclados, y ha promovido la reparación y el reciclaje de prendas usadas a través de su programa "Worn Wear".

Tesla: Aunque es más conocida por sus vehículos eléctricos, Tesla también está innovando en términos de sostenibilidad en la fabricación. La compañía ha implementado prácticas de fabricación avanzadas en su planta Gigafactory, incluyendo el uso de energía renovable y la minimización de residuos. Tesla también está trabajando en el desarrollo de baterías más eficientes y sostenibles para sus vehículos, utilizando materiales reciclados y reduciendo el uso de metales raros.

Estos casos de estudio demuestran que la sostenibilidad en la manufactura no solo es posible, sino también beneficiosa en términos de eficiencia operativa, innovación y reputación de la marca. Al adoptar prácticas sostenibles, las empresas pueden no solo reducir su impacto ambiental y social, sino también crear valor a largo plazo para sus accionistas, empleados y comunidades en las que operan.

Desafíos y Barreras para la Implementación de la Sostenibilidad en la Manufactura

A pesar de los numerosos beneficios de la sostenibilidad en la manufactura, existen varios desafíos y barreras que las empresas enfrentan al intentar implementar prácticas sostenibles. Algunos de estos desafíos incluyen:

Resistencia cultural y organizacional: Muchas empresas enfrentan resistencia interna a la hora de implementar cambios en sus prácticas de negocio, especialmente si estos cambios implican costos adicionales o interrupciones en la producción.

Inversión inicial y retorno de la inversión (ROI): La implementación de prácticas sostenibles a menudo requiere una inversión inicial significativa en tecnologías y procesos nuevos o mejorados. Aunque estas inversiones pueden generar ahorros a largo plazo, puede ser difícil justificar el gasto inicial para algunas empresas, especialmente aquellas con márgenes de beneficio ajustados.

Falta de regulaciones y estándares claros: Aunque cada vez más gobiernos están implementando regulaciones ambientales y sociales más estrictas, todavía hay un vacío en términos de estándares claros y consistentes para la sostenibilidad en la manufactura. Esto puede dificultar que las empresas establezcan objetivos y métricas claras para medir su desempeño en términos de sostenibilidad.

Complejidad en la cadena de suministro: Las cadenas de suministro globales cada vez más complejas pueden dificultar la implementación de prácticas sostenibles, especialmente cuando se trata de garantizar el cumplimiento de los estándares ambientales y sociales en todos los niveles de la cadena.

Gestión de riesgos asociados: La adopción de prácticas sostenibles puede plantear nuevos riesgos para las empresas, incluyendo riesgos operativos, financieros y reputacionales. Por ejemplo, la transición a fuentes de energía renovable puede aumentar la dependencia de ciertos recursos, mientras que la adopción de materiales alternativos puede afectar la calidad o el rendimiento de los productos.

El Futuro de la Sostenibilidad en la Manufactura

A medida que avanzamos hacia un futuro cada vez más sostenible, se espera que la sostenibilidad juegue un papel cada vez más importante en la industria manufacturera. Con el aumento de la conciencia ambiental y las regulaciones más estrictas, se espera que las empresas continúen invirtiendo en prácticas sostenibles y adoptando tecnologías limpias y procesos más eficientes.

En particular, se espera que la tecnología juegue un papel clave en la transformación de la manufactura hacia la sostenibilidad. La inteligencia artificial (IA) y el aprendizaje automático pueden ayudar a optimizar los procesos de producción y reducir el desperdicio, mientras que la fabricación aditiva (impresión 3D) puede permitir la fabricación de productos más ligeros, duraderos y personalizados.

Además, se espera que las regulaciones ambientales se vuelvan más estrictas en los próximos años, lo que impulsará aún más la adopción de prácticas sostenibles en la manufactura. Esto incluye regulaciones relacionadas con las emisiones de gases de efecto invernadero, el uso de productos químicos peligrosos y la gestión de residuos, entre otros aspectos.

En resumen, el futuro de la sostenibilidad en la manufactura es prometedor, pero también presenta desafíos significativos que deben ser abordados de manera colaborativa por empresas, gobiernos y la sociedad en su conjunto. Al trabajar juntos para promover prácticas sostenibles, podemos crear un futuro más equitativo, saludable y próspero para las generaciones futuras.

Conclusión

En conclusión, la sostenibilidad en la manufactura es fundamental para garantizar un desarrollo económico, social y ambiental equilibrado en el siglo XXI. Al adoptar prácticas sostenibles, las empresas pueden reducir su impacto ambiental y social, mejorar su eficiencia operativa y crear valor a largo plazo para todas las partes interesadas. Si bien existen desafíos significativos en el camino hacia la sostenibilidad, también hay muchas oportunidades para la innovación, la colaboración y el progreso. Al trabajar juntos, podemos construir un futuro más sostenible y resiliente para todos.

ECONOMÍA Y FINANZAS EN LA INDUSTRIA MANUFACTURERA

La industria manufacturera es uno de los pilares fundamentales de la economía global, representando un sector vital que impulsa el crecimiento económico, la innovación y el empleo. En este capítulo, exploraremos en profundidad la intersección entre la economía y las finanzas en el contexto de la manufactura, analizando los factores que influyen en la industria y las estrategias clave que las empresas emplean para prosperar en un entorno competitivo y dinámico.

Ciclos Económicos y su Impacto en la Industria Manufacturera

La industria manufacturera está intrínsecamente ligada a los ciclos económicos, que consisten en períodos de expansión y contracción en la actividad económica. Durante los períodos de expansión, la demanda de productos manufacturados tiende a aumentar a medida que los consumidores y las empresas gastan más, lo que impulsa la producción y la inversión en el sector manufacturero. Por el contrario, durante las recesiones económicas, la demanda puede disminuir, lo que lleva a una reducción en la producción y la inversión en la industria manufacturera.

Impacto de los Ciclos Económicos en la Inversión y la Innovación

Durante los períodos de expansión económica, las empresas manufactureras tienden a aumentar sus inversiones en capacidad productiva y en investigación y desarrollo (I+D), aprovechando la creciente demanda y buscando ganar una ventaja competitiva a largo plazo. Sin embargo, en tiempos de recesión, las empresas pueden enfrentar presiones financieras y reducir sus inversiones en innovación, lo que puede afectar su capacidad para competir en el futuro.

Gestión de la Demanda en Ciclos Económicos

Una gestión efectiva de la demanda es crucial para las empresas manufactureras durante los ciclos económicos. Durante los períodos de alta demanda, las empresas deben ser capaces de satisfacerla sin comprometer la calidad o aumentar excesivamente los costos. Por otro lado, durante los períodos de baja demanda, las empresas deben ser ágiles y flexibles para ajustar la producción y los inventarios, evitando el exceso de capacidad y los costos operativos innecesarios.

Factores de Producción en la Industria Manufacturera

La producción manufacturera depende de una combinación de factores de producción, que incluyen mano de obra, capital, materias primas, tecnología y acceso a mercados. La eficiencia en la utilización de estos factores es esencial para la competitividad de una empresa manufacturera.

Tecnología y Automatización

La tecnología y la automatización están transformando la industria manufacturera, mejorando la eficiencia, la precisión y la calidad de los procesos de producción. Las empresas están invirtiendo en tecnologías avanzadas, como la robótica y la inteligencia artificial, para optimizar la producción y reducir los costos laborales. Sin embargo, la adopción de tecnología también plantea desafíos, como la necesidad de capacitar a los empleados y garantizar la ciberseguridad de los sistemas.

Innovación en la Cadena de Suministro

La gestión eficiente de la cadena de suministro es crucial para la competitividad en la industria manufacturera. Las empresas están adoptando prácticas innovadoras, como la colaboración con proveedores y la implementación de sistemas de gestión de inventario en tiempo real, para mejorar la visibilidad y la eficiencia de la cadena de suministro. Al optimizar la cadena de suministro, las empresas pueden reducir los costos, mejorar la calidad del producto y responder de manera más ágil a las fluctuaciones en la demanda del mercado.

Comercio Internacional y Globalización en la Manufactura

La globalización ha redefinido el panorama de la industria manufacturera, facilitando el comercio internacional de bienes y servicios. Si bien esto ha creado oportunidades para la expansión de los mercados y la reducción de costos a través de la externalización y la deslocalización, también ha aumentado la competencia y la volatilidad en la cadena de suministro.

Tendencias en la Externalización y la Deslocalización

La externalización y la deslocalización han sido tendencias importantes en la industria manufacturera en las últimas décadas, con muchas empresas trasladando parte o la totalidad de su producción a países con costos laborales más bajos y regulaciones menos estrictas. Sin embargo, esta estrategia también ha llevado a preocupaciones sobre la pérdida de empleos en los países desarrollados y la vulnerabilidad de las cadenas de suministro a interrupciones geopolíticas y desastres naturales.

Cadena de Suministro Global y Resiliencia

La cadena de suministro global presenta desafíos únicos en términos de resiliencia y gestión de riesgos. Las empresas deben ser capaces de identificar y mitigar los riesgos potenciales, como los problemas políticos, las fluctuaciones en los precios de las materias primas y los desastres naturales, que pueden afectar la disponibilidad y el costo de los productos y componentes.

Estructura de Costos en la Manufactura

La gestión eficaz de los costos es fundamental para la rentabilidad de las empresas manufactureras. Los costos en la manufactura pueden dividirse en fijos, variables y semivariables, cada uno con su propio impacto en la estructura de costos y la rentabilidad.

Estrategias para la Reducción de Costos

Las empresas manufactureras están implementando una variedad de estrategias para reducir los costos y mejorar la rentabilidad, que incluyen la optimización de la cadena de suministro, la mejora de la eficiencia energética, la inversión en tecnologías de fabricación avanzadas y la negociación de precios con proveedores.

Análisis de Costo-Beneficio en Inversiones

El análisis de costo-beneficio es una herramienta importante para evaluar las inversiones en la industria manufacturera. Al evaluar los costos y beneficios potenciales de un proyecto de inversión, las empresas pueden tomar decisiones informadas sobre dónde asignar sus recursos limitados y maximizar el retorno de su inversión.

Gestión del Capital en la Industria Manufacturera

La gestión del capital es un aspecto crítico de la planificación financiera en la industria manufacturera. La disponibilidad de capital de trabajo influye en la capacidad de una empresa para financiar sus operaciones diarias, mantener la liquidez y financiar el crecimiento futuro.

Financiamiento y Capital de Trabajo

El financiamiento y el capital de trabajo son elementos clave de la gestión del capital en la industria manufacturera. Las empresas pueden recurrir a una variedad de fuentes de financiamiento, que incluyen préstamos bancarios, líneas de crédito y capital de inversión, para cubrir sus necesidades de capital de trabajo y financiar proyectos de inversión.

Riesgo y Rentabilidad en Inversiones

La evaluación del riesgo y la rentabilidad es fundamental para la gestión del capital en la industria manufacturera. Las empresas deben considerar una variedad de factores, incluyendo el riesgo operativo, el riesgo financiero y el retorno potencial, al tomar decisiones sobre dónde invertir su capital y cómo estructurar su financiamiento.

Inversiones en Tecnología e Innovación en la Manufactura

La inversión en tecnología y la innovación son motores clave de la competitividad en la industria manufacturera. Las empresas que adoptan tecnologías avanzadas pueden mejorar la calidad, la eficiencia y la flexibilidad de sus operaciones, ganando una ventaja competitiva en el mercado.

Transformación Digital en la Manufactura

La transformación digital está cambiando fundamentalmente la forma en que se fabrican los productos en la industria manufacturera. Las empresas están implementando tecnologías como la Internet de las cosas (IoT), la inteligencia artificial (IA) y el análisis de datos para optimizar los procesos de producción, mejorar la calidad del producto y personalizar las ofertas para satisfacer las demandas individuales de los clientes.

Investigación y Desarrollo en Innovación

La investigación y el desarrollo (I+D) son fundamentales para la innovación en la industria manufacturera. Las empresas están invirtiendo en I+D para desarrollar nuevos productos y procesos, mejorar la eficiencia operativa y diferenciarse en un mercado cada vez más competitivo. Al colaborar con instituciones académicas y de investigación, las empresas pueden acceder a conocimientos y recursos adicionales para impulsar la innovación.

Conclusión

En conclusión, la industria manufacturera enfrenta una serie de desafíos y oportunidades en el panorama económico y financiero actual. Desde la gestión de los ciclos económicos hasta la optimización de la cadena de suministro y la inversión en tecnología e innovación, las empresas deben adoptar un enfoque estratégico y proactivo para mantener su competitividad y liderazgo en el mercado global. Al comprender los factores que influyen en la industria y las estrategias clave para abordarlos, las empresas pueden posicionarse para el éxito a largo plazo.

TENDENCIAS FUTURAS EN LA MANUFACTURA

La manufactura es un sector dinámico que ha experimentado un constante flujo de cambios y evoluciones a lo largo de su historia. Desde la revolución industrial hasta la era digital, la industria manufacturera ha estado en constante transformación, impulsada por avances tecnológicos, cambios en la demanda del mercado y la búsqueda continua de eficiencia y calidad. En este capítulo, exploraremos en detalle las tendencias futuras que están moldeando el futuro de la manufactura. Desde la automatización avanzada hasta la fabricación aditiva y la sostenibilidad, analizaremos cómo estas tendencias están transformando la forma en que se diseñan, producen y entregan los productos en todo el mundo.

Automatización Avanzada

La automatización ha sido un componente fundamental de la industria manufacturera durante décadas, pero su papel está evolucionando con el tiempo. Con los avances en robótica e inteligencia artificial (IA), estamos viendo una nueva ola de automatización avanzada que está transformando radicalmente los procesos de producción. Los robots colaborativos, también conocidos como "cobots", están diseñados para trabajar junto a los humanos de forma segura y eficiente. Estos robots pueden realizar una amplia gama de tareas, desde el ensamblaje hasta el manejo de materiales, liberando a los trabajadores humanos para que se centren en tareas de mayor valor añadido.

La integración de sistemas ciberfísicos también está desempeñando un papel importante en la automatización avanzada. Estos sistemas combinan componentes físicos con componentes virtuales, permitiendo una mayor conectividad y control en toda la cadena de producción. Desde máquinas que se autoajustan para optimizar la eficiencia hasta sistemas de monitorización en tiempo real que predicen y previenen fallos, los sistemas ciberfísicos están mejorando la agilidad y la capacidad de respuesta de las operaciones de fabricación.

La automatización avanzada no solo está mejorando la eficiencia y la calidad del producto, sino que también está abriendo nuevas oportunidades en términos de flexibilidad y personalización. Al permitir cambios rápidos en la configuración de la línea de producción y la capacidad de adaptarse a la demanda del mercado en tiempo real, la automatización avanzada está permitiendo a las empresas ser más ágiles y receptivas a las necesidades cambiantes de los clientes.

Fabricación Aditiva (Impresión 3D)

La fabricación aditiva, más comúnmente conocida como impresión 3D, ha sido una de las tendencias más emocionantes en la industria manufacturera en los últimos años. A diferencia de los métodos tradicionales de fabricación, que implican la eliminación de material para crear un objeto, la fabricación aditiva construye objetos capa por capa a partir de materiales como plástico, metal o cerámica.

Los avances en la tecnología de impresión 3D están expandiendo rápidamente las aplicaciones de esta técnica en la industria manufacturera. Desde la creación de prototipos rápidos hasta la producción de piezas finales, la impresión 3D está revolucionando la forma en que se diseñan y fabrican los productos. Además de ofrecer tiempos de desarrollo más rápidos y costos reducidos, la fabricación aditiva también está allanando el camino para la personalización masiva y la producción bajo demanda. Al permitir la creación de piezas únicas y complejas con facilidad, la impresión 3D está cambiando fundamentalmente la forma en que pensamos sobre el diseño y la fabricación de productos.

Internet de las Cosas (IoT) y Fabricación Conectada

El Internet de las Cosas (IoT) está desempeñando un papel cada vez más importante en la industria manufacturera, impulsando lo que se conoce como fabricación conectada. Al conectar máquinas, sensores y dispositivos inteligentes en toda la cadena de producción, el IoT está permitiendo una mayor visibilidad, control y optimización de los procesos de fabricación.

Los sensores instalados en equipos de producción pueden recopilar datos en tiempo real sobre el rendimiento y el estado de la maquinaria, permitiendo una monitorización continua y la detección temprana de problemas potenciales. Estos datos pueden ser analizados utilizando algoritmos de aprendizaje automático para identificar patrones y tendencias, proporcionando información valiosa para mejorar la eficiencia y la calidad.

La fabricación conectada también está facilitando la integración de la cadena de suministro, permitiendo una colaboración más estrecha entre los fabricantes, proveedores y distribuidores. Al compartir información en tiempo real sobre la demanda del mercado, los niveles de inventario y los tiempos de entrega, las empresas pueden optimizar sus operaciones y responder rápidamente a los cambios en el entorno empresarial.

Manufactura Sostenible

La sostenibilidad se ha convertido en una preocupación cada vez más importante para la industria manufacturera, impulsada por la creciente conciencia sobre los impactos ambientales y sociales de la producción industrial. En respuesta a esta preocupación, estamos viendo un enfoque renovado en la fabricación sostenible, que busca minimizar el desperdicio, reducir la huella ambiental y promover prácticas éticas en toda la cadena de suministro.

Una de las tendencias más importantes en la fabricación sostenible es la adopción de prácticas de economía circular. En lugar de seguir un modelo lineal de "extraer, fabricar, usar y desechar", la economía circular promueve la reutilización, el reciclaje y la remanufactura de productos y materiales para minimizar el desperdicio y conservar los recursos naturales. Desde la fabricación de productos a partir de materiales reciclados hasta el diseño de productos modulares que pueden ser desmontados y reparados fácilmente, la economía circular está cambiando la forma en que pensamos sobre el ciclo de vida de los productos.

La adopción de energías renovables también está desempeñando un papel importante en la fabricación sostenible, ayudando a reducir las emisiones de carbono y la dependencia de los combustibles fósiles. Desde la instalación de paneles solares en las instalaciones de producción hasta el uso de energía eólica para alimentar la cadena de suministro, las empresas están buscando activamente formas de reducir su impacto ambiental y promover la transición hacia una economía más verde.

Personalización y Producción Bajo Demanda

La demanda de productos personalizados está en aumento, impulsada por una creciente preferencia de los consumidores por productos únicos y adaptados a sus necesidades individuales. En respuesta a esta tendencia, la industria manufacturera está adoptando estrategias de personalización masiva y producción bajo demanda que permiten la creación de productos únicos y personalizados de manera eficiente y rentable.

La fabricación aditiva está desempeñando un papel clave en la personalización masiva, permitiendo la creación de productos altamente personalizados sin los costos y tiempos de producción asociados con los métodos tradicionales. Desde zapatillas de deporte personalizadas hasta prótesis médicas adaptadas a las necesidades específicas de cada paciente, la impresión 3D está abriendo nuevas posibilidades en términos de diseño y fabricación de productos.

La producción bajo demanda también está ganando popularidad, ya que permite a las empresas fabricar productos en función de la demanda del mercado en lugar de producir grandes volúmenes de inventario. Al utilizar tecnologías como la fabricación aditiva y la fabricación conectada, las empresas pueden reducir los costos de almacenamiento y minimizar el riesgo de obsolescencia de inventario, al tiempo que mejoran la capacidad de respuesta a las fluctuaciones en la demanda del mercado.

Colaboración Hombre-Máquina

A medida que la automatización se vuelve más omnipresente en la industria manufacturera, la colaboración hombre-máquina está emergiendo como una tendencia importante. En lugar de reemplazar completamente a los trabajadores humanos, los avances en la interfaz hombre-máquina están permitiendo una colaboración más estrecha entre humanos y robots en el lugar de trabajo.

Los robots colaborativos, o "cobots", están diseñados para trabajar de forma segura y eficiente junto a los humanos, realizando tareas que complementan las habilidades humanas en lugar de reemplazarlas por completo. Desde el transporte de materiales pesados hasta el ensamblaje de piezas delicadas, los cobots están ayudando a mejorar la productividad y la seguridad en el lugar de trabajo al tiempo que permiten a los trabajadores humanos centrarse en tareas de mayor valor añadido.

La realidad aumentada también está desempeñando un papel importante en la colaboración hombre-máquina, al proporcionar a los trabajadores humanos información visual y contextual en tiempo real para ayudarles en sus tareas. Desde instrucciones de montaje superpuestas en piezas de trabajo hasta la detección de errores en la producción, la realidad aumentada está mejorando la eficiencia y la precisión de las operaciones de fabricación al tiempo que reduce la necesidad de formación especializada.

Conclusión

La industria manufacturera está en un punto de inflexión, impulsada por una serie de tendencias futuras que están transformando la forma en que se diseña, produce y entrega los productos. Desde la automatización avanzada hasta la fabricación aditiva y la sostenibilidad, estas tendencias están abriendo nuevas posibilidades y desafíos para las empresas en todo el mundo.

La capacidad de adaptarse y evolucionar será clave para el éxito futuro de la manufactura, y aquellos que puedan aprovechar estas tendencias emergentes estarán mejor posicionados para prosperar en el futuro. Al abrazar la automatización avanzada, la fabricación aditiva, la fabricación conectada y otras tendencias futuras, las empresas pueden mejorar su eficiencia, calidad y agilidad, y satisfacer las demandas de un mercado cada vez más exigente y diverso. Con una mentalidad abierta a la innovación y la colaboración, la industria manufacturera puede enfrentar los desafíos del futuro y seguir siendo un motor de crecimiento y desarrollo económico en todo el mundo.

DESAFÍOS Y OPORTUNIDADES EN LA INDUSTRIA MANUFACTURERA

La industria manufacturera ha sido durante mucho tiempo un pilar fundamental de la economía mundial, proporcionando empleo, innovación y productos que satisfacen las necesidades básicas y avanzadas de la sociedad. Sin embargo, en el complejo panorama actual, la industria manufacturera enfrenta una serie de desafíos que requieren respuestas estratégicas y oportunidades que pueden ser aprovechadas para impulsar el crecimiento y la sostenibilidad a largo plazo. En este capítulo, exploraremos en detalle los desafíos y oportunidades más relevantes que enfrenta la industria manufacturera en la actualidad.

La globalización ha transformado radicalmente la industria manufacturera, creando nuevas oportunidades de mercado, pero también intensificando la competencia. Los fabricantes ahora compiten en un mercado global, enfrentando desafíos como la presión de reducir costos, mantener altos estándares de calidad y cumplimiento, y adaptarse a las regulaciones y estándares internacionales en constante evolución. La competencia de países con costos laborales más bajos y la necesidad de mantenerse al día con la innovación tecnológica son desafíos críticos.

Avances Tecnológicos y Automatización

Los avances tecnológicos están revolucionando los procesos de fabricación, impulsando la adopción de la inteligencia artificial (IA), la robótica, la fabricación aditiva y otras tecnologías emergentes. Si bien estas innovaciones ofrecen oportunidades para mejorar la eficiencia, la calidad y la personalización de los productos, también plantean desafíos en términos de inversión en tecnología, reentrenamiento de la fuerza laboral y la posible obsolescencia de habilidades tradicionales. La implementación exitosa de estas tecnologías requiere una cuidadosa planificación y gestión del cambio.

Sostenibilidad y Responsabilidad Social

La creciente conciencia ambiental y social está impulsando la demanda de prácticas de fabricación más sostenibles y éticas. Los fabricantes enfrentan la presión de reducir su huella ambiental, minimizar el desperdicio de recursos y garantizar condiciones laborales justas en toda la cadena de suministro. La implementación de estrategias de sostenibilidad, como la eficiencia energética, el uso de materiales reciclados y la adopción de prácticas comerciales éticas, puede requerir inversiones significativas y cambios culturales dentro de las organizaciones.

Escasez de Habilidades y Desarrollo de la Fuerza Laboral

La industria manufacturera enfrenta una creciente escasez de habilidades, exacerbada por el envejecimiento de la fuerza laboral y la falta de interés en las carreras relacionadas con la fabricación entre los jóvenes. Para abordar esta brecha de habilidades, los fabricantes deben promover programas de educación técnica, colaborar con instituciones académicas y gubernamentales, y desarrollar estrategias efectivas de atracción y retención de talento. El reentrenamiento de la fuerza laboral y el fomento de una cultura de aprendizaje continuo son fundamentales para garantizar la competitividad a largo plazo.

Cadenas de Suministro Globales

Las cadenas de suministro en la industria manufacturera son cada vez más complejas y vulnerables a interrupciones. Los fabricantes enfrentan desafíos para gestionar eficazmente la cadena de suministro global, incluida la gestión de proveedores internacionales, la mitigación de riesgos asociados con desastres naturales o conflictos políticos, y la necesidad de mantener altos estándares de calidad y cumplimiento en toda la cadena de suministro. La colaboración y la transparencia son esenciales para construir cadenas de suministro resilientes y sostenibles.

Oportunidades en la Industria Manufacturera

Innovación y Desarrollo de Productos

La innovación es esencial para la competitividad y el crecimiento en la industria manufacturera. Las empresas que fomentan una cultura de innovación pueden desarrollar productos y procesos más eficientes, diferenciarse en el mercado y anticiparse a las necesidades cambiantes de los clientes. La inversión en investigación y desarrollo (I+D), la colaboración con socios externos y la adopción de enfoques ágiles de desarrollo de productos son fundamentales para estimular la innovación continua.

Tecnologías Emergentes

Las tecnologías emergentes, como el Internet de las cosas (IoT), la realidad aumentada (RA) y la fabricación aditiva, ofrecen oportunidades para optimizar la producción, mejorar la personalización de productos y desarrollar nuevos modelos de negocio. Las empresas que adoptan estas tecnologías pueden mejorar su eficiencia operativa, reducir los tiempos de comercialización y diferenciarse en un mercado cada vez más competitivo. La inversión en tecnología y la capacitación de la fuerza laboral son críticas para aprovechar al máximo estas oportunidades.

Personalización y Fabricación a Demanda

La creciente demanda de productos personalizados está impulsando la adopción de modelos de fabricación a demanda. La fabricación ágil y flexible permite a las empresas adaptarse rápidamente a las preferencias de los clientes, reducir los costos asociados con el inventario excesivo y mejorar la satisfacción del cliente. Las tecnologías como la impresión 3D y la personalización en masa están transformando la forma en que se diseñan, producen y entregan los productos, creando oportunidades para la diferenciación y la innovación.

Economía Circular y Reciclaje

La transición hacia una economía circular ofrece oportunidades para reducir el desperdicio, optimizar el uso de recursos y desarrollar nuevos productos a partir de materiales reciclados. Las empresas pueden explorar nuevas fuentes de ingresos a través del reciclaje y la reutilización de materiales, al tiempo que reducen su impacto ambiental y mejoran su reputación corporativa. La colaboración con socios de la cadena de suministro y el diseño de productos con criterios de circularidad en mente son clave para aprovechar estas oportunidades.

Colaboración y Alianzas Estratégicas

La colaboración entre empresas, instituciones académicas y organizaciones gubernamentales puede generar innovación y crear valor de manera más efectiva. Las alianzas estratégicas pueden facilitar el acceso a recursos compartidos, conocimientos especializados y nuevos mercados, permitiendo a las empresas ampliar su alcance y fortalecer su posición competitiva. La colaboración puede tomar muchas formas, desde la investigación conjunta y el desarrollo de productos hasta la colaboración en la cadena de suministro y la expansión internacional.

Conclusión

La industria manufacturera enfrenta una serie de desafíos complejos en un entorno empresarial cada vez más dinámico y globalizado. Sin embargo, también está llena de oportunidades para la innovación, el crecimiento y la creación de valor a largo plazo. Al abordar los desafíos con determinación y aprovechar las oportunidades con visión de futuro, las empresas pueden fortalecer su posición competitiva y contribuir al progreso económico, social y ambiental en la industria manufacturera y más allá.

CONCLUSIONES Y REFLEXIONES SOBRE LA INGENIERÍA EN MANUFACTURA

La ingeniería en manufactura es un campo multidisciplinario que desempeña un papel crucial en la producción y fabricación de bienes en todas las industrias. A lo largo de este estudio, se ha explorado en profundidad la naturaleza, los desafíos y las oportunidades de la ingeniería en manufactura, con el objetivo de comprender mejor su impacto en la sociedad y la industria del siglo XXI. En este capítulo, se presentan las conclusiones y reflexiones obtenidas a partir de este análisis exhaustivo.

Recapitulación de los Objetivos de la Investigación

Desde el inicio de la investigación, se establecieron varios objetivos con el fin de orientar el estudio hacia un análisis integral de la ingeniería en manufactura. Entre estos objetivos se encontraban la identificación de tendencias emergentes en el campo, la evaluación de su impacto en la industria y la sociedad, y la exploración de posibles áreas de desarrollo futuro. A lo largo del estudio, se ha trabajado diligentemente para alcanzar estos objetivos y se han obtenido resultados significativos que serán discutidos en las siguientes secciones.

Síntesis de los Resultados

Durante el desarrollo de la investigación, se han obtenido una serie de resultados que arrojan luz sobre diversos aspectos de la ingeniería en manufactura. Entre los hallazgos más destacados se incluyen:

La creciente adopción de tecnologías avanzadas, como la fabricación aditiva y la inteligencia artificial, está transformando radicalmente los procesos de producción, permitiendo una mayor personalización, eficiencia y flexibilidad en la fabricación de bienes.

La globalización y la digitalización están redefiniendo las cadenas de suministro y la logística de manufactura, facilitando una mayor colaboración entre empresas y una distribución más eficiente de los recursos a nivel mundial.

La sostenibilidad se ha convertido en un tema central en la ingeniería en manufactura, con un enfoque creciente en la reducción de residuos, la eficiencia energética y el uso de materiales ecoamigables en los procesos de producción.

La industria moderna está impulsando la convergencia de tecnologías digitales, físicas y biológicas, dando lugar a fábricas inteligentes y sistemas de producción autónomos que pueden adaptarse y responder en tiempo real a las demandas del mercado.

Estos resultados subrayan la importancia y la relevancia continua de la ingeniería en manufactura en el mundo moderno, así como los desafíos y oportunidades que enfrenta en un entorno en constante cambio.

Reflexiones sobre la Evolución de la Ingeniería en Manufactura

La ingeniería en manufactura ha experimentado una evolución significativa a lo largo de la historia, desde sus primeros rudimentos hasta las complejas tecnologías y metodologías actuales. A medida que la demanda de bienes manufacturados ha crecido y se ha diversificado, la ingeniería en manufactura ha tenido que adaptarse y evolucionar para satisfacer las necesidades cambiantes de la sociedad y la industria. Desde la revolución industrial hasta la era de la información, la ingeniería en manufactura ha sido impulsada por avances tecnológicos, innovaciones en procesos y cambios en el mercado global. Hoy en día, nos encontramos en medio de una nueva revolución industrial, caracterizada por la convergencia de tecnologías digitales, físicas y biológicas, que está transformando radicalmente la forma en que producimos y consumimos bienes. Esta evolución continua presenta tanto desafíos como oportunidades para la ingeniería en manufactura, y es crucial que los profesionales en este campo estén preparados para enfrentar los cambios y aprovechar las nuevas posibilidades que surgen.

Impacto de la Ingeniería en Manufactura en la Industria

La ingeniería en manufactura desempeña un papel fundamental en la industria, ya que es responsable de la producción eficiente y rentable de bienes en una amplia variedad de sectores. Su impacto se extiende a lo largo de toda la cadena de valor, desde el diseño y desarrollo de productos hasta la fabricación y distribución. Algunos de los principales impactos de la ingeniería en manufactura en la industria incluyen:

Mejora de la eficiencia y productividad: La aplicación de técnicas y tecnologías avanzadas en la manufactura permite una mayor eficiencia en los procesos de producción, lo que se traduce en una mayor productividad y rentabilidad para las empresas.

Innovación y competitividad: La ingeniería en manufactura impulsa la innovación en productos y procesos, lo que permite a las empresas mantenerse competitivas en un mercado en constante cambio y satisfacer las demandas de los consumidores.

Creación de empleo y desarrollo económico: La industria manufacturera es un importante motor de crecimiento económico y desarrollo, ya que genera empleo, fomenta la inversión en infraestructura y estimula la innovación y la creatividad.

Reducción del impacto ambiental: A medida que la conciencia sobre la sostenibilidad aumenta, la ingeniería en manufactura juega un papel crucial en la reducción del impacto ambiental de la producción, mediante la implementación de prácticas y tecnologías ecoamigables.

Desafíos y Obstáculos en la Ingeniería en Manufactura

A pesar de los numerosos beneficios que ofrece, la ingeniería en manufactura también enfrenta una serie de desafíos y obstáculos que pueden obstaculizar su desarrollo y adopción. Algunos de los principales desafíos incluyen:

Resistencia al cambio: La implementación de nuevas tecnologías y metodologías en la manufactura puede encontrarse con resistencia por parte de los trabajadores y las empresas, que pueden temer la pérdida de empleo o la interrupción de los procesos existentes.

Complejidad tecnológica: Las tecnologías avanzadas utilizadas en la ingeniería en manufactura pueden ser complejas y costosas de implementar, lo que puede limitar su adopción por parte de empresas más pequeñas o con recursos limitados.

Escasez de talento: La industria manufacturera enfrenta una escasez de talento calificado, especialmente en áreas como la ingeniería, la programación y la gestión de proyectos, lo que puede dificultar la implementación de nuevas tecnologías y la mejora de los procesos.

Desafíos regulatorios: La industria manufacturera está sujeta a una amplia gama de regulaciones y normativas, que pueden variar según la ubicación geográfica y el sector, lo que puede dificultar la implementación de nuevas tecnologías y la adopción de prácticas más sostenibles.

Oportunidades y Perspectivas Futuras

A pesar de los desafíos que enfrenta, la ingeniería en manufactura también presenta numerosas oportunidades y perspectivas futuras emocionantes. Algunas de las áreas clave de desarrollo incluyen:

Fabricación aditiva: La fabricación aditiva, también conocida como impresión 3D, está emergiendo como una tecnología revolucionaria que tiene el potencial de transformar radicalmente la forma en que se producen y diseñan bienes.

Internet de las cosas (IoT): El Internet de las cosas está permitiendo la creación de fábricas inteligentes y sistemas de producción autónomos que pueden monitorear y controlar los procesos de fabricación en tiempo real, optimizando la eficiencia y reduciendo los costos.

Inteligencia artificial (IA): La inteligencia artificial está siendo utilizada en la manufactura para mejorar la automatización, la planificación de la producción y el mantenimiento predictivo, lo que permite una mayor eficiencia y fiabilidad en los procesos.

Sostenibilidad: La creciente conciencia sobre la sostenibilidad está impulsando la demanda de prácticas de manufactura más ecoamigables, lo que está creando nuevas oportunidades para la innovación en materiales, procesos y tecnologías.

Estas son solo algunas de las áreas de oportunidad que están surgiendo en la ingeniería en manufactura, y es probable que muchas más emerjan a medida que la tecnología continúe avanzando y la sociedad evolucione.

Consideraciones Éticas y Sociales

A medida que la ingeniería en manufactura continúa avanzando, es importante tener en cuenta las consideraciones éticas y sociales asociadas con su desarrollo y aplicación. Algunos de los aspectos a tener en cuenta incluyen:

Impacto en el empleo: La automatización y la robotización en la manufactura pueden tener un impacto significativo en el empleo, lo que plantea preguntas sobre la equidad laboral y la distribución de la riqueza en la sociedad.

Privacidad y seguridad de datos: La creciente interconexión de sistemas en la manufactura puede plantear desafíos en cuanto a la privacidad y seguridad de los datos, lo que requiere un enfoque cuidadoso para proteger la información sensible.

Equidad y accesibilidad: Es importante garantizar que los beneficios de la ingeniería en manufactura sean accesibles para todos, independientemente de su origen socioeconómico o geográfico, y que no se perpetúen desigualdades existentes en la sociedad.

Estas consideraciones éticas y sociales son fundamentales para garantizar que la ingeniería en manufactura se desarrolle de una manera ética y responsable que beneficie a toda la sociedad.

Recomendaciones para Futuras Investigaciones

Dada la naturaleza dinámica y multifacética de la ingeniería en manufactura, hay muchas áreas de investigación que merecen una mayor exploración y estudio. Algunas recomendaciones para futuras investigaciones incluyen:

Investigación sobre tecnologías emergentes: Se necesita más investigación sobre tecnologías emergentes como la fabricación aditiva, la inteligencia artificial y el Internet de las cosas para comprender mejor sus aplicaciones potenciales en la manufactura y los desafíos asociados con su implementación.

Estudios sobre sostenibilidad: Se necesita más investigación sobre prácticas y tecnologías de manufactura sostenible para desarrollar soluciones efectivas para abordar los desafíos ambientales y sociales asociados con la producción de bienes.

Investigación sobre el impacto social y económico: Se necesita más investigación sobre el impacto social y económico de la ingeniería en manufactura, incluyendo su efecto en el empleo, la distribución de la riqueza y la equidad en la sociedad.

Estas son solo algunas de las áreas de investigación que podrían beneficiar a la ingeniería en manufactura en el futuro, y se espera que surjan muchas más a medida que el campo continúe evolucionando.

Conclusión

En conclusión, la ingeniería en manufactura desempeña un papel crucial en la producción y fabricación de bienes en la sociedad moderna. A lo largo de este estudio, se han explorado diversos aspectos de este campo, desde su evolución histórica hasta sus impactos actuales y futuros en la industria y la sociedad. Si bien enfrenta una serie de desafíos y obstáculos, también presenta numerosas oportunidades emocionantes para la innovación y el desarrollo futuro. Es crucial que los profesionales en este campo estén preparados para enfrentar los desafíos y aprovechar las oportunidades que surgen, con un enfoque en la ética, la sostenibilidad y el impacto social positivo.

En última instancia, la ingeniería en manufactura continuará desempeñando un papel vital en la economía global y en la vida cotidiana de las personas en todo el mundo. Es fundamental que los profesionales en este campo sigan colaborando, innovando y adaptándose a medida que avanzamos hacia un futuro cada vez más tecnológico y conectado.

INTRODUCCIÓN A LA CADENA DE SUMINISTRO EN LA INDUSTRIA

La cadena de suministro en la industria es un sistema integral que abarca todas las etapas necesarias para llevar un producto desde su concepción hasta su entrega al consumidor final. Este proceso implica una serie de actividades interconectadas que incluyen la planificación, adquisición, producción, distribución y gestión de la demanda. En un mundo cada vez más globalizado y digitalizado, la gestión eficiente de la cadena de suministro se ha vuelto crucial para la competitividad y el éxito de las empresas.

Definición de la Cadena de Suministro

La cadena de suministro puede definirse como una red de entidades, personas, actividades, información y recursos involucrados en el proceso de producción y entrega de un producto. Esta red incluye a proveedores, fabricantes, distribuidores, minoristas y consumidores. La integración y coordinación de estas actividades son esenciales para garantizar que los productos lleguen al mercado de manera oportuna y a un costo competitivo.

Componentes Clave

Los principales componentes de una cadena de suministro industrial incluyen:

Proveedores: Entidades que suministran materias primas y componentes necesarios para la producción.

Fabricantes: Empresas que transforman las materias primas en productos terminados.

Distribuidores: Intermediarios que transportan los productos desde los fabricantes hasta los minoristas o consumidores finales.

Minoristas: Establecimientos que venden los productos a los consumidores finales.

Consumidores: La parte final de la cadena que utiliza los productos.

Importancia de la Cadena de Suministro

Una gestión efectiva de la cadena de suministro no solo mejora la eficiencia operativa, sino que también puede generar ventajas competitivas significativas. La capacidad de satisfacer la demanda del cliente de manera rápida y eficiente es un factor determinante en la lealtad del consumidor y, en última instancia, en la rentabilidad de la empresa.

Evolución de la Cadena de Suministro

La cadena de suministro ha evolucionado considerablemente a lo largo de las décadas. Desde un enfoque centrado en la producción hasta una visión más holística que considera todos los aspectos de la cadena, este cambio ha sido impulsado por varios factores.

Cambios en el Comportamiento del Consumidor

La demanda de productos personalizados y la expectativa de un servicio al cliente excepcional han llevado a las empresas a adaptar sus cadenas de suministro. Los consumidores modernos no solo buscan calidad, sino también rapidez en la entrega y opciones de personalización.

Avances Tecnológicos

La revolución digital ha transformado la forma en que las empresas gestionan sus operaciones. La implementación de tecnologías avanzadas, como el Internet de las Cosas (IoT), inteligencia artificial y análisis de datos, ha permitido a las empresas optimizar sus cadenas de suministro y mejorar la visibilidad en tiempo real.

Globalización

La expansión de los mercados internacionales ha llevado a las empresas a buscar proveedores y clientes en todo el mundo. Esto ha creado cadenas de suministro más complejas, lo que requiere una gestión cuidadosa de los riesgos asociados con la logística internacional y la cadena de suministro.

Principios de la Gestión de la Cadena de Suministro

Para gestionar eficazmente la cadena de suministro, las empresas deben seguir ciertos principios clave que les permitirán optimizar sus operaciones.

Integración

La integración de procesos y sistemas es fundamental para una gestión efectiva de la cadena de suministro. Esto implica la colaboración entre todos los actores de la cadena, desde proveedores hasta consumidores. La utilización de plataformas tecnológicas que faciliten esta integración es esencial.

Visibilidad

La visibilidad en la cadena de suministro permite a las empresas monitorear el flujo de productos y materiales en tiempo real. La implementación de tecnologías como el IoT y la analítica avanzada permite a las empresas anticiparse a problemas potenciales y tomar decisiones informadas.

Agilidad

La capacidad de adaptarse rápidamente a los cambios en la demanda del mercado es crucial. Las empresas deben desarrollar cadenas de suministro ágiles que les permitan responder a las fluctuaciones del mercado y a las necesidades cambiantes de los consumidores.

Sostenibilidad

La sostenibilidad se ha convertido en un imperativo en la gestión de la cadena de suministro. Las empresas están cada vez más presionadas para adoptar prácticas que minimicen su impacto ambiental. Esto incluye la optimización del uso de recursos, la reducción de residuos y la implementación de prácticas sostenibles en toda la cadena.

Desafíos de la Cadena de Suministro

A pesar de los avances en la gestión de la cadena de suministro, existen varios desafíos que las empresas deben enfrentar en la actualidad.

Incertidumbre y Riesgo

La incertidumbre en el entorno empresarial puede generar riesgos significativos en la cadena de suministro. Factores como desastres naturales, inestabilidad política y cambios en las regulaciones pueden interrumpir el flujo de productos y afectar la capacidad de las empresas para cumplir con la demanda.

Demandas Cambiantes de los Consumidores

Las expectativas de los consumidores están en constante evolución. Las empresas deben ser capaces de adaptarse rápidamente a estos cambios y ofrecer productos que satisfagan las necesidades de los consumidores.

Complejidad de la Cadena

Las cadenas de suministro modernas son cada vez más complejas debido a la globalización y la diversificación de los proveedores. La gestión de esta complejidad requiere una planificación cuidadosa y el uso de tecnologías avanzadas.

Tecnologías Emergentes en la Cadena de Suministro

La innovación tecnológica está transformando la forma en que las empresas gestionan sus cadenas de suministro. Algunas de las tecnologías más relevantes incluyen:

Internet de las Cosas (IoT)

El IoT permite la conexión de dispositivos y maquinaria en la cadena de suministro, proporcionando datos en tiempo real sobre el estado de los productos y los procesos. Esto mejora la visibilidad y el control, permitiendo a las empresas anticipar problemas y optimizar operaciones.

Blockchain

La tecnología blockchain proporciona un registro seguro y transparente de todas las transacciones a lo largo de la cadena de suministro. Esto mejora la trazabilidad y la confianza entre los diferentes actores de la cadena.

Inteligencia Artificial y Machine Learning

La inteligencia artificial y el machine learning se utilizan para analizar grandes volúmenes de datos y prever tendencias en la demanda. Estas tecnologías permiten a las empresas tomar decisiones más informadas y optimizar sus operaciones.

Automatización

La automatización de procesos, desde la producción hasta la logística, reduce los costos y mejora la eficiencia. La implementación de robots y sistemas automatizados permite a las empresas responder rápidamente a las fluctuaciones de la demanda.

Mejores Prácticas en la Gestión de la Cadena de Suministro

Para optimizar la cadena de suministro, las empresas deben adoptar ciertas mejores prácticas:

Colaboración entre Socios

Fomentar la colaboración entre todos los actores de la cadena de suministro es esencial para mejorar la comunicación y la eficiencia. Las empresas deben trabajar estrechamente con proveedores y distribuidores para alinear objetivos y compartir información.

Capacitación y Desarrollo

La formación continua de los empleados es crucial para asegurar que estén actualizados con las últimas tendencias y tecnologías en la gestión de la cadena de suministro. Invertir en capacitación puede mejorar la eficiencia y la efectividad de las operaciones.

Evaluación del Desempeño

Establecer indicadores clave de rendimiento (KPI) permite a las empresas medir y evaluar la efectividad de su cadena de suministro. Esto ayuda a identificar áreas de mejora y a implementar cambios necesarios.

Conclusiones

La cadena de suministro en la industria es un elemento esencial para el éxito empresarial. En un entorno en constante cambio, las empresas deben adaptarse y adoptar tecnologías emergentes para optimizar sus operaciones y satisfacer las demandas del consumidor. A medida que la tecnología avanza, la capacidad de las empresas para gestionar sus cadenas de suministro de manera eficiente será un factor determinante en su competitividad en el mercado global.

Con el enfoque adecuado en la integración, la visibilidad, la agilidad y la sostenibilidad, las empresas pueden construir cadenas de suministro robustas y resilientes que no solo mejoren su eficiencia operativa, sino que también les permitan prosperar en un mundo en constante evolución. La gestión efectiva de la cadena de suministro no es solo una ventaja competitiva; es un imperativo estratégico para cualquier organización que busque triunfar en la industria moderna.

DISEÑO DE LA CADENA DE SUMINISTRO

El diseño de la cadena de suministro (CS) es un proceso estratégico que implica la planificación y gestión de todas las actividades involucradas en la adquisición, transformación y entrega de productos. En el contexto industrial y de fabricación, una cadena de suministro eficiente es fundamental para asegurar la competitividad en el mercado, optimizar costos y satisfacer las demandas del cliente. Este capítulo examina los componentes clave del diseño de la cadena de suministro, los factores que influyen en su estructura y los enfoques modernos que están revolucionando esta área.

Concepto de Cadena de Suministro

La cadena de suministro abarca una serie de procesos que incluyen la obtención de materias primas, la producción, el almacenamiento, la distribución y la entrega del producto final al consumidor. En el sector industrial y de fabricación, estas actividades deben ser cuidadosamente orquestadas para asegurar la eficiencia y la efectividad.

Definición y componentes

Una cadena de suministro se puede definir como el conjunto de organizaciones, personas, actividades, información y recursos involucrados en la entrega de un producto o servicio desde el proveedor hasta el cliente final. Los componentes clave incluyen:

Proveedores: Entidades que suministran las materias primas necesarias para la producción.

Fabricantes: Empresas que transforman las materias primas en productos finales.

Distribuidores: Organizaciones que se encargan del transporte y almacenamiento de los productos terminados

Minoristas: Comerciantes que venden directamente al consumidor final.

Clientes: Usuarios finales de los productos.

Tipos de cadenas de suministro

Las cadenas de suministro pueden clasificarse en varios tipos, según su enfoque y modelo de operación:

Cadenas de suministro tradicionales**: Se centran en la producción en masa y la eficiencia operativa.

Cadenas de suministro ágiles: Se enfocan en la flexibilidad y la capacidad de respuesta a las demandas cambiantes del mercado.

Cadenas de suministro sostenibles: Buscan minimizar el impacto ambiental y promover prácticas responsables a lo largo del ciclo de vida del producto.

Cadenas de suministro digitales: Integran tecnologías avanzadas, como el Internet de las Cosas (IoT), la inteligencia artificial (IA) y el big data para optimizar la toma de decisiones.

Importancia del Diseño de la Cadena de Suministro

El diseño de la cadena de suministro es crítico por varias razones:

Competitividad

Un diseño adecuado permite a las empresas ser más competitivas al reducir costos y mejorar la calidad del producto. Las empresas que invierten en una cadena de suministro bien diseñada pueden responder más rápidamente a las necesidades del mercado.

Satisfacción del cliente

La capacidad de una empresa para entregar productos de manera oportuna y en las cantidades adecuadas es esencial para la satisfacción del cliente. Un diseño efectivo de la cadena de suministro asegura que los productos estén disponibles cuando y donde se necesitan.

Eficiencia operativa

Un diseño optimizado reduce desperdicios y mejora la eficiencia operativa. Esto incluye la minimización de inventarios, la optimización de rutas de transporte y la mejora de procesos productivos.

Adaptabilidad

Las empresas deben ser capaces de adaptarse a cambios en el mercado, como fluctuaciones en la demanda o interrupciones en el suministro. Un diseño flexible permite a las organizaciones responder a estos desafíos sin comprometer su rendimiento.

Factores a Considerar en el Diseño de la Cadena de Suministro

El diseño de la cadena de suministro debe considerar una serie de factores que afectan su eficacia y eficiencia:

Estrategia empresarial

La estrategia de la empresa influye en el diseño de la cadena de suministro. Una estrategia centrada en el costo puede requerir un enfoque diferente al de una estrategia que prioriza la calidad o la innovación.

Características del producto

Los productos tienen diferentes características que afectan el diseño de la cadena de suministro. Por ejemplo, productos perecederos requieren una cadena de suministro diferente a la de productos duraderos.

Demanda del mercado

La previsión de la demanda es fundamental. Un diseño de cadena de suministro debe ser capaz de adaptarse a las variaciones en la demanda, lo que implica el uso de técnicas de análisis y pronóstico.

Tecnología

La incorporación de tecnología en el diseño de la cadena de suministro puede mejorar la visibilidad y el control de los procesos. Herramientas como el software de gestión de la cadena de suministro (SCM) y los sistemas de planificación de recursos empresariales (ERP) son esenciales.

Costos

El diseño de la cadena de suministro debe tener en cuenta todos los costos involucrados, desde la adquisición de materias primas hasta la entrega final del producto. La optimización de costos es crucial para mantener la rentabilidad.

Sostenibilidad

Las preocupaciones ambientales han llevado a muchas empresas a incorporar prácticas sostenibles en su diseño de cadena de suministro. Esto incluye la reducción de emisiones, la gestión eficiente de recursos y la implementación de procesos de producción responsables.

Metodologías de Diseño de la Cadena de Suministro

Existen diversas metodologías para el diseño de la cadena de suministro, cada una con sus propias ventajas y desventajas:

Enfoque tradicional

El enfoque tradicional se basa en análisis de costos y eficiencia operativa. Se centra en la optimización de procesos y la reducción de desperdicios, utilizando técnicas como el análisis de flujo de materiales y la gestión de inventarios.

Enfoque basado en la demanda

Este enfoque pone énfasis en la satisfacción del cliente y la adaptación a las demandas del mercado. Utiliza técnicas de pronóstico de demanda y análisis de mercado para diseñar la cadena de suministro en función de las necesidades del cliente.

Enfoque ágil

El diseño ágil de la cadena de suministro se centra en la flexibilidad y la rapidez de respuesta. Este enfoque es esencial en entornos de alta volatilidad y cambio constante, permitiendo a las empresas adaptarse rápidamente a nuevas situaciones.

Enfoque digital

Con el avance de la tecnología, el enfoque digital se ha vuelto cada vez más relevante. Este enfoque utiliza tecnologías emergentes como el IoT, el big data y la inteligencia artificial para mejorar la visibilidad y la eficiencia en la cadena de suministro.

Proceso de Diseño de la Cadena de Suministro

El proceso de diseño de la cadena de suministro puede dividirse en varias etapas:

Evaluación de necesidades

La primera etapa implica la evaluación de las necesidades de la empresa y del mercado. Esto incluye la identificación de los objetivos estratégicos, las demandas del cliente y las características del producto.

Análisis de la situación actual

En esta etapa, se lleva a cabo un análisis exhaustivo de la cadena de suministro existente. Esto implica la identificación de ineficiencias, cuellos de botella y oportunidades de mejora.

Diseño del nuevo modelo

Con base en el análisis anterior, se diseña un nuevo modelo de cadena de suministro que incorpora mejoras y ajustes necesarios. Este modelo debe alinearse con los objetivos estratégicos de la empresa y responder a las necesidades del mercado.

Implementación

La etapa de implementación implica llevar a cabo los cambios necesarios en la cadena de suministro. Esto puede incluir la adopción de nuevas tecnologías, la capacitación del personal y la reestructuración de procesos.

Evaluación y mejora continua

Una vez implementado el nuevo diseño, es fundamental llevar a cabo una evaluación continua. Esto implica el monitoreo de métricas clave de rendimiento y la identificación de oportunidades de mejora.

Herramientas y Tecnologías para el Diseño de la Cadena de Suministro

Existen diversas herramientas y tecnologías que facilitan el diseño y la gestión de la cadena de suministro:

Software de gestión de la cadena de suministro (SCM)

El software SCM permite a las empresas gestionar y optimizar sus procesos de cadena de suministro. Estas herramientas proporcionan visibilidad en tiempo real y facilitan la toma de decisiones informadas.

Sistemas de planificación de recursos empresariales (ERP)

Los sistemas ERP integran todas las funciones de una empresa en una única plataforma, mejorando la coordinación y la eficiencia en la cadena de suministro.

Análisis de datos y big data

El uso de big data y análisis de datos permite a las empresas extraer información valiosa de grandes volúmenes de datos, mejorando la previsión de demanda y la toma de decisiones estratégicas.

Internet de las Cosas (IoT)

El IoT conecta dispositivos y maquinaria, proporcionando datos en tiempo real sobre el estado de los procesos y mejorando la visibilidad en la cadena de suministro.

Inteligencia artificial (IA)

La IA puede ser utilizada para optimizar procesos, prever demandas y mejorar la toma de decisiones en la cadena de suministro, ayudando a las empresas a ser más ágiles y eficientes.

Retos en el Diseño de la Cadena de Suministro

A pesar de los beneficios de un diseño óptimo de la cadena de suministro, existen varios retos que las empresas deben enfrentar:

Complejidad

Las cadenas de suministro modernas son cada vez más complejas, con múltiples actores y procesos interrelacionados. Gestionar esta complejidad requiere una planificación cuidadosa y un enfoque estratégico.

Cambios en la demanda

Las fluctuaciones en la demanda del mercado pueden dificultar la planificación y el diseño de la cadena de suministro. Las empresas deben ser capaces de adaptarse rápidamente a estos cambios para evitar problemas de suministro.

Interrupciones

Las interrupciones en la cadena de suministro, ya sea por desastres naturales, problemas políticos o crisis sanitarias, pueden afectar gravemente la capacidad de una empresa para operar. Un diseño resiliente es crucial para mitigar estos riesgos.

Sostenibilidad

Las crecientes preocupaciones sobre el impacto ambiental de las operaciones de la cadena de suministro han llevado a muchas empresas a reconsiderar sus enfoques. Integrar prácticas sostenibles puede ser un desafío, pero es esencial para la competitividad a largo plazo.

Futuro del Diseño de la Cadena de Suministro

El futuro del diseño de la cadena de suministro está siendo moldeado por varias tendencias emergentes:

Digitalización

La digitalización seguirá siendo una fuerza impulsora en el diseño de la cadena de suministro, permitiendo a las empresas mejorar la eficiencia y la visibilidad a través de tecnologías avanzadas.

Sostenibilidad

La presión para adoptar prácticas sostenibles aumentará, impulsando a las empresas a integrar la sostenibilidad en el diseño de sus cadenas de suministro.

Personalización

A medida que los consumidores buscan productos más personalizados, las cadenas de suministro deberán adaptarse para ofrecer opciones personalizadas de manera eficiente.

Colaboración

La colaboración entre diferentes actores de la cadena de suministro será fundamental para mejorar la eficiencia y la adaptabilidad en un entorno de mercado en constante cambio.

Conclusión

El diseño de la cadena de suministro en el área industrial y de fabricación es un proceso dinámico que requiere un enfoque estratégico y una comprensión profunda de los diversos factores que influyen en su eficacia. A medida que las empresas enfrentan desafíos y oportunidades en un entorno cada vez más complejo, invertir en un diseño óptimo de la cadena de suministro será esencial para garantizar la competitividad y la satisfacción del cliente. A través de la implementación de metodologías modernas y la adopción de tecnologías avanzadas, las organizaciones pueden construir cadenas de suministro resilientes y eficientes que respondan a las demandas del futuro.

PLANIFICACIÓN DE LA DEMANDA

La planificación de la demanda es un proceso crítico dentro del contexto industrial y de fabricación. Este capítulo explora cómo las empresas abordan la previsión de la demanda y la planificación de los recursos necesarios para satisfacer las necesidades del mercado. A medida que las organizaciones buscan optimizar sus operaciones y mejorar su capacidad de respuesta, la planificación de la demanda se convierte en una herramienta esencial para garantizar que los productos lleguen a los clientes en el momento adecuado y en las cantidades correctas.

La planificación de la demanda no es solo una cuestión de hacer pronósticos; implica un enfoque integral que involucra la colaboración entre diferentes departamentos, el uso de tecnologías avanzadas y la adaptación a un entorno de mercado en constante cambio. Este capítulo analiza las diversas estrategias y técnicas utilizadas en la planificación de la demanda, los desafíos que enfrentan las empresas y las tendencias futuras que están dando forma a este campo.

La Importancia de la Planificación de la Demanda

La planificación de la demanda es esencial por varias razones. En primer lugar, ayuda a las empresas a evitar el exceso de inventario y la escasez de productos, dos situaciones que pueden tener un impacto significativo en la rentabilidad. Un exceso de inventario puede generar costos de almacenamiento y desperdicio, mientras que una escasez puede resultar en la pérdida de ventas y clientes insatisfechos.

Además, la planificación de la demanda permite una mejor gestión de los recursos. Las empresas pueden programar la producción, optimizar la utilización de maquinaria y personal, y gestionar las compras de materias primas de manera más eficiente. Esto no solo reduce costos, sino que también mejora la calidad del servicio al cliente.

Asimismo, en un entorno globalizado y competitivo, la capacidad de adaptarse rápidamente a las fluctuaciones en la demanda se ha convertido en un diferenciador clave. Las empresas que son capaces de prever cambios en las preferencias de los consumidores o en las condiciones del mercado pueden ajustar su producción y distribución para capitalizar oportunidades y minimizar riesgos.

Estrategias de Planificación de la Demanda

Existen diversas estrategias que las empresas pueden adoptar para mejorar su planificación de la demanda. Cada enfoque tiene sus ventajas y desventajas, y la elección de la estrategia adecuada dependerá de las características específicas de la organización, el mercado y los productos.

Estrategia de Pronóstico Cualitativo

La estrategia cualitativa se basa en la experiencia y el juicio de expertos para hacer previsiones. Este enfoque es particularmente útil en situaciones donde hay poca información histórica disponible, como el lanzamiento de un nuevo producto. Se utilizan técnicas como entrevistas, grupos de discusión y encuestas para recopilar opiniones sobre la posible demanda.

Este método tiene la ventaja de incorporar conocimientos subjetivos que pueden ser valiosos, pero también es susceptible de sesgos. Por lo tanto, es importante complementarlo con datos cuantitativos siempre que sea posible.

Estrategia de Pronóstico Cuantitativo

El pronóstico cuantitativo se basa en datos históricos y modelos estadísticos. Las empresas analizan patrones pasados de ventas para prever la demanda futura. Existen varias técnicas dentro de este enfoque, incluyendo modelos de series temporales, regresiones lineales y modelos de suavizamiento exponencial.

Este método ofrece una base más objetiva y precisa para la planificación, aunque puede ser menos efectivo en mercados volátiles donde las tendencias históricas no son un buen indicador del futuro.

Estrategia de Colaboración

La colaboración entre diferentes departamentos de una organización es fundamental para la planificación de la demanda. Esto implica la integración de las perspectivas de ventas, marketing, producción y logística. Las empresas que fomentan la comunicación abierta y el trabajo en equipo son más capaces de alinearse con las necesidades del mercado.

Las herramientas de planificación colaborativa, como el Sales and Operations Planning (S&OP), son esenciales en este enfoque. Estas herramientas permiten a los equipos compartir información y tomar decisiones basadas en datos en tiempo real, lo que mejora la precisión de los pronósticos.

Estrategia de Tecnología Avanzada

El avance de la tecnología ha permitido a las empresas implementar sistemas sofisticados para la planificación de la demanda. El uso de inteligencia artificial y machine learning puede mejorar significativamente la precisión de los pronósticos. Estos sistemas pueden analizar grandes volúmenes de datos en tiempo real, identificar patrones ocultos y ajustar las previsiones de manera dinámica.

Además, la utilización de plataformas de análisis de datos y software especializado en gestión de la cadena de suministro permite a las empresas obtener una visión más clara de su demanda y adaptar su planificación en consecuencia.

El Proceso de Planificación de la Demanda

La planificación de la demanda es un proceso que consta de varias etapas. Cada una de estas etapas es crítica para garantizar que las previsiones sean precisas y útiles para la toma de decisiones.

Análisis de Datos Históricos

El primer paso en el proceso de planificación de la demanda es la recopilación y el análisis de datos históricos de ventas. Esto incluye la identificación de patrones de demanda, tendencias estacionales y otros factores que puedan influir en las ventas. Las empresas utilizan software de análisis para procesar estos datos y generar informes que sirvan de base para la previsión.

Identificación de Factores Influyentes

Además de los datos históricos, es esencial identificar otros factores que puedan afectar la demanda. Esto incluye el análisis de tendencias del mercado, cambios en el comportamiento del consumidor, actividades promocionales y condiciones económicas. Comprender estos factores ayuda a las empresas a ajustar sus previsiones y a anticipar cambios en la demanda.

Generación de Pronósticos

Con base en el análisis de datos históricos y la identificación de factores influyentes, se generan pronósticos de demanda. Esto puede involucrar el uso de modelos estadísticos o técnicas cualitativas. Es importante que los pronósticos sean revisados y validados por expertos en la materia para asegurar su precisión.

Colaboración y Revisión

Una vez generados los pronósticos, es fundamental colaborar con otros departamentos de la organización. Las áreas de ventas, marketing y producción deben revisar y ajustar las previsiones según su experiencia y conocimiento del mercado. Este proceso de revisión colaborativa permite una mayor alineación y precisión en la planificación.

Implementación de Estrategias

Con los pronósticos ajustados y validados, las empresas pueden implementar estrategias para satisfacer la demanda prevista. Esto incluye la programación de la producción, la gestión de inventarios y la coordinación con los proveedores. La implementación efectiva de estas estrategias es crucial para garantizar que los productos estén disponibles para los clientes.

Monitoreo y Ajuste

La planificación de la demanda no es un proceso estático. Una vez que se han implementado las estrategias, es esencial monitorear la demanda real y compararla con las previsiones. Esto permite a las empresas identificar desviaciones y realizar ajustes en tiempo real. La capacidad de adaptarse rápidamente a las fluctuaciones en la demanda es clave para el éxito a largo plazo.

Desafíos en la Planificación de la Demanda

A pesar de los beneficios que ofrece, la planificación de la demanda enfrenta varios desafíos. Estos desafíos pueden dificultar la precisión de las previsiones y la efectividad de las estrategias implementadas.

Cambios Rápidos en el Mercado

Los mercados son dinámicos y pueden experimentar cambios rápidos en las preferencias de los consumidores y en la competencia. Estos cambios pueden dificultar la previsión precisa de la demanda y, por lo tanto, las empresas deben ser ágiles y capaces de adaptarse a nuevas condiciones.

Falta de Datos de Calidad

La calidad de los datos es esencial para la planificación de la demanda. Si las empresas no cuentan con datos precisos y actualizados, sus pronósticos serán inexactos. Esto puede deberse a problemas en la recopilación de datos o a la falta de sistemas de gestión adecuados.

Resistencia al Cambio

La implementación de nuevas estrategias y tecnologías a menudo se encuentra con resistencia por parte de los empleados. Cambiar la cultura organizacional y fomentar la colaboración entre departamentos puede ser un desafío, pero es fundamental para el éxito de la planificación de la demanda.

Integración de Tecnología

La adopción de tecnologías avanzadas para la planificación de la demanda puede ser compleja y costosa. Las empresas deben evaluar cuidadosamente las herramientas disponibles y asegurarse de que su personal esté capacitado para utilizarlas de manera efectiva.

Tendencias Futuras en la Planificación de la Demanda

A medida que el entorno empresarial continúa evolucionando, surgen nuevas tendencias que están dando forma a la planificación de la demanda. Las empresas deben estar preparadas para adaptarse a estas tendencias para mantenerse competitivas.

Personalización de la Demanda

Los consumidores están cada vez más interesados en productos personalizados. Esto significa que las empresas deben ajustar su planificación de la demanda para satisfacer las necesidades específicas de los clientes. La capacidad de ofrecer opciones personalizadas requiere un enfoque flexible y ágil en la producción y la distribución.

Análisis Predictivo

El análisis predictivo se está convirtiendo en una herramienta clave en la planificación de la demanda. Las empresas están utilizando modelos avanzados de machine learning para prever la demanda con mayor precisión. Esta tendencia permite a las organizaciones anticipar cambios en el mercado y adaptar sus estrategias en consecuencia.

Enfoque en la Sostenibilidad

A medida que las preocupaciones por el medio ambiente aumentan, las empresas están integrando la sostenibilidad en su planificación de la demanda. Esto implica considerar el impacto ambiental de las decisiones de producción y distribución y buscar formas de reducir la huella de carbono.

Colaboración en la Cadena de Suministro

La colaboración entre diferentes actores de la cadena de suministro es cada vez más importante. Las empresas están buscando establecer relaciones más estrechas con proveedores y distribuidores para mejorar la visibilidad y la agilidad en la planificación de la demanda.

Digitalización y Transformación Tecnológica

La digitalización sigue siendo una tendencia importante en la planificación de la demanda

Las empresas están invirtiendo en tecnologías que les permiten recopilar y analizar datos de manera más efectiva, lo que mejora la precisión de sus pronósticos y la eficacia de sus estrategias.

Conclusión

La planificación de la demanda es un proceso fundamental en el área industrial y de fabricación. A través de la implementación de estrategias efectivas, la colaboración entre departamentos y el uso de tecnologías avanzadas, las empresas pueden mejorar su capacidad para prever la demanda y adaptarse a un entorno de mercado en constante cambio. A medida que los desafíos y las tendencias continúan evolucionando, las organizaciones deben estar preparadas para ajustar sus enfoques y adoptar nuevas prácticas para garantizar su éxito a largo plazo. La planificación de la demanda no solo es una cuestión de números; es un componente vital de la estrategia empresarial que puede marcar la diferencia entre el éxito y el fracaso en un mercado competitivo.

GESTIÓN DE INVENTARIOS

La gestión de inventarios es un componente crítico en el ámbito industrial y de fabricación, ya que juega un papel fundamental en la operación eficiente de las empresas. A medida que el entorno empresarial se vuelve más complejo y competitivo, la capacidad para gestionar adecuadamente el inventario se convierte en un diferenciador clave que impacta no solo en los costos operativos, sino también en la satisfacción del cliente y la rentabilidad general de la organización. Este capítulo explora en profundidad la gestión de inventarios, analizando sus diferentes aspectos, técnicas, herramientas y tendencias emergentes que están moldeando su práctica.

Importancia de la Gestión de Inventarios

La gestión de inventarios es esencial por diversas razones. En primer lugar, un manejo efectivo del inventario asegura que las empresas dispongan de los productos adecuados en el momento preciso, lo que es vital para satisfacer la demanda del cliente y mantener altos niveles de servicio. La falta de productos puede resultar en oportunidades de venta perdidas y un daño a la reputación de la marca, mientras que un exceso de inventario puede generar costos adicionales en almacenamiento, deterioro y obsolescencia.

La gestión de inventarios también impacta directamente en el flujo de caja de la empresa. Mantener un nivel óptimo de inventario permite liberar capital que puede ser reinvertido en otras áreas críticas del negocio, como la investigación y el desarrollo o la expansión de la capacidad de producción. Así, una gestión adecuada no solo contribuye a la eficiencia operativa, sino que también permite una mejor planificación financiera.

Por otro lado, la gestión de inventarios se encuentra en el centro de la estrategia de la cadena de suministro. La sincronización entre la oferta y la demanda es vital para minimizar los costos y maximizar el rendimiento. Esto se vuelve aún más crucial en un contexto de globalización, donde las empresas dependen de proveedores y mercados internacionales.

Tipos de Inventarios

Para gestionar eficazmente los inventarios, es importante entender los diferentes tipos que existen en el contexto industrial y de fabricación. Cada tipo de inventario requiere un enfoque de gestión diferente y tiene sus propias características y desafíos.

Materias Primas

Las materias primas son los insumos básicos utilizados en el proceso de producción. La gestión de este tipo de inventario se centra en asegurar que siempre haya suficiente cantidad de materiales disponibles para evitar interrupciones en la producción. Un enfoque eficaz implica establecer relaciones sólidas con proveedores y monitorear constantemente los niveles de inventario para prever las necesidades futuras.

Productos en Proceso

Los productos en proceso (WIP, por sus siglas en inglés) son aquellos artículos que están en diferentes etapas del proceso de fabricación. La gestión de WIP implica controlar el flujo de productos a través de la planta de producción y asegurarse de que se cumplan los plazos de producción. Un exceso de WIP puede indicar ineficiencias en el proceso de fabricación, mientras que un nivel insuficiente puede llevar a retrasos en la entrega.

Productos Terminados

Los productos terminados son aquellos que están listos para ser vendidos. La gestión de este inventario implica equilibrar el costo de mantener existencias con la necesidad de satisfacer la demanda del cliente. Es esencial realizar un seguimiento de las ventas y pronosticar la demanda para optimizar los niveles de productos terminados.

Inventarios de Seguridad

Los inventarios de seguridad actúan como un colchón para mitigar la incertidumbre en la demanda y en los tiempos de entrega. Mantener un nivel adecuado de inventario de seguridad es crucial para evitar quiebres de stock, especialmente en industrias donde la variabilidad en la demanda es alta. La gestión efectiva de este tipo de inventario implica un análisis constante de las tendencias del mercado y los patrones de consumo.

Inventarios Obsoletos

Los inventarios obsoletos son aquellos que ya no se venden o han pasado de moda. La gestión de este tipo de inventario es esencial para liberar espacio y capital, y puede involucrar la venta a precios reducidos o la eliminación de productos. Una estrategia efectiva para minimizar la obsolescencia es implementar un sistema de rotación de inventario que favorezca la salida de productos más antiguos.

Estrategias de Gestión de Inventarios

Existen diversas estrategias que las empresas pueden adoptar para gestionar sus inventarios de manera efectiva. La elección de la estrategia adecuada dependerá de factores como el tipo de industria, la naturaleza de los productos y las condiciones del mercado.

Justo a Tiempo (JIT)

La estrategia Justo a Tiempo se basa en mantener los niveles de inventario al mínimo necesario, de modo que los materiales y productos lleguen justo en el momento en que se necesitan en el proceso de producción. Esta estrategia ayuda a reducir los costos de almacenamiento y mejora la eficiencia operativa. Sin embargo, requiere una coordinación excelente con los proveedores y un sistema de producción flexible.

Reposición Automática

La reposición automática implica el uso de tecnología y software para monitorear los niveles de inventario en tiempo real y hacer pedidos automáticamente cuando se alcanzan ciertos umbrales. Esta estrategia ayuda a mantener niveles óptimos de inventario y a reducir el riesgo de quiebres de stock. Las empresas que implementan sistemas de reposición automática suelen experimentar una mejora significativa en la eficiencia y la precisión de su gestión de inventarios.

Análisis ABC

El análisis ABC es una técnica de categorización que clasifica los productos en tres grupos según su importancia en términos de costo y demanda. Los productos A son los más valiosos, los productos B tienen un valor intermedio y los productos C son los menos costosos. Esta estrategia permite a las empresas centrarse en la gestión de los productos más críticos, asegurando que se mantengan niveles adecuados de inventario para estos artículos.

Control de Inventarios por Lotes

El control de inventarios por lotes implica agrupar productos en lotes para su producción o almacenamiento. Esta estrategia es común en industrias donde los productos se fabrican en grandes cantidades y permite una mejor gestión del flujo de materiales. Sin embargo, requiere una planificación cuidadosa para evitar problemas de obsolescencia y mantener la calidad.

Planificación de Requerimientos de Materiales (MRP)

La planificación de requerimientos de materiales (MRP) es un sistema que ayuda a las empresas a planificar y controlar el inventario de materias primas y productos en proceso. El MRP se basa en pronósticos de demanda y en el programa de producción para calcular las necesidades de inventario, garantizando que los materiales estén disponibles cuando se necesiten.

Herramientas y Tecnologías para la Gestión de Inventarios

La evolución de la tecnología ha transformado la gestión de inventarios, ofreciendo herramientas que permiten un control más preciso y eficiente. Estas herramientas facilitan la recopilación y el análisis de datos, lo que a su vez mejora la toma de decisiones en la gestión del inventario.

Sistemas de Gestión de Inventarios (IMS)

Los sistemas de gestión de inventarios son software diseñados para ayudar a las empresas a rastrear y controlar sus niveles de inventario. Estos sistemas proporcionan una visión en tiempo real del inventario disponible, permitiendo a las empresas tomar decisiones informadas sobre la producción y la reposición. Además, los IMS suelen integrarse con otros sistemas empresariales, como ERP y CRM, lo que mejora la visibilidad en toda la organización.

Tecnologías de Identificación por Radiofrecuencia (RFID)

La tecnología RFID permite a las empresas rastrear productos en tiempo real a través de etiquetas electrónicas. Esto mejora la precisión del inventario y reduce el tiempo dedicado a las tareas de conteo y seguimiento. La implementación de RFID puede ayudar a las empresas a reducir los costos operativos y mejorar la eficiencia en la gestión del inventario.

Análisis de Datos y Big Data

El uso de análisis de datos y big data en la gestión de inventarios permite a las empresas identificar patrones y tendencias que pueden ser críticos para la toma de decisiones. Los algoritmos avanzados pueden analizar grandes volúmenes de datos para predecir la demanda y optimizar los niveles de inventario. Esta capacidad de análisis en tiempo real permite a las empresas adaptarse rápidamente a las condiciones cambiantes del mercado.

Drones y Automatización

La utilización de drones en el inventario está emergiendo como una herramienta valiosa en la gestión de almacenes. Los drones pueden realizar inventarios de manera rápida y precisa, reduciendo el tiempo y los recursos necesarios para estas tareas. La automatización de procesos, como el uso de sistemas de almacenamiento automatizados, también contribuye a una gestión de inventarios más eficiente.

Desafíos en la Gestión de Inventarios

A pesar de los beneficios de una gestión de inventarios eficaz, las empresas enfrentan numerosos desafíos. Estos desafíos pueden tener un impacto significativo en la eficiencia operativa y la rentabilidad.

Variabilidad en la Demanda

La variabilidad en la demanda es uno de los principales desafíos en la gestión de inventarios. Los cambios repentinos en las preferencias del consumidor, así como factores estacionales o económicos, pueden afectar la demanda de productos de manera impredecible. Las empresas deben ser capaces de anticipar y adaptarse a estos cambios para evitar problemas de exceso o falta de inventario.

Costos de Almacenamiento

Los costos de almacenamiento pueden aumentar significativamente si no se gestionan adecuadamente. El espacio de almacenamiento, la manipulación de inventarios y el deterioro de los productos son factores que pueden incrementar los costos operativos. Mantener un equilibrio entre los niveles de inventario y los costos de almacenamiento es un desafío constante para las empresas.

Obsolescencia del Inventario

La obsolescencia del inventario es otro problema que las empresas deben abordar. Los productos pueden volverse obsoletos debido a cambios en la tecnología, la moda o las preferencias del consumidor. La gestión efectiva del inventario implica la implementación de estrategias para minimizar el riesgo de obsolescencia, como el análisis regular del inventario y la rotación de productos.

Integración de Sistemas

La integración de sistemas de gestión de inventarios con otros sistemas empresariales, como los de planificación de recursos empresariales (ERP), puede ser un desafío. Las empresas deben asegurarse de que todos los sistemas estén alineados y compartan información de manera efectiva. Una integración deficiente puede llevar a la falta de visibilidad en el inventario y a decisiones basadas en datos inexactos.

Capacitación del Personal

La capacitación del personal en la gestión de inventarios es crucial para el éxito de las estrategias implementadas. La falta de formación puede resultar en errores en la gestión del inventario y en una ineficiencia operativa general. Las empresas deben invertir en programas de capacitación y desarrollo para garantizar que su personal esté bien equipado para manejar los desafíos de la gestión de inventarios.

Tendencias Emergentes en la Gestión de Inventarios

A medida que el entorno empresarial evoluciona, surgen tendencias que están dando forma a la gestión de inventarios. Las empresas deben estar preparadas para adaptarse a estas tendencias y aprovechar las oportunidades que presentan.

Sostenibilidad

La sostenibilidad se está convirtiendo en un aspecto cada vez más importante en la gestión de inventarios. Las empresas están buscando reducir su huella de carbono y adoptar prácticas más sostenibles en toda su cadena de suministro. Esto incluye la optimización de los niveles de inventario para minimizar el desperdicio y la implementación de procesos de producción más eficientes y respetuosos con el medio ambiente.

Digitalización

La digitalización de la gestión de inventarios es una tendencia clave que permite a las empresas aprovechar las tecnologías avanzadas para mejorar la eficiencia y la precisión. La adopción de soluciones digitales, como el uso de plataformas de análisis de datos y sistemas de gestión de inventarios en la nube, está transformando la forma en que las empresas gestionan sus inventarios.

Colaboración en la Cadena de Suministro

La colaboración entre diferentes actores de la cadena de suministro es esencial para una gestión eficaz del inventario. Las empresas están buscando establecer relaciones más estrechas con proveedores y distribuidores para mejorar la visibilidad y la coordinación. Esta colaboración puede llevar a una gestión más eficiente del inventario y a una respuesta más rápida a las fluctuaciones en la demanda.

Inteligencia Artificial y Machine Learning

La inteligencia artificial y el machine learning están revolucionando la gestión de inventarios. Estas tecnologías permiten a las empresas analizar grandes volúmenes de datos y predecir la demanda de manera más precisa. A medida que las empresas adoptan estas herramientas, podrán tomar decisiones más informadas y mejorar la eficiencia en la gestión del inventario.

Enfoque en la Experiencia del Cliente

El enfoque en la experiencia del cliente está influyendo en la gestión de inventarios. Las empresas están buscando mejorar la disponibilidad de productos y reducir los tiempos de entrega para satisfacer las expectativas de los consumidores. Esto implica una gestión más ágil y flexible del inventario, así como una atención más personalizada a las necesidades del cliente.

Conclusión

La gestión de inventarios es un aspecto vital en el área industrial y de fabricación, impactando directamente en la eficiencia operativa y la satisfacción del cliente. A medida que las empresas enfrentan desafíos crecientes y adoptan nuevas tecnologías, la capacidad de gestionar el inventario de manera efectiva se convierte en un diferenciador clave. La implementación de estrategias adecuadas, el uso de herramientas avanzadas y la adaptación a las tendencias emergentes son esenciales para garantizar el éxito a largo plazo. La gestión de inventarios no es simplemente una cuestión de control de existencias; es una parte integral de la estrategia empresarial que puede determinar el futuro de una organización en un mercado cada vez más competitivo.

ADQUISICIÓN Y SELECCIÓN DE PROVEEDORES

La adquisición y selección de proveedores es un proceso fundamental dentro de las operaciones de una empresa industrial o de fabricación. La cadena de suministro es el corazón de cualquier empresa productiva, y los proveedores juegan un papel esencial en asegurar la continuidad de la producción, la calidad de los productos finales y la eficiencia de los costos. Elegir adecuadamente a los proveedores es una tarea estratégica que impacta directamente en el rendimiento económico y la competitividad de la empresa en su sector. Este proceso no solo involucra aspectos de negociación de precios, sino también una evaluación profunda de factores como la calidad, la fiabilidad, la capacidad técnica, la sostenibilidad y la compatibilidad cultural entre la empresa y el proveedor.

Introducción al proceso de adquisición y selección de proveedores

El proceso de adquisición en el contexto industrial es mucho más que la simple compra de materiales o servicios. Involucra la gestión estratégica de las relaciones con los proveedores, la negociación de condiciones comerciales favorables y la alineación de los objetivos empresariales con los proveedores seleccionados. La selección de proveedores no es una actividad aislada; es un componente integral de la estrategia de la cadena de suministro que tiene un impacto directo en la competitividad a largo plazo de la empresa.

En términos de fabricación, los proveedores son responsables de entregar los materiales, componentes o servicios que la empresa necesita para la producción. Estos materiales pueden ser materias primas, partes semiacabadas, componentes electrónicos, o servicios especializados como el mantenimiento de maquinaria o la subcontratación de ciertas actividades. La correcta selección de proveedores es un proceso complejo que puede involucrar varias fases, desde la identificación de necesidades hasta la evaluación continua del desempeño del proveedor.

Principales criterios para la selección de proveedores

La selección de proveedores debe basarse en un análisis exhaustivo de múltiples criterios que incluyen, pero no se limitan a:

Calidad del producto

La calidad es uno de los factores más importantes al seleccionar a un proveedor. En la industria de fabricación, la calidad del producto final depende en gran medida de la calidad de los insumos. Por lo tanto, los proveedores deben ser capaces de garantizar productos que cumplan con los estándares de calidad requeridos. La calidad se evalúa no solo en términos de las características físicas del producto, sino también en su durabilidad, consistencia y capacidad para cumplir con las especificaciones exactas solicitadas por la empresa.

Los proveedores deben contar con certificaciones de calidad, como ISO 9001, que demuestran su compromiso con la mejora continua y la gestión de la calidad. Además, las auditorías periódicas y el análisis de la capacidad del proveedor para cumplir con los niveles de calidad establecidos son esenciales para mantener la consistencia en la producción.

Costos y precios

El precio es un factor determinante en la selección de proveedores, pero no debe ser el único criterio. Si bien la reducción de costos es fundamental para mejorar la competitividad, la empresa debe considerar también los costos ocultos, como los costos por incumplimiento de plazos, fallos de calidad o costos de transporte. El precio debe analizarse en función de los costos totales de adquisición, que incluyen no solo el precio unitario, sino también otros factores como los gastos de envío, impuestos y aranceles, y el costo total de mantenimiento de la relación con el proveedor.

Además, las negociaciones deben abordar las condiciones de pago, los descuentos por volumen, las tarifas por servicios adicionales y la flexibilidad de los precios en función de las variaciones del mercado.

Capacidad técnica y experiencia

La capacidad técnica del proveedor es otro factor crucial. En muchas industrias, los proveedores no solo entregan productos, sino que también proporcionan soporte técnico, servicios de diseño y consultoría para la optimización de los productos. Es importante evaluar la experiencia del proveedor en la industria específica, ya que los proveedores con más experiencia tienden a tener un conocimiento más profundo de las necesidades de los clientes y de las mejores prácticas del sector.

Una evaluación de la capacidad técnica también implica revisar la infraestructura y el equipo de producción del proveedor, así como su capacidad para cumplir con plazos de entrega y manejar volúmenes de producción cambiantes.

Fiabilidad y cumplimiento de plazos

La fiabilidad del proveedor es esencial para garantizar la continuidad de la producción. Los retrasos en la entrega de materiales pueden interrumpir toda la cadena de producción, lo que puede tener un efecto dominó sobre las operaciones de la empresa. La evaluación de la fiabilidad del proveedor debe incluir un análisis de su historial de cumplimiento de plazos, la flexibilidad en la gestión de pedidos urgentes y la capacidad de reacción ante imprevistos.

Es recomendable también analizar la estabilidad financiera del proveedor. Un proveedor con problemas financieros puede no ser capaz de cumplir con sus compromisos de manera continua. Por tanto, la solvencia financiera debe ser una consideración clave, especialmente si la relación con el proveedor se extiende a largo plazo.

Responsabilidad ambiental y sostenibilidad

La sostenibilidad se ha convertido en un criterio importante en la selección de proveedores, especialmente en industrias que buscan reducir su impacto ambiental. La responsabilidad ambiental implica no solo el cumplimiento de normativas y leyes ambientales, sino también la adopción de prácticas empresariales que minimicen el impacto ecológico. Esto incluye la reducción de residuos, el uso de materiales reciclados o reciclables, y la gestión adecuada de los recursos naturales.

Además, la ética empresarial en términos de condiciones laborales, derechos humanos y la responsabilidad social corporativa (RSC) son aspectos a tener en cuenta, especialmente en un entorno global donde las empresas se enfrentan a una creciente presión para operar de manera ética.

Proceso de selección de proveedores

Identificación de necesidades y criterios de selección

El proceso de selección de proveedores comienza con la identificación clara de las necesidades de la empresa. Esto incluye no solo la definición de los productos o servicios que se van a adquirir, sino también la especificación de los requisitos técnicos, los plazos de entrega, y las condiciones comerciales que se deben cumplir. La colaboración con los departamentos de producción, ingeniería, calidad y logística es esencial para asegurarse de que todas las necesidades sean correctamente identificadas y priorizadas.

Una vez identificadas las necesidades, se deben establecer los criterios de selección que guiarán el proceso de evaluación de proveedores. Estos criterios deben ser claros y cuantificables para facilitar una comparación objetiva entre las opciones disponibles.

Búsqueda de proveedores y solicitud de propuestas

Con los criterios de selección establecidos, el siguiente paso es la búsqueda de proveedores potenciales. Esto puede implicar la consulta de bases de datos industriales, la participación en ferias comerciales, la investigación en línea y la revisión de referencias de otros clientes. Además, se pueden organizar visitas a las instalaciones de los proveedores para evaluar su infraestructura y capacidades.

Una vez identificados los proveedores potenciales, se envía una solicitud de propuesta (RFP, por sus siglas en inglés) a cada uno de ellos. Esta solicitud debe detallar las especificaciones del producto, los requisitos de calidad, los plazos de entrega, las condiciones comerciales y cualquier otro detalle relevante. La RFP también debe incluir un espacio para que los proveedores presenten sus propias condiciones y sugerencias.

Evaluación de proveedores

La evaluación de proveedores se lleva a cabo a través de un proceso de puntuación que asigna pesos a los diferentes criterios de selección, como calidad, costo, capacidad técnica, fiabilidad, sostenibilidad, entre otros. Esta evaluación puede realizarse a través de una combinación de análisis cuantitativos y cualitativos.

En la fase de evaluación, se deben considerar factores como la capacidad de respuesta del proveedor, la calidad de su propuesta, y la adecuación de sus capacidades a las necesidades específicas de la empresa. Las visitas a las instalaciones del proveedor, las auditorías de calidad y las entrevistas con su personal clave también pueden formar parte de este proceso.

Negociación y formalización del contrato

Una vez que se han evaluado los proveedores y se ha seleccionado el más adecuado, el siguiente paso es la negociación de los términos contractuales. La negociación debe abordar no solo los aspectos financieros, como el precio y las condiciones de pago, sino también los aspectos operativos, como los plazos de entrega, los métodos de control de calidad, las garantías y las condiciones de servicio postventa.

El contrato debe ser claro y detallado, estableciendo las responsabilidades de cada parte, los mecanismos de resolución de conflictos y las sanciones por incumplimiento. Además, debe prever condiciones de revisión periódica del desempeño del proveedor para asegurarse de que se cumplen los estándares establecidos a lo largo del tiempo.

Seguimiento y evaluación continua

La selección de proveedores no termina con la firma del contrato. El rendimiento de los proveedores debe ser evaluado de manera continua a través de indicadores clave de rendimiento (KPIs) como la calidad de los productos entregados, la puntualidad en las entregas y la capacidad de respuesta ante incidencias. Es fundamental mantener una comunicación fluida con los proveedores y establecer un proceso para gestionar cualquier desviación de los acuerdos establecidos.

La retroalimentación continua y la mejora conjunta con los proveedores pueden llevar a una relación más fuerte y a largo plazo que beneficie a ambas partes. El seguimiento de desempeño debe incluir reuniones periódicas, revisiones de contratos y auditorías para garantizar que los estándares de calidad y los plazos de entrega sigan cumpliéndose a lo largo del tiempo.

Conclusión

La adquisición y selección de proveedores es un proceso esencial dentro de la gestión de la cadena de suministro en la industria y la fabricación. Si bien la tarea puede parecer inicialmente centrada únicamente en la compra de materiales y servicios, es mucho más que una simple transacción comercial. Esta actividad debe entenderse como una pieza clave de la estrategia empresarial, cuyo impacto va más allá de los costos inmediatos para afectar aspectos como la calidad del producto final, la capacidad de innovación, la fiabilidad en los tiempos de entrega y la sostenibilidad a largo plazo.

La correcta selección de proveedores requiere una evaluación exhaustiva basada en una amplia variedad de criterios. La calidad del producto o servicio, el costo total de adquisición, la capacidad técnica, la fiabilidad en el cumplimiento de plazos, y las prácticas sostenibles son solo algunos de los factores fundamentales que deben considerarse al elegir un socio comercial. Sin embargo, cada industria y cada empresa tiene sus propias necesidades y particularidades, por lo que el proceso de selección de proveedores debe ser flexible y adaptado al contexto específico de la organización.

Un aspecto crucial en este proceso es la capacidad de construir relaciones a largo plazo con los proveedores, lo cual se logra no solo a través de la negociación de precios competitivos, sino también mediante una gestión eficaz de la relación, que incluye la evaluación continua del desempeño, la colaboración mutua y el apoyo en la mejora continua de los procesos y productos. Los proveedores no deben verse únicamente como entidades externas que entregan materiales, sino como socios estratégicos que pueden contribuir a la competitividad, innovación y resiliencia de la empresa.

Además, el avance hacia un entorno de fabricación más sostenible y ético ha colocado a la responsabilidad social y medioambiental como un criterio indispensable en la selección de proveedores. Las empresas que priorizan el cumplimiento de normas ambientales, los derechos laborales y el bienestar social no solo contribuyen a una economía más responsable, sino que también ganan en reputación y, a largo plazo, pueden disfrutar de mayores oportunidades en mercados cada vez más exigentes.

En un mundo globalizado y altamente competitivo, donde los plazos de entrega son cada vez más ajustados y las expectativas de los clientes más altas, la selección adecuada de proveedores es una inversión estratégica. Las empresas que logran integrar eficazmente este proceso dentro de su modelo de negocio tienen más probabilidades de optimizar su cadena de suministro, reducir costos, mejorar la calidad de sus productos y mantener una ventaja competitiva.

Finalmente, la selección de proveedores no es un proceso estático; debe ser dinámico y evolucionar junto con los cambios en el mercado, las innovaciones tecnológicas y las nuevas tendencias del sector. La capacidad para adaptarse, mantener relaciones flexibles y gestionar eficazmente el rendimiento de los proveedores será la clave para una ventaja competitiva sostenible en la industria y la fabricación en el futuro.

En resumen, la adquisición y selección de proveedores es mucho más que una tarea operativa; es un componente estratégico integral que afecta la eficiencia, la calidad, la innovación y la competitividad de la empresa. Este proceso no solo debe ser gestionado con rigor, sino también con visión a largo plazo, para garantizar que la empresa no solo reciba productos y servicios de calidad, sino que también construya relaciones de confianza y colaboración que impulsen su éxito continuo.

PRODUCCIÓN LEAN

La producción Lean, originada en la industria automotriz japonesa, específicamente en Toyota, es un enfoque filosófico y práctico para la mejora continua en los procesos de manufactura y gestión empresarial. La aplicación de esta filosofía busca la maximización de la eficiencia en los procesos industriales y la eliminación de todo tipo de desperdicio (muda), lo cual permite no solo mejorar la rentabilidad, sino también ofrecer productos de mayor calidad a los clientes, con menores costos y tiempos de producción. En este capítulo, exploraremos los elementos fundamentales que componen la producción Lean en el área industrial y de fabricación, cómo se implementan, los beneficios que genera y los desafíos que se presentan en su aplicación.

Origen de la Producción Lean

La historia de la producción Lean está estrechamente vinculada con los inicios de la industria automotriz, especialmente en Japón. Después de la Segunda Guerra Mundial, la industria japonesa enfrentaba enormes dificultades para competir con las grandes potencias industriales de Occidente, como Estados Unidos y Europa. La necesidad de mejorar la eficiencia en la producción, dada la escasez de recursos y la fuerte demanda de productos a precios competitivos, impulsó el desarrollo de nuevos enfoques de producción.

En este contexto, la empresa Toyota, bajo la dirección de Taiichi Ohno y Eiji Toyoda, comenzó a desarrollar un sistema de producción revolucionario que buscaba maximizar la eficiencia y reducir los costos al eliminar cualquier tipo de desperdicio. Este sistema, conocido como el "Sistema de Producción Toyota" (TPS por sus siglas en inglés), fue el precursor de lo que hoy conocemos como la producción Lean. La filosofía subyacente del Lean se basa en la eliminación sistemática de los desperdicios en todas las etapas del proceso productivo y en la mejora continua.

Los Principales Conceptos del Lean Manufacturing

El corazón de la producción Lean está en la mejora continua y la eliminación del desperdicio. Para ello, es fundamental entender qué se considera un desperdicio y cómo puede eliminarse a lo largo del proceso de fabricación. Los desperdicios, en este contexto, se definen como cualquier cosa que no agregue valor al producto final desde la perspectiva del cliente. Taiichi Ohno identificó siete tipos de desperdicios que afectan la eficiencia en las fábricas. Estos son:

Sobreproducción: Producir más de lo que el cliente necesita o antes de que sea necesario.

Tiempo de espera: El tiempo en que los materiales, herramientas o productos terminados permanecen inactivos, esperando ser procesados.

Transporte: El movimiento innecesario de materiales o productos dentro de la fábrica o hacia otras instalaciones.

Exceso de procesamiento: Realizar más trabajo o agregar características al producto que no aumentan su valor para el cliente.

Inventarios: Mantener más inventario del que es necesario, lo que genera costos adicionales y la posibilidad de obsolescencia.

Movimiento: El movimiento innecesario de personas, máquinas o equipos.

Defectos: Productos defectuosos que deben ser corregidos, reparados o descartados, lo que implica costos adicionales y tiempo perdido.

El Sistema de Producción Toyota (TPS) y sus Elementos Clave

El Sistema de Producción Toyota es el modelo más emblemático de la producción Lean. Es un enfoque integral que se basa en varios pilares fundamentales para lograr una producción eficiente y sin desperdicios:

Justo a Tiempo (JIT)

El concepto de "Justo a Tiempo" es uno de los pilares más importantes de la filosofía Lean. Se refiere a la producción y entrega de los productos exactamente cuando se necesitan y en la cantidad requerida. Esta estrategia minimiza el inventario, reduce el tiempo de espera y mejora la eficiencia de la producción. La implementación de JIT implica una planificación precisa, una sincronización perfecta entre los proveedores y los procesos internos de la planta, y una comunicación fluida entre todos los niveles de la organización.

Una de las principales ventajas de JIT es que reduce significativamente los costos asociados con el almacenamiento de inventarios, lo que permite a las empresas invertir sus recursos de manera más efectiva en otras áreas. Además, esta estrategia fomenta la mejora de la calidad, ya que los productos defectuosos pueden ser detectados y corregidos rápidamente sin la necesidad de realizar ajustes a gran escala.

Jidoka (Automatización con un Toque Humano)

El concepto de Jidoka se refiere a la capacidad de un sistema de producción para detectar y corregir problemas automáticamente en el proceso. En lugar de continuar produciendo productos defectuosos, el sistema se detiene en el momento en que se detecta un defecto, lo que permite que los problemas se resuelvan antes de que se acumulen. La automatización no solo se refiere al uso de máquinas, sino también a la inclusión de la inteligencia humana en el proceso, para tomar decisiones rápidas y precisas ante cualquier anomalía.

Jidoka también está relacionado con el principio de empoderamiento de los trabajadores. Los operarios tienen la capacidad y la autoridad para detener el proceso de producción en caso de que se detecte un defecto, lo que garantiza que los problemas se solucionen antes de que se conviertan en un problema mayor.

El Sistema de Kanban

El Sistema de Kanban es un sistema visual de control de la producción y el inventario que facilita la implementación de JIT. "Kanban" en japonés significa "tarjeta visual", y se utiliza para indicar cuándo se debe producir un artículo o cuándo se debe reabastecer un material en una línea de producción. Las tarjetas Kanban están asociadas con los niveles de inventario y las órdenes de producción, y su uso asegura que la producción se ajuste a las necesidades reales del cliente sin crear exceso de inventario.

El sistema de Kanban ayuda a los trabajadores y gerentes a visualizar el estado de producción en tiempo real, lo que facilita la toma de decisiones rápidas. Además, promueve la comunicación fluida entre los diferentes niveles de la cadena de suministro y reduce los tiempos de espera en la fabricación.

Mejora Continua (Kaizen)

El principio de mejora continua, conocido como Kaizen, es uno de los pilares más importantes del Sistema de Producción Toyota. Kaizen se refiere a la idea de que siempre hay espacio para mejorar y que todas las personas dentro de la organización, desde los operarios hasta los gerentes, deben estar comprometidas con la mejora constante. La implementación de Kaizen implica un enfoque proactivo y sistemático para resolver problemas, optimizar procesos y eliminar desperdicios de manera continua.

Kaizen no se limita a cambios grandes o disruptivos, sino que aboga por pequeños ajustes incrementales que, sumados a lo largo del tiempo, pueden generar grandes mejoras en términos de eficiencia, calidad y costos. Esta filosofía fomenta una cultura organizacional en la que todos los miembros del equipo son responsables de identificar oportunidades de mejora y proponer soluciones.

Respeto por las Personas

Uno de los principios fundamentales de la producción Lean, y particularmente del TPS, es el respeto por las personas. Este principio se basa en la creencia de que los empleados son el recurso más valioso de la organización y que su bienestar, conocimiento y habilidades deben ser desarrollados y aprovechados al máximo. En un entorno Lean, se promueve la colaboración, la capacitación continua y la toma de decisiones descentralizada. Los trabajadores son empoderados para identificar y resolver problemas, y se fomenta un ambiente de trabajo en equipo.

El respeto por las personas también implica reconocer la importancia de los proveedores y otros socios de la cadena de suministro. La creación de relaciones de confianza y cooperación es esencial para el éxito de la producción Lean, ya que el enfoque en la calidad y la mejora continua se extiende a todas las partes involucradas en el proceso productivo.

Implementación de Lean en la Industria

La implementación de la filosofía Lean no es un proceso sencillo ni rápido, y su éxito depende de una serie de factores clave, entre ellos el compromiso de la alta dirección, la capacitación del personal, la adaptación a las necesidades específicas de cada empresa y la capacidad para gestionar el cambio organizacional.

Diagnóstico y Análisis del Estado Actual

Antes de comenzar la implementación de Lean, es fundamental realizar un diagnóstico detallado de la situación actual de la planta o fábrica. Este análisis debe incluir una revisión exhaustiva de los procesos productivos, el flujo de trabajo, la calidad del producto, los tiempos de espera, el inventario, y cualquier otro aspecto relevante. El objetivo de esta fase es identificar las áreas de desperdicio y establecer puntos de mejora que se puedan abordar con las herramientas Lean.

Capacitación y Compromiso del Personal

Una vez realizado el diagnóstico, es crucial capacitar al personal en los principios y herramientas del Lean. La capacitación debe ser integral, involucrando a todos los niveles de la organización, desde los operarios hasta los directivos. El compromiso de todos los miembros de la empresa es esencial para que la implementación de Lean sea exitosa. Los trabajadores deben comprender los beneficios de esta filosofía y estar dispuestos a colaborar en la mejora de los procesos.

Implementación de Herramientas Lean

En esta fase, se implementan las herramientas específicas del Lean, tales como el JIT, Kanban, 5S, SMED (Single-Minute Exchange of Die), entre otras. Cada herramienta debe ser adaptada a las necesidades de la empresa y aplicada de manera progresiva para evitar sobrecargar el sistema.

Medición y Control de Resultados

Es importante que, durante la implementación de Lean, se establezcan indicadores clave de rendimiento (KPIs) para medir los resultados y el progreso de la implementación. Estos indicadores permiten evaluar la efectividad de las acciones adoptadas y aseguran que los objetivos de mejora se estén alcanzando de manera eficiente. Los KPIs más comunes en la producción Lean incluyen:

Tiempo de ciclo de producción: El tiempo que tarda un producto en pasar por todo el proceso de fabricación, desde su entrada hasta su salida.

Nivel de inventario: La cantidad de inventario presente en la planta en cualquier momento dado, ya sea en proceso, materia prima o producto terminado.

Tasa de defectos: La cantidad de productos defectuosos o no conformes que se generan en cada ciclo de producción.

Eficiencia global de los equipos (OEE): Un indicador que mide la eficiencia de los equipos productivos teniendo en cuenta el tiempo de funcionamiento, la velocidad y la calidad de los productos.

Estos indicadores deben ser monitoreados de manera continua para identificar áreas en las que sea necesario hacer ajustes o tomar medidas correctivas.

Ciclo de Retroalimentación y Mejora Continua

Una de las características distintivas de la producción Lean es su enfoque en la mejora continua. Incluso después de implementar las herramientas Lean, el proceso no termina; más bien, se convierte en un ciclo constante de evaluación, ajuste y mejora. Los equipos de trabajo deben estar comprometidos con la búsqueda de nuevas oportunidades para optimizar los procesos y reducir los desperdicios.

La retroalimentación es fundamental para asegurar que la implementación de Lean esté siendo efectiva. Se deben realizar reuniones periódicas, como las reuniones Kaizen, donde los empleados de todos los niveles puedan compartir ideas, proponer soluciones y discutir los problemas encontrados. Además, es esencial que la alta dirección se involucre activamente en el proceso, evaluando los resultados, tomando decisiones estratégicas y proporcionando los recursos necesarios para el éxito a largo plazo.

Herramientas y Técnicas Comunes en Lean Manufacturing

A lo largo del tiempo, se han desarrollado varias herramientas y técnicas específicas que facilitan la implementación de la filosofía Lean en la manufactura. Estas herramientas se utilizan para identificar y eliminar los desperdicios, mejorar la calidad, reducir los tiempos de ciclo y aumentar la eficiencia en la producción. A continuación, exploraremos algunas de las más utilizadas:

5S

El sistema 5S es una metodología que busca organizar y estandarizar el entorno de trabajo para mejorar la eficiencia y reducir los desperdicios. Las 5S son:

Seiri (Clasificar): Eliminar todo lo innecesario en el lugar de trabajo.

Seiton (Ordenar): Organizar y disponer de manera eficiente las herramientas y materiales necesarios para cada tarea.

Seiso (Limpiar): Mantener limpio y ordenado el área de trabajo para identificar rápidamente cualquier problema o defecto.

Seiketsu (Estandarizar): Crear normas y procedimientos para mantener las primeras tres S de manera constante.

Shitsuke (Sostener): Fomentar la disciplina y el compromiso para seguir y mantener las prácticas anteriores.

La implementación efectiva de 5S ayuda a mejorar la seguridad, la calidad, la productividad y la moral de los empleados, ya que reduce los tiempos de búsqueda de herramientas y materiales y minimiza los riesgos asociados con el desorden en el área de trabajo.

SMED (Single-Minute Exchange of Die)

SMED es una técnica que se utiliza para reducir el tiempo que se tarda en cambiar de una operación o producción a otra, especialmente en procesos de fabricación que requieren cambios de herramientas o ajustes. La reducción de los tiempos de cambio permite a las empresas ser más flexibles y responder de manera más rápida a la demanda del mercado, sin necesidad de mantener grandes inventarios de productos.

El objetivo del SMED es realizar los cambios de manera tan rápida y eficiente que todo el proceso de ajuste se pueda completar en menos de 10 minutos (de ahí el término "Single-Minute"). La implementación de SMED involucra la análisis detallado de cada paso en el proceso de cambio y la eliminación de actividades innecesarias o que consumen tiempo, como la preparación de herramientas o el ajuste de configuraciones.

Valor Stream Mapping (VSM)

El Value Stream Mapping (VSM) es una herramienta visual que ayuda a mapear todo el flujo de materiales e información a lo largo de un proceso de producción. Este mapa visual permite identificar las áreas de desperdicio y las oportunidades de mejora en cada etapa del proceso productivo, desde la materia prima hasta el producto terminado. El VSM es crucial en la identificación de cuellos de botella y en la toma de decisiones sobre cómo mejorar la eficiencia y reducir los tiempos de ciclo.

El VSM se utiliza en la fase inicial de la implementación Lean para proporcionar una visión general del proceso y sus ineficiencias. A partir de este mapa, se pueden aplicar herramientas como el JIT, Kanban o SMED para optimizar el flujo de materiales e información.

Poka-Yoke (Prevención de Errores)

El concepto de Poka-Yoke se refiere a dispositivos o técnicas diseñadas para evitar errores humanos en el proceso de producción. El objetivo es eliminar la posibilidad de que los trabajadores cometan errores que puedan generar productos defectuosos. Esto puede lograrse mediante el diseño de equipos o sistemas que sólo permitan realizar una tarea si se sigue el procedimiento correcto, o mediante la implementación de alarmas o indicadores que avisen a los operarios cuando se está cometiendo un error.

Los sistemas Poka-Yoke pueden ser tan simples como dispositivos que aseguran que las piezas se ensamblen en la dirección correcta, o tan complejos como sistemas automatizados que detectan errores de ensamblaje en tiempo real. Estos sistemas son una parte fundamental de la estrategia de Lean para garantizar la calidad desde el inicio del proceso.

Desafíos en la Implementación de la Producción Lean

Aunque los beneficios de la implementación de la filosofía Lean son claros, el proceso no está exento de desafíos. Las empresas que intentan adoptar Lean pueden enfrentarse a varios obstáculos, especialmente si no se gestionan adecuadamente ciertos aspectos. A continuación, se detallan algunos de los desafíos más comunes:

Resistencia al Cambio

Uno de los principales obstáculos en la implementación de Lean es la resistencia al cambio por parte de los empleados. La introducción de nuevos métodos y herramientas puede generar incertidumbre y miedo entre los trabajadores, especialmente si sienten que sus roles o tareas podrían verse modificados. Para superar esta resistencia, es crucial involucrar a los empleados desde el principio, capacitarlos adecuadamente y mostrarles los beneficios que Lean puede aportar tanto a la empresa como a ellos mismos.

Falta de Compromiso de la Alta Dirección

La implementación de Lean requiere un compromiso firme y constante de la alta dirección. Si los líderes de la organización no están completamente comprometidos con la filosofía Lean, será difícil que los esfuerzos de mejora sean efectivos a largo plazo. La alta dirección debe proporcionar los recursos necesarios, establecer una visión clara y liderar con el ejemplo en la adopción de los principios Lean.

Falta de Capacitación y Conocimiento

La implementación exitosa de Lean depende de que los empleados tengan el conocimiento y las habilidades necesarias para aplicar las herramientas y técnicas Lean de manera efectiva. Si la capacitación es insuficiente o inadecuada, las herramientas Lean pueden ser mal implementadas, lo que puede llevar a resultados subóptimos. La formación debe ser continua, adaptada a las necesidades específicas de la empresa y debe involucrar a todos los niveles de la organización.

Falta de Infraestructura Adecuada

La producción Lean requiere de una infraestructura adecuada, que incluya tanto tecnologías como procesos organizativos bien definidos. Algunas empresas pueden enfrentarse a limitaciones en su infraestructura que dificultan la implementación de herramientas Lean como el Kanban, el JIT o el SMED. En estos casos, puede ser necesario realizar inversiones en nuevas tecnologías o en la actualización de los sistemas existentes.

Mantenimiento y Sostenibilidad a Largo Plazo

Una vez implementada la producción Lean, muchas empresas luchan por mantener los beneficios a largo plazo. La mejora continua es un proceso que nunca debe detenerse, pero sin un sistema adecuado para monitorear el progreso y garantizar que los principios Lean sean sostenibles, las mejoras pueden desmoronarse con el tiempo. Es fundamental establecer una cultura organizacional que valore la mejora continua y el respeto por los principios Lean, incluso después de la implementación inicial.

Conclusiones

La producción Lean ha demostrado ser un enfoque eficaz para mejorar la eficiencia y reducir los costos en la manufactura, transformando los procesos de producción tradicionales en sistemas ágiles, flexibles y enfocados en el cliente. Sin embargo, la implementación de esta filosofía requiere un enfoque integral, que involucre a todos los niveles de la organización y se apoye en el compromiso continuo con la mejora.

Al adoptar los principios de Lean, las empresas no solo pueden reducir el desperdicio y los costos operativos, sino también mejorar la calidad del producto, aumentar la satisfacción del cliente y crear una cultura organizacional que valore la innovación y la mejora constante. Aunque los desafíos son significativos, los beneficios que ofrece la producción Lean hacen que valga la pena el esfuerzo de implementación, siempre que se gestione adecuadamente.

En última instancia, la producción Lean no es solo una metodología para hacer las cosas de manera más eficiente; es una filosofía de trabajo que pone a las personas en el centro, promoviendo el respeto, el aprendizaje continuo y la colaboración para construir una organización más competitiva y capaz de adaptarse a los cambios del mercado.

AUTOMATIZACIÓN DE PROCESOS

La cadena de suministro es un elemento crucial para el funcionamiento eficiente de las operaciones industriales y de fabricación. En un entorno empresarial global cada vez más interconectado y dinámico, la capacidad de gestionar y optimizar la cadena de suministro se ha convertido en una ventaja competitiva fundamental. La automatización de los procesos dentro de la cadena de suministro, desde la adquisición de materias primas hasta la distribución de productos finales, ha revolucionado la forma en que las empresas gestionan sus operaciones, mejorando la eficiencia, reduciendo costos, aumentando la transparencia y mejorando la capacidad de respuesta a las demandas del mercado.

A lo largo de este capítulo, exploraremos en profundidad el impacto de la automatización en los procesos de la cadena de suministro en la industria y la fabricación. Discutiremos cómo las tecnologías emergentes están cambiando el panorama, cómo se integran las diferentes soluciones automáticas en cada fase del proceso, los beneficios que ofrecen, los desafíos que enfrentan las empresas al implementar estas tecnologías y las tendencias futuras que están configurando la evolución de la automatización en las cadenas de suministro.

La Cadena de Suministro en la Industria y Fabricación: Un Panorama General

Para entender el papel de la automatización en la cadena de suministro, es necesario primero comprender su estructura básica. Una cadena de suministro eficiente es un sistema que coordina todas las actividades necesarias para mover los productos desde los proveedores de materias primas hasta los consumidores finales. En un entorno industrial y de fabricación, estas actividades abarcan la adquisición de materiales, la fabricación de productos, el almacenamiento, la gestión de inventarios, el transporte y la distribución. A lo largo de este proceso, los diferentes actores deben trabajar de manera sincronizada para garantizar la entrega oportuna y de alta calidad de los productos.

La Automatización: Una Fuerza Transformadora en la Cadena de Suministro

La automatización de procesos en la cadena de suministro tiene como objetivo mejorar la eficiencia, reducir el riesgo de errores humanos, mejorar la precisión y aumentar la velocidad de las operaciones. Tradicionalmente, muchas de las tareas dentro de la cadena de suministro, como el manejo de inventarios, el transporte y la toma de decisiones, se realizaban de manera manual. Esto podía generar ineficiencias, retrasos y mayores costos operativos. Sin embargo, el avance de la tecnología ha permitido una integración más profunda de la automatización, lo que ha transformado los procesos de la cadena de suministro, mejorando la capacidad de las empresas para gestionar y coordinar sus operaciones a nivel global.

La Automatización en la Adquisición de Materias Primas

La primera etapa en cualquier cadena de suministro es la adquisición de materias primas y componentes. Esta fase es esencial, ya que la disponibilidad y la calidad de los insumos determinarán la eficiencia de la producción. Sin embargo, la gestión de esta etapa puede ser compleja, ya que involucra la interacción con múltiples proveedores, la planificación de la demanda y la negociación de precios.

La automatización en esta fase se logra a través de sistemas avanzados de gestión de compras que utilizan algoritmos de inteligencia artificial (IA) para prever la demanda y ajustar automáticamente los pedidos a los proveedores. Estos sistemas están interconectados con otras partes de la cadena de suministro, como el inventario y la producción, lo que permite a las empresas realizar pedidos de materias primas en tiempo real, ajustados a las necesidades de producción. La automatización de la adquisición no solo reduce los tiempos de espera, sino que también mejora la precisión de los pedidos y reduce los errores humanos.

Además, los sistemas de control de inventarios automatizados permiten a las empresas tener un seguimiento preciso de los materiales disponibles en el almacén y predecir cuándo es necesario realizar nuevos pedidos. Esto reduce la probabilidad de que se produzcan escaseces o excedentes de inventario, lo que puede llevar a costos adicionales o a la interrupción de la producción.

La Automatización en la Fabricación: De la Producción en Masa a la Flexibilidad

La automatización en la fabricación ha sido una de las áreas más transformadas por las tecnologías emergentes. En el pasado, las líneas de ensamblaje estaban limitadas a tareas repetitivas realizadas por operarios humanos. Sin embargo, la incorporación de tecnologías avanzadas ha permitido la creación de fábricas inteligentes donde los robots, los sistemas automatizados y los algoritmos trabajan en conjunto para realizar procesos complejos de manera más eficiente.

El uso de robots industriales y máquinas automatizadas en las líneas de producción ha mejorado significativamente la productividad y la calidad de los productos fabricados. Los robots pueden realizar tareas como el ensamblaje de componentes, la soldadura, el pintado y el embalaje con una precisión y velocidad mucho mayores que los seres humanos. Estos robots son capaces de trabajar las 24 horas del día, los siete días de la semana, sin necesidad de descanso, lo que aumenta la eficiencia de las fábricas.

La implementación de tecnologías como los sistemas de visión artificial y la inteligencia artificial (IA) también ha permitido a las empresas mejorar la calidad de los productos fabricados. Los sistemas de visión artificial permiten inspeccionar y controlar la calidad de los productos en tiempo real, detectando defectos y errores antes de que lleguen a la siguiente fase de la producción. Los sistemas de IA, por su parte, son capaces de aprender de los patrones de producción y de las variaciones de los procesos, lo que permite optimizar la producción y minimizar los desperdicios.

Almacenaje y Gestión de Inventarios Automatizados

Una parte fundamental de la cadena de suministro es el almacenamiento y la gestión de inventarios. La automatización de estos procesos no solo mejora la eficiencia, sino que también reduce los costos asociados con el manejo de materiales y la gestión de existencias.

Los sistemas automatizados de almacenamiento y recuperación (AS/RS) han ganado popularidad en la industria, ya que permiten almacenar productos de manera más eficiente y reducir el tiempo necesario para localizar y recuperar los materiales. Estos sistemas utilizan robots o transportadores automáticos para mover los productos dentro del almacén, lo que elimina la necesidad de intervención humana en tareas repetitivas y reduce el riesgo de errores. Además, los almacenes automáticos pueden operar de manera más eficiente en términos de espacio, permitiendo a las empresas almacenar más productos en el mismo espacio físico.

Por otro lado, los sistemas de gestión de inventarios automatizados utilizan tecnologías como el Internet de las Cosas (IoT) y la inteligencia artificial para monitorear y gestionar el inventario en tiempo real. Estos sistemas están conectados a sensores en los estantes y en las máquinas, que permiten a las empresas rastrear la cantidad de productos disponibles en todo momento y realizar pedidos automáticamente cuando el inventario alcanza niveles críticos. Esto no solo reduce el tiempo de inactividad debido a la falta de materiales, sino que también mejora la precisión de las previsiones de demanda y optimiza los costos de almacenamiento.

Transporte y Logística: La Convergencia de la Automatización y la Conectividad

El transporte y la logística son una parte fundamental de la cadena de suministro, ya que son responsables de llevar los productos desde los centros de distribución hasta los clientes finales. La automatización en esta área ha avanzado significativamente gracias a la tecnología de vehículos autónomos y los sistemas de gestión de transporte (TMS). Los vehículos autónomos, como los camiones sin conductor, ya están siendo utilizados en algunos entornos industriales para transportar productos dentro de las fábricas o en distancias cortas dentro de los centros logísticos.

Además, la automatización de la gestión de rutas a través de algoritmos avanzados de optimización ha permitido mejorar la eficiencia en la entrega de productos. Estos sistemas pueden analizar en tiempo real el tráfico, las condiciones climáticas y otros factores para calcular las rutas más rápidas y económicas para los vehículos de transporte. Esto no solo reduce los costos operativos, sino que también mejora los tiempos de entrega y la satisfacción del cliente.

La tecnología de seguimiento en tiempo real, habilitada por dispositivos IoT y sensores, también ha mejorado la visibilidad y la trazabilidad en la cadena de suministro. Las empresas pueden seguir el progreso de sus envíos en tiempo real, lo que les permite hacer ajustes rápidos si surgen problemas. Esto también mejora la capacidad de respuesta ante eventos imprevistos, como retrasos o cambios en la demanda.

La Inteligencia Artificial y el Aprendizaje Automático en la Toma de Decisiones

Uno de los avances más revolucionarios en la automatización de procesos en la cadena de suministro es la integración de inteligencia artificial (IA) y aprendizaje automático. Estas tecnologías permiten a los sistemas tomar decisiones informadas sin intervención humana, basándose en datos y patrones previos para prever futuras necesidades y ajustar los procesos de manera autónoma.

Los algoritmos de IA pueden predecir la demanda de productos con una precisión mucho mayor que los métodos tradicionales, lo que permite a las empresas ajustar su producción y adquisición de materiales de manera más eficiente. Además, los sistemas de IA pueden optimizar los flujos de trabajo en toda la cadena de suministro, identificando cuellos de botella, ajustando las rutas de transporte y mejorando la planificación de la producción. Estos sistemas también pueden aprender de sus propias decisiones, mejorando continuamente la precisión y la eficiencia de las operaciones.

Beneficios de la Automatización de Procesos en la Cadena de Suministro

La implementación de la automatización de procesos en la cadena de suministro ofrece una amplia gama de beneficios que impactan de manera significativa en la eficiencia operativa y la competitividad de las empresas.

Reducción de Costos Operativos

La automatización elimina muchas de las tareas manuales y repetitivas que antes requerían intervención humana. Esto no solo reduce la posibilidad de errores, sino que también permite a las empresas operar con menos personal en ciertas áreas, lo que conlleva una reducción de los costos laborales. Además, los sistemas automatizados son más eficientes en términos de consumo de energía y materiales, lo que también contribuye a la reducción de costos operativos.

Mejora en la Precisión y Reducción de Errores

Los sistemas automatizados son inherentemente más precisos que los humanos en tareas repetitivas. Desde la gestión de inventarios hasta la producción y la distribución, los errores humanos pueden tener un impacto negativo significativo en la eficiencia de la cadena de suministro. La automatización reduce estos errores, asegurando que las tareas se realicen con mayor precisión y consistencia, lo que mejora la calidad del producto final y reduce los costos asociados con correcciones o devoluciones.

Mayor Velocidad y Eficiencia

La automatización permite que las operaciones de la cadena de suministro se realicen más rápidamente, desde la adquisición de materiales hasta la entrega final al cliente. Los sistemas automatizados no necesitan descansar, lo que permite operar durante más horas y a una mayor velocidad, lo que mejora la capacidad de respuesta a las demandas del mercado. Esto es particularmente valioso en industrias que requieren plazos de entrega rápidos o que operan en entornos altamente competitivos.

Mejora en la Visibilidad y la Trazabilidad

Gracias a la tecnología de sensores IoT y sistemas de seguimiento en tiempo real, las empresas ahora tienen una visibilidad completa de cada fase de la cadena de suministro. Esto no solo mejora la toma de decisiones, sino que también permite una trazabilidad precisa de los productos, desde el origen hasta el consumidor final. Esto es crucial no solo para garantizar la calidad y el cumplimiento, sino también para gestionar las relaciones con los clientes y optimizar los procesos en tiempo real.

Desafíos de la Automatización en la Cadena de Suministro

Aunque los beneficios de la automatización son claros, las empresas también enfrentan varios desafíos en su implementación.

Costos Iniciales y ROI

El costo de implementar soluciones automatizadas puede ser alto, especialmente para las empresas que no han integrado tecnologías avanzadas en sus operaciones. La inversión inicial en robots, software, sensores y sistemas de control puede ser considerable, lo que puede ser un obstáculo para las pequeñas y medianas empresas. Sin embargo, el retorno de inversión (ROI) a largo plazo suele ser significativo, ya que los beneficios derivados de la mayor eficiencia y reducción de costos superan los costos iniciales de implementación.

Resistencia al Cambio

La automatización de procesos puede encontrar resistencia por parte de los empleados, que temen que sus puestos de trabajo sean reemplazados por máquinas. Esto puede crear tensiones en la empresa y obstaculizar la adopción de nuevas tecnologías. Para superar esto, las empresas deben gestionar el cambio de manera efectiva, comunicando los beneficios de la automatización, ofreciendo formación y asegurando que los empleados sean parte del proceso.

Integración de Sistemas

La integración de sistemas automatizados con las infraestructuras existentes puede ser un desafío, especialmente en empresas que tienen procesos y sistemas heredados que no están diseñados para trabajar con tecnologías avanzadas. La interoperabilidad entre diferentes sistemas y plataformas requiere una planificación cuidadosa y, a menudo, una inversión adicional en consultoría y soporte.

El Futuro de la Automatización en la Cadena de Suministro

El futuro de la automatización en la cadena de suministro está marcado por tendencias tecnológicas emergentes, como la inteligencia artificial, el blockchain, la robótica avanzada y la automatización total. Las empresas seguirán invirtiendo en soluciones cada vez más inteligentes y conectadas, lo que permitirá una mayor eficiencia, flexibilidad y capacidad de respuesta ante los desafíos del mercado.

A medida que las tecnologías continúan evolucionando, la automatización de procesos en la cadena de suministro se convertirá en una ventaja competitiva aún más crucial para las empresas que buscan prosperar en un entorno industrial y de fabricación cada vez más dinámico y exigente.

La Impacto de la Transformación Digital en la Cadena de Suministro

La automatización de procesos en la cadena de suministro no solo está vinculada a la mejora de la eficiencia operativa, sino que también es parte de un cambio más amplio hacia la transformación digital en la industria. Las empresas están adoptando tecnologías digitales avanzadas que no solo automatizan los procesos manuales, sino que también mejoran la capacidad de las organizaciones para interactuar de manera más efectiva con sus clientes, proveedores y otros socios comerciales. La digitalización de la cadena de suministro crea un ecosistema conectado y colaborativo, en el que los sistemas, las personas y los dispositivos interactúan en tiempo real para optimizar todos los aspectos del proceso de producción y entrega.

El Papel del Big Data y la Analítica Predictiva

Uno de los componentes clave de la transformación digital en la cadena de suministro es el Big Data. Con la automatización, las empresas pueden recopilar datos en tiempo real de cada etapa de la cadena de suministro, desde la adquisición de materias primas hasta la entrega final al cliente. La acumulación de estos datos genera una gran cantidad de información que, cuando se analiza adecuadamente, puede ofrecer valiosas percepciones sobre el desempeño de los procesos.

La analítica predictiva se ha convertido en una herramienta clave para las empresas que buscan anticiparse a problemas y mejorar la toma de decisiones. Utilizando algoritmos avanzados de IA y aprendizaje automático, las empresas pueden prever la demanda de productos, identificar tendencias de consumo y optimizar el control de inventarios. Esto también incluye la predicción de posibles interrupciones en la cadena de suministro, como retrasos en el transporte, fluctuaciones en la disponibilidad de materiales o cambios inesperados en la demanda del mercado. Con estos conocimientos, las empresas pueden ajustar sus operaciones antes de que ocurran los problemas, lo que les permite tomar decisiones más informadas y reducir la incertidumbre.

Blockchain para la Transparencia y Seguridad

Otro avance significativo en la digitalización de la cadena de suministro es el uso de blockchain (cadena de bloques), una tecnología descentralizada que permite la transferencia de datos de forma segura, transparente e inmutable. Blockchain ofrece un alto nivel de seguridad y trazabilidad, lo que es especialmente valioso en un entorno de cadena de suministro donde la transparencia es clave.

Gracias a blockchain, las empresas pueden rastrear el origen de los productos, desde las materias primas hasta el producto final, lo que mejora la trazabilidad y la confianza del consumidor. Además, esta tecnología también facilita la gestión de contratos inteligentes, eliminando la necesidad de intermediarios y reduciendo el riesgo de fraudes o errores humanos. El uso de blockchain en la cadena de suministro también permite la verificación de la autenticidad de los productos, lo que es fundamental para combatir la falsificación y garantizar la calidad en sectores como la farmacéutica, alimentos y bienes de lujo.

La Nube y la Colaboración en Tiempo Real

Las plataformas basadas en la nube están desempeñando un papel crucial en la automatización y digitalización de las cadenas de suministro. La computación en la nube permite a las empresas almacenar y procesar grandes volúmenes de datos sin necesidad de infraestructuras físicas costosas. Esto facilita la colaboración en tiempo real entre diferentes actores dentro de la cadena de suministro, incluidos proveedores, distribuidores, clientes y otros socios comerciales.

Las soluciones en la nube permiten compartir datos de manera más eficiente, lo que facilita la toma de decisiones basada en información actualizada en tiempo real. Además, la nube facilita la integración de sistemas de diferentes proveedores y actores, creando un sistema de cadena de suministro más flexible y colaborativo. La gestión de la cadena de suministro basada en la nube también optimiza el control de inventarios, la planificación de la demanda y la optimización de rutas de transporte, mejorando la agilidad y la capacidad de respuesta de las empresas.

Automatización de la Cadena de Suministro y la Sostenibilidad

En un mundo cada vez más consciente de la importancia de la sostenibilidad, las empresas están utilizando la automatización para crear cadenas de suministro más sostenibles y ecológicas. Las tecnologías automatizadas no solo contribuyen a la eficiencia operativa, sino que también tienen un impacto significativo en la reducción de la huella ambiental de las actividades industriales. Desde la reducción del consumo energético hasta la mejora de la logística de transporte, la automatización juega un papel esencial en la creación de cadenas de suministro que sean tanto económicamente rentables como ambientalmente responsables.

Reducción del Desperdicio de Materiales y Energía

La automatización permite un control más preciso sobre el uso de materiales y recursos en la cadena de suministro. Los sistemas automatizados son capaces de predecir la cantidad exacta de materias primas necesarias para la producción, lo que reduce el riesgo de exceso de inventario y minimiza el desperdicio de materiales. Los sistemas de control en tiempo real también permiten optimizar el uso de energía en las fábricas, ajustando las máquinas y procesos para que operen de manera más eficiente y con menor consumo energético.

Logística Verde: Transporte Más Eficiente

En cuanto a la logística, la automatización permite la creación de rutas de transporte más eficientes que reducen la cantidad de combustible utilizado y, por ende, las emisiones de gases de efecto invernadero. Los sistemas de optimización de rutas y los vehículos autónomos que mejoran la precisión en la entrega son ejemplos claros de cómo la automatización ayuda a las empresas a lograr una logística más eficiente y con menos impacto ambiental.

Además, las empresas están invirtiendo cada vez más en el uso de energías renovables dentro de sus cadenas de suministro, especialmente en la automatización de los procesos en fábricas e instalaciones de almacenamiento. Esto se logra mediante el uso de tecnologías de energías limpias y sistemas inteligentes que optimizan el uso de la energía, promoviendo la eficiencia energética en las operaciones diarias.

Desafíos y Barreras para la Implementación de la Automatización

Si bien los beneficios de la automatización son indiscutibles, su implementación no está exenta de desafíos. Las empresas deben superar varias barreras para lograr una automatización exitosa en la cadena de suministro, y algunas de estas dificultades pueden ser considerablemente complejas.

Costo de Implementación

El costo inicial de inversión en tecnologías automatizadas puede ser una barrera significativa, especialmente para las pequeñas y medianas empresas (PyMEs). Las soluciones avanzadas, como la robótica industrial, los sistemas de inteligencia artificial y los sensores IoT, requieren inversiones considerables en hardware, software y formación. Además, muchas veces es necesario realizar modificaciones en las infraestructuras existentes para integrar las nuevas tecnologías. Aunque la automatización puede generar ahorros a largo plazo, los costos iniciales pueden ser un impedimento para algunas empresas.

Resistencia al Cambio y Gestión del Talento

La implementación de tecnologías avanzadas en la cadena de suministro también puede enfrentar resistencia por parte de los empleados. La automatización puede generar preocupaciones sobre la pérdida de empleo, ya que algunas tareas antes realizadas por humanos se ven sustituidas por sistemas automatizados. Además, los trabajadores pueden sentir incertidumbre ante la adopción de nuevas tecnologías, especialmente si no reciben la formación adecuada para adaptarse a estos cambios.

Por ello, es crucial que las empresas gestionen adecuadamente el cambio, involucren a sus empleados en el proceso y proporcionen capacitación para asegurar que el talento humano pueda trabajar en conjunto con las nuevas tecnologías. La automatización no debería ser vista como una amenaza para el empleo, sino como una oportunidad para que los empleados se enfoquen en tareas de mayor valor, mientras que las máquinas se encargan de las tareas repetitivas y peligrosas.

Integración de Sistemas Dispares

La integración de diferentes sistemas y tecnologías en una cadena de suministro automatizada puede ser un desafío significativo. Muchas empresas operan con sistemas antiguos que no son compatibles con las nuevas soluciones de automatización. La integración de tecnologías como los robots, los sensores IoT, la inteligencia artificial, la nube y blockchain requiere una infraestructura tecnológica sólida y la colaboración de diferentes partes de la cadena de suministro. La interoperabilidad entre estos sistemas puede ser difícil de lograr y puede requerir una inversión adicional en consultoría y soporte.

Conclusión

La automatización de procesos en la cadena de suministro ha demostrado ser una de las principales palancas para mejorar la eficiencia, reducir costos y aumentar la competitividad en la industria y la fabricación. A medida que las empresas adoptan tecnologías avanzadas, como la inteligencia artificial, la robótica, el blockchain y el IoT, sus cadenas de suministro se vuelven más inteligentes, flexibles y transparentes.

Sin embargo, para que la automatización sea exitosa, las empresas deben abordar los desafíos inherentes a su implementación, como los costos iniciales, la resistencia al cambio y la integración de sistemas dispares. Al superar estas barreras, las empresas pueden lograr cadenas de suministro más sostenibles, ágiles y orientadas a la satisfacción del cliente, posicionándose así para tener éxito en un mercado cada vez más competitivo y dinámico.

A medida que el mundo sigue evolucionando, la automatización continuará desempeñando un papel central en la creación de cadenas de suministro del futuro. Estas cadenas de suministro no solo serán más eficientes, sino también más resilientes, adaptativas y orientadas al cliente, lo que permitirá a las empresas prosperar en el entorno industrial y de fabricación del siglo XXI.

INTERNET DE LAS COSAS (IOT) EN LA CADENA DE SUMINISTRO

La globalización y la digitalización de las operaciones empresariales han generado una profunda transformación en la cadena de suministro, con la incorporación de tecnologías avanzadas que permiten mejorar la eficiencia, la transparencia, y la velocidad en los procesos. Entre estas tecnologías, el Internet de las Cosas (IoT) ha emergido como uno de los principales motores de cambio, particularmente en el sector industrial y de fabricación. IoT permite la interconexión de dispositivos y objetos físicos a través de Internet, creando una red que facilita la recopilación, el análisis y la toma de decisiones en tiempo real. Su implementación en la cadena de suministro ha abierto un abanico de posibilidades para optimizar la gestión de inventarios, el mantenimiento predictivo, la logística, la trazabilidad de productos, y la mejora continua de los procesos de producción.

Este capítulo explora en profundidad cómo el IoT está revolucionando la cadena de suministro en el ámbito industrial y de fabricación, analizando sus aplicaciones, beneficios, desafíos y el impacto que tiene en la competitividad de las empresas.

Fundamentos del Internet de las Cosas (IoT) y su Rol en la Industria

El concepto de Internet de las Cosas (IoT) se refiere a la red de objetos físicos conectados a Internet, que recopilan, intercambian y analizan datos sin intervención humana directa. Estos objetos pueden incluir sensores, dispositivos de monitoreo, maquinaria, vehículos, productos y, en general, cualquier elemento que pueda tener una conexión en red para comunicar su estado o recibir instrucciones.

El IoT no solo tiene aplicaciones en la vida cotidiana, sino que se ha integrado en sectores industriales, siendo un pilar fundamental en la industria. Esta cuarta revolución industrial es caracterizada por la automatización avanzada, el intercambio de datos en tiempo real, la inteligencia artificial (IA), la robótica, y la conectividad de todos los sistemas a través de la nube. IoT es la infraestructura sobre la cual se construyen estos avances, conectando dispositivos físicos con software para crear una red inteligente que optimiza el rendimiento y la eficiencia en la producción.

En el contexto de la cadena de suministro, IoT se manifiesta a través de sensores, actuadores y dispositivos de monitoreo que interactúan en tiempo real con los sistemas informáticos para ofrecer visibilidad completa de las operaciones. Esto facilita la toma de decisiones basada en datos precisos, mejorando la capacidad de las empresas para gestionar su cadena de suministro de manera más efectiva.

Aplicaciones de IoT en la Cadena de Suministro

Gestión de Inventarios

Uno de los mayores desafíos en la cadena de suministro es la gestión eficiente de los inventarios. Un inventario mal gestionado puede llevar a desabastecimientos o excesos de productos, lo que impacta directamente en la rentabilidad de una empresa. El IoT permite una gestión de inventarios más eficiente y precisa mediante el uso de sensores que monitorean en tiempo real el nivel de existencias en almacenes y estanterías.

Por ejemplo, los sensores RFID (identificación por radiofrecuencia) y los códigos QR permiten rastrear los productos a lo largo de toda la cadena de suministro, desde la fabricación hasta el punto de venta. Al integrarse con sistemas de software de gestión de inventarios, estos dispositivos permiten la actualización automática y en tiempo real del estado de las existencias, reduciendo los errores humanos y evitando la pérdida de productos.

Además, el IoT puede predecir la demanda de productos al analizar patrones históricos de consumo y condiciones del mercado, lo que permite realizar pedidos más precisos y mejorar la eficiencia del aprovisionamiento.

Mantenimiento Predictivo y Gestión de Equipos

El mantenimiento predictivo es otro aspecto crucial donde el IoT tiene un impacto significativo. Los sensores instalados en maquinaria y equipos industriales permiten monitorear constantemente su rendimiento y detectar cualquier anomalía que pueda indicar la necesidad de mantenimiento. Esto ayuda a evitar paradas inesperadas en la producción y reduce los costos asociados con el mantenimiento reactivo.

Los sistemas de IoT recopilan datos sobre la temperatura, vibración, presión y otros parámetros críticos de las máquinas, y mediante algoritmos avanzados, estos datos pueden analizarse para predecir cuándo es probable que un equipo falle. De esta manera, las empresas pueden realizar mantenimiento preventivo antes de que se produzca una avería, mejorando la vida útil de los activos y optimizando los costos operativos.

Logística y Transporte Inteligente

La logística y el transporte son dos componentes fundamentales de la cadena de suministro que se benefician enormemente de IoT. Los vehículos y contenedores equipados con sensores pueden ser monitoreados en tiempo real para conocer su ubicación, estado y condiciones de carga. Esto no solo mejora la trazabilidad de los productos, sino que también permite a las empresas optimizar las rutas de entrega, reducir costos de combustible y minimizar los tiempos de tránsito.

El uso de tecnología IoT en flotas de camiones, trenes o barcos permite una visión detallada del estado del transporte, desde las condiciones del vehículo hasta el seguimiento en tiempo real de las cargas. Las empresas pueden detectar posibles retrasos o incidentes en el trayecto e intervenir rápidamente para minimizar el impacto en la entrega.

Por otro lado, el IoT también facilita la gestión de la temperatura y las condiciones ambientales en el transporte de productos sensibles, como alimentos, medicamentos o productos químicos. Los sensores de temperatura y humedad aseguran que las mercancías se transporten en condiciones óptimas, lo que es vital para cumplir con las normativas y garantizar la calidad del producto.

Trazabilidad y Seguridad de Productos

La trazabilidad es otro beneficio fundamental del IoT en la cadena de suministro. El seguimiento en tiempo real de los productos a lo largo de toda la cadena de valor proporciona una visibilidad completa desde el origen hasta el destino final.

En sectores como la alimentación, la farmacéutica y la automotriz, donde la calidad y la seguridad son fundamentales, la trazabilidad a través de IoT garantiza que los productos se mantengan dentro de los estándares adecuados en todo momento.

El uso de sensores IoT, como RFID, junto con la tecnología blockchain, permite registrar cada etapa del viaje de un producto, desde la fabricación hasta la entrega final, asegurando que no haya manipulaciones o interrupciones en el proceso. Esto es especialmente importante en industrias donde los productos deben cumplir con regulaciones estrictas, como las de seguridad alimentaria o farmacéutica.

Además, la trazabilidad proporcionada por IoT facilita la identificación de fuentes de problemas en la producción y el transporte, lo que permite a las empresas tomar medidas correctivas más rápidamente en caso de incidencias.

Beneficios de Implementar IoT en la Cadena de Suministro

Eficiencia Operativa

El principal beneficio de IoT en la cadena de suministro es la mejora de la eficiencia operativa. Gracias a la automatización y la recopilación de datos en tiempo real, las empresas pueden optimizar cada eslabón de su cadena de suministro, reduciendo los tiempos de espera, los costos operativos y las ineficiencias. La información instantánea sobre el estado de los inventarios, las máquinas, los transportes y los productos permite tomar decisiones más informadas y oportunas.

Reducción de Costos

La implementación de IoT permite la optimización de los recursos, lo que reduce los costos en áreas como el mantenimiento, el transporte, la gestión de inventarios y la producción. La capacidad de realizar mantenimiento predictivo evita costosos tiempos de inactividad de las máquinas, y la automatización de procesos reduce la necesidad de intervención manual, lo que a su vez disminuye los errores y los costos asociados con estos.

Mejora de la Visibilidad y Trazabilidad

Uno de los beneficios más destacables de IoT es la mejora de la visibilidad en la cadena de suministro. La capacidad de rastrear productos, equipos y vehículos en tiempo real proporciona una visibilidad completa de las operaciones, lo que permite a las empresas reaccionar rápidamente ante cualquier cambio o desafío inesperado. Esta visibilidad no solo ayuda a mejorar la eficiencia operativa, sino que también aumenta la seguridad y la transparencia, lo que es crucial para mantener la confianza de los consumidores y cumplir con las normativas.

Mejora en la Toma de Decisiones

IoT proporciona datos en tiempo real que permiten a los gestores de la cadena de suministro tomar decisiones más rápidas y basadas en evidencia. Estos datos también pueden ser utilizados para prever tendencias, optimizar procesos y reducir el riesgo de errores en la toma de decisiones. La integración de IoT con tecnologías de inteligencia artificial (IA) y aprendizaje automático (machine learning) permite realizar análisis predictivos, lo que mejora la capacidad de respuesta ante situaciones cambiantes.

Desafíos de la Implementación de IoT en la Cadena de Suministro

A pesar de los numerosos beneficios que ofrece IoT, su implementación en la cadena de suministro también conlleva varios desafíos. Entre los más importantes se encuentran:

Costos Iniciales

La inversión inicial en dispositivos IoT, como sensores, equipos de monitoreo y software, puede ser considerable, especialmente para pequeñas y medianas empresas. Aunque los beneficios a largo plazo son claros, muchas organizaciones deben evaluar cuidadosamente el retorno de inversión (ROI) antes de embarcarse en proyectos de IoT.

Seguridad y Privacidad

La interconexión de dispositivos y la recopilación masiva de datos a través de IoT pueden crear riesgos en términos de ciberseguridad. Los sistemas IoT son vulnerables a ataques cibernéticos, lo que podría poner en peligro tanto la información empresarial sensible como la seguridad de los procesos industriales. Las organizaciones deben implementar estrategias robustas de seguridad, que incluyan cifrado, autenticación avanzada y control de acceso, para mitigar estos riesgos.

Además, la privacidad de los datos generados por los dispositivos IoT es otra preocupación importante. El flujo continuo de datos personales o sensibles, tanto de empleados como de clientes, debe ser gestionado con sumo cuidado para cumplir con las normativas de privacidad (como el Reglamento General de Protección de Datos, GDPR, en Europa) y evitar posibles sanciones.

Interoperabilidad y Estándares

Una de las principales dificultades en la implementación de IoT en la cadena de suministro es la falta de interoperabilidad entre diferentes dispositivos y plataformas. Dado que existen múltiples fabricantes de sensores, plataformas de software y soluciones de conectividad, la integración de sistemas puede resultar complicada. Las empresas deben asegurarse de que sus dispositivos y plataformas sean compatibles entre sí y puedan comunicarse eficazmente para lograr una integración fluida y coherente en toda la cadena de suministro.

El desarrollo de estándares comunes en la industria, que aseguren la interoperabilidad de los dispositivos IoT, es una tarea aún pendiente. Sin embargo, iniciativas de consorcios y grupos de trabajo de la industria están en marcha para establecer estos estándares y facilitar la integración de soluciones IoT en distintos entornos industriales.

Gestión de Grandes Volúmenes de Datos

El IoT genera enormes cantidades de datos, que si no se gestionan adecuadamente, pueden abrumar los sistemas y disminuir su efectividad. La correcta gestión y análisis de estos datos es fundamental para extraer información útil que permita tomar decisiones estratégicas. Sin embargo, esto requiere infraestructura de almacenamiento, herramientas de análisis avanzadas, y personal capacitado para gestionar esta información de manera efectiva.

Los sistemas de análisis de datos basados en inteligencia artificial y aprendizaje automático pueden ayudar a las empresas a procesar y entender grandes volúmenes de datos generados por IoT, pero la implementación de estas soluciones puede ser costosa y compleja.

Casos de Éxito en la Implementación de IoT en la Cadena de Suministro Industrial

General Electric: Mantenimiento Predictivo

General Electric (GE) es un ejemplo destacado de cómo IoT puede transformar el mantenimiento industrial. La compañía implementó sensores en sus equipos de producción para monitorear variables clave de rendimiento, como temperatura y vibración. Estos sensores envían datos en tiempo real a una plataforma de análisis, que utiliza algoritmos predictivos para identificar posibles fallos antes de que ocurran. Gracias a esta tecnología, GE ha logrado reducir los tiempos de inactividad no programados y optimizar la vida útil de sus activos.

El uso de IoT para el mantenimiento predictivo no solo reduce costos, sino que también aumenta la eficiencia operativa y permite a las empresas gestionar mejor sus activos, lo que es esencial en entornos industriales con equipos costosos y de alta especialización.

Maersk: Optimización del Transporte Marítimo

Maersk, el gigante danés de transporte marítimo, ha integrado soluciones IoT en su flota de contenedores para mejorar la eficiencia en la gestión de sus operaciones logísticas. Equipando sus contenedores con sensores IoT, la empresa puede realizar un seguimiento constante de la ubicación, las condiciones internas (temperatura, humedad, etc.) y el estado del contenedor durante su tránsito. Esta visibilidad en tiempo real ha permitido a Maersk optimizar las rutas, reducir los tiempos de inactividad y mejorar la entrega a los clientes.

Además, el uso de IoT ha mejorado la trazabilidad de los productos, asegurando que se cumplan los requisitos de calidad y seguridad, especialmente en el caso de productos perecederos como alimentos o medicamentos, que requieren condiciones específicas de transporte.

Walmart: Gestión de Inventarios

Walmart ha adoptado la tecnología IoT para mejorar la gestión de inventarios en sus almacenes y tiendas. La implementación de sensores RFID ha permitido a Walmart monitorear en tiempo real la ubicación y el nivel de existencias de productos en sus estantes y almacenes. Esto ha permitido a la compañía optimizar la reposición de inventarios, reducir el riesgo de desabastecimientos y mejorar la experiencia del cliente al garantizar que los productos siempre estén disponibles cuando se necesiten.

Además, el uso de IoT ha permitido una mayor eficiencia en la logística interna, optimizando los tiempos de entrega y reduciendo los costos asociados con el manejo y almacenamiento de inventarios.

El Futuro de IoT en la Cadena de Suministro

El impacto de IoT en la cadena de suministro industrial y de fabricación ha sido significativo, pero estamos solo al comienzo de lo que esta tecnología puede ofrecer. En el futuro, se espera que el uso de IoT se expanda aún más, y se integren nuevas tecnologías para ofrecer soluciones más completas y avanzadas.

Inteligencia Artificial y Machine Learning

La combinación de IoT con inteligencia artificial (IA) y machine learning (aprendizaje automático) promete transformar aún más la cadena de suministro. Los dispositivos IoT proporcionan grandes volúmenes de datos, y la IA puede analizar estos datos en tiempo real para identificar patrones y tendencias, lo que permitirá predecir eventos futuros y tomar decisiones de manera más precisa y rápida.

Por ejemplo, los algoritmos de IA pueden anticipar la demanda de productos en función de factores como el clima, las tendencias del mercado, y los datos históricos, permitiendo a las empresas ajustar sus niveles de inventario de manera más eficiente y reducir el riesgo de sobrestock o desabastecimiento.

5G y Conectividad Mejorada

El despliegue de redes 5G será otro factor que impulsará la adopción de IoT en la cadena de suministro. La velocidad y capacidad de conexión mejoradas de las redes 5G permitirán la transmisión de datos en tiempo real con menor latencia, lo que hará que las soluciones IoT sean aún más efectivas. Esto será especialmente importante en la automatización industrial y en el monitoreo remoto de equipos y procesos.

Las empresas podrán interactuar de manera más rápida y eficiente con sus sistemas IoT, lo que aumentará la agilidad en la toma de decisiones y mejorará la capacidad de respuesta ante situaciones imprevistas, como cambios en la demanda o problemas en el transporte.

IoT en la Sostenibilidad

A medida que las preocupaciones por la sostenibilidad aumentan, el IoT puede desempeñar un papel crucial en la mejora de las prácticas medioambientales en la cadena de suministro. Los sensores IoT pueden ayudar a las empresas a monitorear su huella de carbono, el consumo de energía y los residuos, lo que les permitirá implementar estrategias más eficientes y sostenibles.

Por ejemplo, las soluciones IoT pueden optimizar el consumo de energía en las plantas de producción, reducir el desperdicio de materiales en el proceso de fabricación, y mejorar las rutas de transporte para disminuir las emisiones de carbono. De esta manera, IoT no solo mejora la eficiencia, sino que también ayuda a las empresas a cumplir con las normativas medioambientales y a cumplir con las expectativas de los consumidores en términos de sostenibilidad.

Conclusión

El Internet de las Cosas (IoT) ha transformado la manera en que las empresas gestionan su cadena de suministro, especialmente en el ámbito industrial y de fabricación. Desde la gestión de inventarios hasta el mantenimiento predictivo, pasando por la optimización del transporte y la mejora de la trazabilidad, IoT ha demostrado ser una herramienta valiosa para aumentar la eficiencia, reducir costos, y mejorar la visibilidad y el control de las operaciones.

Si bien existen desafíos significativos relacionados con la implementación de IoT, como los costos iniciales, los problemas de seguridad, y la gestión de grandes volúmenes de datos, los beneficios a largo plazo son innegables. A medida que la tecnología evoluciona y se integran nuevas soluciones, el IoT continuará jugando un papel fundamental en la transformación de la cadena de suministro, llevando la industria hacia un futuro más eficiente, sostenible y conectado.

El potencial de IoT en la cadena de suministro no solo ofrece ventajas operativas, sino que también abre nuevas oportunidades para mejorar la experiencia del cliente, optimizar los procesos logísticos y contribuir a la sostenibilidad global. Por lo tanto, las empresas que adopten esta tecnología de manera efectiva estarán mejor posicionadas para enfrentar los desafíos del mercado global y lograr una ventaja competitiva a largo plazo.

BIG DATA Y ANÁLISIS PREDICTIVO

La cadena de suministro en el sector industrial y de fabricación ha experimentado una transformación radical en las últimas dos décadas. Las tecnologías emergentes, como el Big Data y el análisis predictivo, han permitido que las organizaciones optimicen sus operaciones, mejoren la toma de decisiones y se adapten con mayor agilidad a las demandas del mercado. Este capítulo explora cómo el Big Data y el análisis predictivo están cambiando la gestión de la cadena de suministro en estos sectores, detallando sus aplicaciones, beneficios, desafíos y el futuro de su implementación.

Introducción a la Cadena de Suministro en la Industria y Fabricación

La cadena de suministro es el conjunto de procesos que permiten la creación y distribución de productos desde las materias primas hasta el consumidor final. En el sector industrial y de fabricación, estos procesos son particularmente complejos debido a la interdependencia entre proveedores, fábricas, centros de distribución, minoristas y clientes. La coordinación de estos es vital para asegurar la eficiencia y la satisfacción del cliente. Sin embargo, estos sistemas son vulnerables a disrupciones, variaciones en la demanda, cambios en los precios de las materias primas, entre otros factores.

Durante años, las empresas han tratado de optimizar estos procesos utilizando tecnologías tradicionales, pero en un mundo cada vez más globalizado y digitalizado, los métodos convencionales no son suficientes. La necesidad de datos más completos, en tiempo real y de mayor precisión ha abierto la puerta a la adopción de soluciones avanzadas como el Big Data y el análisis predictivo.

Big Data: Definición y Relevancia para la Cadena de Suministro

El término "Big Data" hace referencia a conjuntos de datos de gran volumen, velocidad y variedad que no pueden ser procesados y analizados con los métodos tradicionales de bases de datos. Estos datos provienen de diversas fuentes, como sensores, redes sociales, transacciones de ventas, sistemas de gestión empresarial (ERP), dispositivos conectados, entre otros.

En el contexto de la cadena de suministro industrial y de fabricación, Big Data permite a las organizaciones recopilar información sobre todos los aspectos del proceso, desde el comportamiento del mercado hasta el estado de las máquinas en la planta de producción. Estos datos, al ser analizados correctamente, pueden proporcionar una visión completa de la cadena de suministro, facilitando decisiones más informadas y precisas.

Fuentes de Datos en la Cadena de Suministro Industrial

Las fuentes de Big Data en la cadena de suministro pueden clasificarse en varias categorías, y cada una tiene un impacto significativo en la toma de decisiones y la optimización de procesos. Las principales fuentes incluyen:

Sensores y Dispositivos IoT (Internet de las Cosas): Los sensores instalados en las máquinas de producción, vehículos de transporte y sistemas de almacenamiento proporcionan datos en tiempo real sobre el estado y rendimiento de los activos. Esto incluye datos como la temperatura, la velocidad de las máquinas, los niveles de inventario, las condiciones del entorno de trabajo, entre otros.

Transacciones de Inventario y Compras: Los sistemas de gestión de inventario y compras generan enormes cantidades de datos sobre los niveles de stock, las tendencias de compra, la rotación de productos, y las fluctuaciones en la demanda.

Datos de Proveedores y Clientes: Las interacciones con proveedores y clientes generan flujos de datos acerca de pedidos, plazos de entrega, quejas, historial de relaciones comerciales y preferencias. Estos datos son cruciales para predecir cambios en la demanda o posibles cuellos de botella en la cadena de suministro.

Datos Financieros: La información financiera de la empresa y de sus socios comerciales ofrece datos sobre la rentabilidad, los costos de producción, las fluctuaciones de los precios de los insumos y otros factores económicos que pueden afectar la cadena de suministro.

Redes Sociales y Opiniones del Mercado: Los datos provenientes de las redes sociales, foros de discusión y sitios de reseñas proporcionan información sobre la percepción del cliente respecto a productos y servicios, lo que puede ayudar a predecir tendencias de consumo y demanda.

Análisis Predictivo: Definición y Aplicación en la Cadena de Suministro

El análisis predictivo se refiere a la utilización de modelos estadísticos, algoritmos de aprendizaje automático y técnicas de inteligencia artificial para analizar datos históricos y actuales con el fin de hacer predicciones sobre eventos futuros. En la cadena de suministro, el análisis predictivo se usa para anticipar fluctuaciones en la demanda, identificar posibles interrupciones y optimizar los procesos logísticos.

Una de las principales ventajas del análisis predictivo es que permite a las empresas anticiparse a eventos que, de otro modo, podrían resultar en pérdidas económicas o disrupciones operativas. Por ejemplo, las empresas pueden prever un aumento de la demanda en un período específico, lo que les permite ajustar la producción y el inventario para satisfacer esas necesidades de manera eficiente.

Aplicaciones del Big Data y Análisis Predictivo en la Cadena de Suministro

Las aplicaciones de Big Data y análisis predictivo en la cadena de suministro son amplias y diversas, abarcando desde la planificación de la demanda hasta la gestión de riesgos. A continuación, se detallan algunas de las principales áreas de aplicación:

Planificación de la Demanda

La planificación de la demanda es una de las áreas más críticas de la cadena de suministro. La capacidad de predecir la demanda futura con precisión puede ayudar a las empresas a optimizar sus inventarios, reducir los costos de almacenamiento y evitar problemas de desabastecimiento. El Big Data, combinado con el análisis predictivo, permite integrar datos de ventas históricas, patrones de consumo, comportamiento del mercado y factores externos (como el clima, eventos sociales o cambios en la economía) para hacer predicciones más precisas.

Por ejemplo, una empresa que fabrica productos de temporada puede utilizar datos históricos sobre ventas pasadas, junto con información meteorológica y tendencias en redes sociales, para predecir con precisión la demanda de productos durante los meses de mayor venta. Esto puede ayudar a ajustar los niveles de producción y las estrategias de distribución, evitando tanto la escasez como el exceso de inventario.

Gestión de Inventarios

La gestión de inventarios es otro aspecto crítico de la cadena de suministro, y la adopción de Big Data permite optimizarla en tiempo real. Los sistemas de gestión de inventarios basados en análisis predictivo pueden predecir la rotación de productos y recomendar automáticamente los niveles óptimos de existencias, lo que ayuda a reducir los costos asociados con el almacenamiento y la obsolescencia de productos.

En la industria de fabricación, el Big Data también puede predecir cuándo los equipos de producción requieren mantenimiento, lo que ayuda a evitar tiempos de inactividad imprevistos y a reducir los costos de reparación. El análisis predictivo también puede predecir las fluctuaciones en los precios de las materias primas, permitiendo que las empresas compren en los momentos más favorables y eviten aumentos repentinos en los costos.

Optimización de Rutas de Distribución

El análisis de Big Data también juega un papel fundamental en la optimización de las rutas de distribución. Al integrar datos en tiempo real sobre el tráfico, las condiciones meteorológicas, el estado de las carreteras y la demanda en diferentes áreas geográficas, las empresas pueden optimizar sus rutas de entrega, reducir los tiempos de transporte y minimizar los costos asociados.

El análisis predictivo también permite anticipar posibles retrasos en la entrega y redirigir los vehículos de manera más eficiente, mejorando así la satisfacción del cliente y reduciendo los costos operativos. En industrias como la automotriz o la electrónica, donde las entregas deben realizarse con alta precisión temporal, esta optimización puede marcar una diferencia significativa.

Gestión de Riesgos y Resiliencia de la Cadena de Suministro

Los riesgos en la cadena de suministro son inevitables, pero el Big Data y el análisis predictivo permiten gestionarlos de manera más efectiva. Factores como desastres naturales, crisis geopolíticas, problemas con proveedores o fallas en el transporte pueden interrumpir una cadena de suministro. Al analizar grandes volúmenes de datos sobre eventos pasados, las empresas pueden identificar patrones y señales de advertencia de posibles interrupciones.

Los modelos predictivos pueden ayudar a las empresas a preparar estrategias de contingencia para posibles disrupciones, ya sea identificando proveedores alternativos, ajustando la logística o incrementando la producción de productos críticos antes de que se presenten problemas.

Mantenimiento Predictivo de Equipos de Producción

En el sector industrial, las máquinas y equipos utilizados en la fabricación son activos clave para el funcionamiento de la cadena de suministro. El mantenimiento predictivo es una de las aplicaciones más valiosas del Big Data y el análisis predictivo. Al integrar sensores en los equipos de producción, es posible recolectar datos en tiempo real sobre su rendimiento, temperatura, vibración, entre otros parámetros. Estos datos, al ser analizados, pueden predecir posibles fallos antes de que ocurran, lo que permite realizar mantenimientos programados y evitar costosos tiempos de inactividad no planificados.

Este tipo de enfoque no solo optimiza la producción, sino que también alarga la vida útil de los equipos, lo que a su vez reduce los costos operativos a largo plazo.

Beneficios del Big Data y Análisis Predictivo en la Cadena de Suministro

La adopción de Big Data y análisis predictivo en la cadena de suministro industrial y de fabricación ofrece una serie de beneficios clave para las empresas:

Eficiencia mejorada: Al optimizar la planificación de la demanda, la gestión de inventarios y las rutas de distribución, las empresas pueden operar de manera más eficiente y con menos desperdicio de recursos.

Toma de decisiones informada: El acceso a datos en tiempo real y modelos predictivos más precisos permite que los gerentes tomen decisiones mejor fundamentadas y oportunas.

Reducción de costos: La optimización de los inventarios, la mejora del mantenimiento de equipos y la reducción de los tiempos de inactividad contribuyen directamente a la reducción de costos operativos.

Mejora en la satisfacción del cliente: Las empresas pueden cumplir con los plazos de entrega y mejorar la calidad del servicio al cliente mediante una mayor visibilidad y previsibilidad de los procesos de la cadena de suministro.

Mayor resiliencia: La capacidad de prever y reaccionar ante riesgos potenciales hace que la cadena de suministro sea más resistente a interrupciones inesperadas.

Desafíos y Barreras en la Implementación del Big Data y Análisis Predictivo

A pesar de sus enormes beneficios, la implementación de Big Data y análisis predictivo en la cadena de suministro presenta varios desafíos y barreras que las empresas deben abordar:

Problemas con la calidad de los datos: La calidad de los datos es un aspecto fundamental para el éxito del análisis predictivo. Datos inexactos, incompletos o desorganizados pueden llevar a conclusiones incorrectas y decisiones subóptimas.

Costos iniciales de implementación: Aunque los beneficios a largo plazo pueden ser significativos, la implementación de tecnologías avanzadas como Big Data y análisis predictivo requiere inversiones considerables en infraestructura tecnológica, software, capacitación de personal y consultoría.

Complejidad en la integración de sistemas: Las empresas a menudo utilizan diversos sistemas de gestión, lo que puede dificultar la integración de datos de diferentes fuentes. La falta de interoperabilidad entre estos sistemas puede limitar el potencial del Big Data y el análisis predictivo.

Falta de habilidades analíticas: La adopción de estas tecnologías requiere un cambio en la cultura empresarial, así como la contratación de personal con habilidades especializadas en análisis de datos, ciencia de datos y machine learning. La escasez de profesionales capacitados en estas áreas es uno de los principales obstáculos para muchas organizaciones.

El Futuro del Big Data y el Análisis Predictivo en la Cadena de Suministro

A medida que la tecnología avanza y las empresas continúan digitalizándose, el uso de Big Data y análisis predictivo en la cadena de suministro continuará evolucionando. La inteligencia artificial, el aprendizaje profundo y el análisis en tiempo real seguirán mejorando la precisión de las predicciones y la automatización de los procesos.

Además, la integración de tecnologías emergentes como la cadena de bloques (blockchain) y la computación cuántica podría revolucionar aún más la forma en que las empresas gestionan y analizan sus cadenas de suministro, proporcionando nuevas oportunidades para la mejora continua.

La capacidad de predecir con precisión la demanda, los posibles riesgos y las condiciones de producción permitirá a las empresas ser más ágiles y adaptativas, lo que es esencial en un mercado global cada vez más competitivo y volátil.

Conclusión

El Big Data y el análisis predictivo están marcando un cambio paradigmático en la gestión de la cadena de suministro en la industria y fabricación. Desde la planificación de la demanda hasta la gestión de riesgos, estas tecnologías ofrecen un potencial inmenso para mejorar la eficiencia, reducir costos y mejorar la toma de decisiones. Aunque la implementación de estas soluciones puede presentar desafíos, los beneficios a largo plazo superan con creces las dificultades iniciales. Con el tiempo, las empresas que adopten estas tecnologías estarán mejor posicionadas para enfrentar los retos del futuro y para mantener su competitividad en un mundo cada vez más interconectado y dinámico.

BLOCKCHAIN EN LA CADENA DE SUMINISTRO

La gestión eficiente de la cadena de suministro en los sectores industriales y de fabricación es esencial para el éxito a largo plazo de las empresas. A lo largo de las últimas décadas, la cadena de suministro ha pasado de ser una función logística operativa a un proceso estratégico en el que las empresas buscan maximizar la eficiencia, reducir costos y aumentar la visibilidad y transparencia en sus operaciones. No obstante, a pesar de los avances en las tecnologías de gestión, las cadenas de suministro siguen enfrentando desafíos significativos, como la falta de transparencia, el fraude, los errores en la información, la complejidad de la coordinación entre múltiples actores y la vulnerabilidad ante disrupciones externas.

Es aquí donde emerge el potencial de blockchain como una herramienta transformadora. Esta tecnología, que se asocia comúnmente con las criptomonedas como Bitcoin, tiene aplicaciones mucho más amplias que pueden redefinir cómo las empresas industriales y manufactureras gestionan sus cadenas de suministro. A través de su capacidad para garantizar la integridad y la transparencia de los datos de manera descentralizada, el blockchain ofrece un nuevo enfoque para superar los problemas tradicionales que afectan a la cadena de suministro, optimizando su funcionamiento de una manera que antes era inimaginable.

Este capítulo explora cómo el blockchain está siendo implementado en la cadena de suministro industrial y de fabricación, cómo transforma la forma en que los productos son fabricados, almacenados, transportados y vendidos, y cómo esta tecnología puede mejorar la eficiencia, reducir el fraude, aumentar la confianza y crear un entorno más colaborativo y transparente entre los distintos actores de la cadena.

Introducción a la Cadena de Suministro Industrial y de Fabricación

La cadena de suministro en la industria y la fabricación es una red compleja que involucra a proveedores, fabricantes, distribuidores, minoristas y consumidores finales. Desde la adquisición de materias primas hasta la entrega de productos terminados, cada fase del proceso implica una serie de transacciones, comunicaciones e intercambios de información entre diversas partes interesadas. La coordinación de estas actividades es fundamental para el éxito de la empresa, pero también es una tarea desafiante debido a la falta de visibilidad en tiempo real, la posibilidad de errores humanos, la duplicación de datos, la gestión de inventarios ineficiente, los problemas de trazabilidad y las interrupciones imprevistas.

En este contexto, la cadena de suministro en el sector industrial y de fabricación depende de múltiples sistemas de información, registros y plataformas que generalmente operan de forma aislada. Esto puede generar ineficiencias, retrasos y costos adicionales, y a menudo, los datos no se comparten de manera fluida entre las partes involucradas. La adopción de blockchain ofrece una solución a estos problemas, permitiendo un sistema compartido y transparente en el que todas las partes pueden acceder y verificar la información de manera segura y sin necesidad de intermediarios.

Blockchain: El Sistema Descentralizado y Transparente

Blockchain es una tecnología de registro distribuido que permite el almacenamiento de datos de manera segura, inmutable y descentralizada. En lugar de depender de un único servidor central o base de datos, blockchain utiliza una red de nodos distribuidos, en la que cada participante tiene acceso a la misma copia de los registros. Esto significa que no existe un único punto de fallo y que todas las transacciones o eventos registrados en el blockchain son verificables y transparentes para todas las partes involucradas.

Cada "bloque" de la cadena contiene un conjunto de transacciones verificadas, y estos bloques están enlazados entre sí, formando una secuencia cronológica. Una vez que un bloque es agregado a la cadena, es prácticamente imposible alterarlo sin que se detecte, ya que cualquier cambio en un bloque requeriría la modificación de todos los bloques subsiguientes, lo cual es extremadamente difícil debido a la naturaleza distribuida de la tecnología.

La principal ventaja de blockchain es que ofrece un alto nivel de confianza y transparencia entre las partes, eliminando la necesidad de intermediarios y reduciendo la probabilidad de fraude o manipulación de los datos. En la cadena de suministro industrial y de fabricación, esto se traduce en una trazabilidad mejorada, una mayor eficiencia en las transacciones y una mayor seguridad en la gestión de la información.

La Aplicación de Blockchain en la Cadena de Suministro Industrial

La implementación de blockchain en la cadena de suministro industrial tiene el potencial de transformar cada etapa del proceso, desde la adquisición de materias primas hasta la entrega del producto final al consumidor. Algunas de las áreas clave en las que blockchain puede generar un impacto significativo incluyen:

Trazabilidad y Transparencia

Uno de los mayores desafíos en la cadena de suministro industrial es la falta de trazabilidad. Las empresas necesitan saber en todo momento el origen de los productos y las materias primas, los procesos por los que han pasado y cómo se han transportado o almacenado. En industrias como la automotriz, la farmacéutica o la alimentaria, donde la calidad y la seguridad son primordiales, una trazabilidad deficiente puede tener consecuencias graves, como el retiro de productos defectuosos o el incumplimiento de normativas regulatorias.

Blockchain permite que cada transacción en la cadena de suministro se registre en un libro mayor digital accesible para todas las partes involucradas. Desde el productor de la materia prima hasta el fabricante, los distribuidores y los minoristas, todos pueden ver la historia completa de un producto, incluyendo su origen, los controles de calidad, las certificaciones y los plazos de entrega. Esta transparencia no solo mejora la confianza de los consumidores, sino que también facilita el cumplimiento de regulaciones y estándares de calidad.

Además, el uso de contratos inteligentes (smart contracts) sobre blockchain permite automatizar muchas de las tareas asociadas con la trazabilidad, como el seguimiento de entregas, la verificación de cumplimiento y la activación de pagos una vez que se alcanzan ciertos hitos. Esto elimina la posibilidad de errores humanos o disputas sobre la entrega de productos.

Mejora de la Eficiencia en los Pagos y la Facturación

El proceso de pagos y facturación en la cadena de suministro tradicionalmente involucra múltiples etapas y actores, lo que puede generar retrasos, costos adicionales y errores en las transacciones. Los pagos entre proveedores, fabricantes, distribuidores y minoristas suelen estar sujetos a intermediarios financieros, lo que agrega costos adicionales y puede demorar el proceso.

Blockchain permite la implementación de sistemas de pago directos, rápidos y sin intermediarios, lo que reduce los costos asociados con las transacciones y acelera los pagos. A través de contratos inteligentes, se pueden establecer condiciones de pago claras y automáticas, lo que facilita la reconciliación de pagos y facturas. Además, las transacciones basadas en blockchain son seguras, transparentes e inmutables, lo que reduce el riesgo de fraude o manipulación de la información financiera.

Optimización de la Gestión de Inventarios

La gestión de inventarios es un componente crítico en la cadena de suministro industrial. Mantener los niveles adecuados de inventario para satisfacer la demanda, sin acumular excesos que generen costos adicionales, es una tarea compleja que requiere información precisa y en tiempo real. Sin embargo, los sistemas de gestión de inventarios tradicionales a menudo sufren de problemas como la duplicación de datos, la falta de visibilidad y la dependencia de registros manuales.

Blockchain puede mejorar la gestión de inventarios mediante la creación de un registro único y compartido de las transacciones de inventario, que puede ser consultado por todos los actores de la cadena de suministro. Al tener acceso a información en tiempo real sobre la disponibilidad de productos, los distribuidores y fabricantes pueden ajustar sus niveles de producción o compras para adaptarse mejor a las fluctuaciones de la demanda. Además, la integración de sensores de Internet de las Cosas (IoT) con blockchain permite realizar un seguimiento automático de los productos y su ubicación, lo que mejora la precisión y reduce los errores.

Gestión de Proveedores y Contratistas

La relación con los proveedores es una de las áreas más críticas en la cadena de suministro. La calidad de las materias primas, el cumplimiento de plazos de entrega y el respeto a los acuerdos contractuales dependen en gran medida de la confianza entre el proveedor y el fabricante. Sin embargo, la falta de transparencia en estas relaciones puede generar problemas como retrasos, fraude o incumplimiento de los términos acordados.

Blockchain facilita la creación de un registro transparente y auditable de todas las transacciones y acuerdos con proveedores, lo que mejora la visibilidad de las relaciones comerciales. Los contratos inteligentes permiten automatizar el cumplimiento de los términos del acuerdo, asegurando que los pagos solo se realicen cuando se cumplan ciertas condiciones predefinidas, como la entrega puntual o la calidad acordada.

Reducción de Fraude y Errores

El fraude es un riesgo inherente en cualquier cadena de suministro, especialmente cuando las transacciones no se registran de manera transparente o los datos pueden ser alterados por terceros. En la industria farmacéutica, por ejemplo, el fraude relacionado con la falsificación de productos es un problema grave que pone en riesgo la salud pública y la seguridad del consumidor.

Al proporcionar un registro inmutable y transparente de todas las transacciones, blockchain reduce la posibilidad de fraude y manipulación de datos. Cada vez que un producto cambia de manos, se registra en el blockchain, lo que garantiza que las partes involucradas no puedan modificar la información sin ser detectadas. Además, la tecnología permite una validación automática de los productos, asegurando que los estándares de calidad y seguridad sean cumplidos en todo momento.

Beneficios del Blockchain en la Cadena de Suministro Industrial

La implementación de blockchain en la cadena de suministro ofrece numerosos beneficios que van más allá de la trazabilidad y la transparencia. Entre los principales beneficios se incluyen:

Reducción de Costos Operativos: Blockchain elimina la necesidad de intermediarios, lo que reduce los costos asociados con la validación de transacciones y la gestión de registros.

Mejora en la Eficiencia: Al automatizar tareas como pagos, facturación y seguimiento de productos, blockchain reduce el tiempo y el esfuerzo necesario para gestionar la cadena de suministro.

Mayor Seguridad: Las transacciones registradas en blockchain son seguras y difíciles de alterar, lo que reduce el riesgo de fraude y errores humanos.

Transparencia y Confianza: Todos los actores de la cadena de suministro tienen acceso a la misma información, lo que mejora la colaboración y la confianza entre las partes.

Cumplimiento Regulatorio: Blockchain facilita el cumplimiento de normativas y estándares de calidad, ya que proporciona un registro auditable y verificable de todas las transacciones.

Desafíos y Barreras en la Implementación de Blockchain en la Cadena de Suministro

A pesar de sus enormes ventajas, la implementación de blockchain en la cadena de suministro presenta varios desafíos y barreras que las empresas deben superar:

Adopción y Alineación de los Actores de la Cadena: Para que blockchain sea efectivo, todos los participantes de la cadena de suministro deben adoptarlo. La resistencia al cambio y la falta de entendimiento sobre cómo funciona blockchain pueden ser obstáculos significativos.

Integración con Sistemas Existentes: Las empresas que ya utilizan sistemas tradicionales de gestión de la cadena de suministro deben integrar blockchain con sus infraestructuras existentes, lo que puede resultar costoso y complejo.

Escalabilidad y Velocidad: Aunque blockchain es muy seguro, la velocidad de las transacciones puede verse afectada cuando se procesan grandes volúmenes de datos. La escalabilidad es un desafío importante que aún se está resolviendo.

Regulación y Cumplimiento Legal: La falta de normativas claras sobre el uso de blockchain en el comercio internacional y en sectores regulados puede generar incertidumbre para las empresas que desean adoptarlo.

El Futuro del Blockchain en la Cadena de Suministro Industrial

El futuro del blockchain en la cadena de suministro parece prometedor. A medida que más empresas experimenten con esta tecnología, surgirán nuevas formas de optimizar los procesos y garantizar una mayor transparencia. La combinación de blockchain con tecnologías emergentes, como la inteligencia artificial y el Internet de las Cosas, abrirá nuevas oportunidades para la automatización y la toma de decisiones predictivas en la cadena de suministro.

La expansión de blockchain en el comercio internacional también ofrecerá nuevas soluciones para la logística global, eliminando barreras geográficas y burocráticas. La implementación de normas internacionales podría hacer de blockchain una herramienta clave en la globalización de las cadenas de suministro.

En resumen, el uso de blockchain en la cadena de suministro industrial y de fabricación tiene el potencial de transformar radicalmente la forma en que las empresas gestionan sus operaciones. Con sus capacidades para aumentar la transparencia, reducir costos y mejorar la confianza entre los actores de la cadena, blockchain está allanando el camino hacia una cadena de suministro más eficiente, segura y colaborativa.

Conclusión

La implementación de blockchain en la cadena de suministro en los sectores industriales y de fabricación está emergiendo como una de las innovaciones más disruptivas de la última década. Esta tecnología, que inicialmente se asoció con las criptomonedas, está demostrando un potencial significativo para transformar cómo las empresas gestionan y optimizan sus procesos logísticos, financieros y operativos. A través de su capacidad única para garantizar la integridad, transparencia y trazabilidad de los datos, blockchain resuelve muchos de los problemas tradicionales que han afectado a la cadena de suministro, tales como la falta de visibilidad, la duplicación de información, la vulnerabilidad al fraude y la falta de coordinación entre los actores involucrados.

Uno de los principales beneficios de blockchain en la cadena de suministro es su capacidad para proporcionar una trazabilidad completa e inmutable de cada transacción. Esto no solo mejora la confianza entre las partes involucradas, sino que también permite a las empresas cumplir de manera más eficiente con regulaciones cada vez más estrictas, especialmente en sectores como el farmacéutico, alimentario y automotriz, donde la calidad y seguridad de los productos son críticas. La transparencia que ofrece blockchain también facilita la gestión de inventarios, el control de calidad, y la optimización de los procesos logísticos, reduciendo costos operativos y aumentando la eficiencia de toda la cadena.

Además, la integración de contratos inteligentes sobre plataformas blockchain puede automatizar muchos de los procesos que tradicionalmente requerían intervención manual, como la verificación de entregas, la activación de pagos o la validación de acuerdos contractuales. Este tipo de automatización reduce el riesgo de errores, mejora la velocidad de las transacciones y asegura que los acuerdos sean cumplidos sin la necesidad de intermediarios.

Sin embargo, la adopción de blockchain en la cadena de suministro no está exenta de desafíos. La integración de esta tecnología en un sistema global interconectado, en el que participan múltiples actores con diferentes niveles de tecnología y capacidad de adopción, presenta barreras significativas. La resistencia al cambio, la falta de conocimiento sobre el funcionamiento de blockchain, los costos asociados con su implementación y la necesidad de establecer estándares regulatorios son algunos de los obstáculos que las empresas deben superar. Además, la escalabilidad y la velocidad de las transacciones en redes blockchain siguen siendo cuestiones a resolver, especialmente cuando se gestionan grandes volúmenes de datos.

A pesar de estos retos, las oportunidades que blockchain ofrece a la cadena de suministro son vastas. Con la creciente adopción de tecnologías emergentes, como el Internet de las Cosas (IoT), la inteligencia artificial (IA) y el análisis de datos, la capacidad de blockchain para interconectar y automatizar procesos se expandirá, mejorando aún más la eficiencia y la resiliencia de las cadenas de suministro. Además, su integración con plataformas de comercio internacional podría allanar el camino para una globalización más ágil y transparente de las operaciones logísticas.

En última instancia, la adopción de blockchain en la cadena de suministro industrial no solo representa una ventaja competitiva para las empresas que la implementen, sino que también tiene el potencial de redefinir la forma en que se gestionan las relaciones comerciales, se intercambia información y se garantiza la seguridad y confianza entre todos los actores involucrados. A medida que las barreras tecnológicas, regulatorias y culturales se vayan superando, el blockchain se consolidará como una pieza clave en la digitalización de las cadenas de suministro, abriendo la puerta a un futuro más eficiente, transparente y colaborativo en la industria y la fabricación.

GESTIÓN DE LA LOGÍSTICA

En el mundo actual, altamente globalizado y competitivo, las empresas que operan en el sector industrial y de fabricación enfrentan desafíos constantes para mantenerse a la vanguardia. La gestión eficiente de la cadena de suministro, y en particular de la logística, se ha convertido en un factor clave para asegurar la competitividad y sostenibilidad de las organizaciones. La logística, en su sentido más amplio, abarca todos los procesos relacionados con la planificación, implementación y control del flujo de bienes, servicios e información a lo largo de la cadena de suministro, desde los proveedores de materias primas hasta la entrega del producto final al cliente.

En la industria y la fabricación, la logística no solo implica la gestión de inventarios y el transporte de productos; también engloba procesos complejos como la integración de sistemas, la sincronización de operaciones entre diferentes actores de la cadena, la optimización de los recursos y la implementación de estrategias que permitan cumplir con plazos de entrega estrictos sin comprometer la calidad del producto. Es por ello que una gestión logística adecuada y bien estructurada se ha convertido en un pilar fundamental para la optimización de los costos operativos, la mejora de la satisfacción del cliente y la capacidad de las empresas para adaptarse rápidamente a un mercado en constante cambio.

Este capítulo explora los elementos fundamentales de la gestión de la logística dentro de la cadena de suministro en la industria y la fabricación, analizando las principales estrategias, tecnologías y herramientas que las empresas utilizan para gestionar de manera eficiente sus operaciones logísticas. Desde la planificación de la demanda hasta la optimización de las rutas de distribución, la logística juega un papel esencial en cada etapa del proceso de producción y distribución.

La Logística en la Cadena de Suministro Industrial y de Fabricación

La cadena de suministro en los sectores industriales y de fabricación es un sistema complejo y multifacético que implica la interacción de múltiples actores: proveedores, fabricantes, distribuidores, minoristas y, finalmente, consumidores. Cada eslabón de la cadena tiene un impacto directo en el rendimiento general de la operación, por lo que una gestión adecuada de la logística es esencial para garantizar que cada parte del proceso fluya sin interrupciones y con la mayor eficiencia posible.

En este sentido, la logística se ocupa de la planificación, ejecución y control de las actividades relacionadas con el movimiento de bienes y servicios dentro de la cadena. La logística industrial abarca desde el abastecimiento de materiales para la fabricación hasta la entrega del producto terminado a los consumidores finales, e incluye actividades tales como el transporte, el almacenamiento, la distribución, la gestión de inventarios y la coordinación de las operaciones de producción.

Un aspecto crucial de la logística en la cadena de suministro es su capacidad para adaptarse a las demandas cambiantes del mercado. Las fluctuaciones en la demanda, las interrupciones en el suministro o los cambios en los precios de las materias primas son solo algunos de los factores que pueden afectar la eficacia de la logística. En este sentido, una logística eficiente no solo optimiza el flujo de productos, sino que también debe ser flexible y capaz de adaptarse a las condiciones cambiantes del entorno.

Planificación de la Demanda y Gestión de Inventarios

La planificación de la demanda es uno de los componentes más críticos de la gestión logística en la cadena de suministro. Esta fase implica predecir las necesidades futuras de productos y materiales, basándose en factores como las tendencias históricas de consumo, los datos del mercado, las políticas de inventario y las proyecciones económicas. Una planificación de la demanda precisa permite a las empresas evitar tanto los excesos como los faltantes de inventario, lo que a su vez minimiza los costos y mejora el nivel de servicio.

Para lograr una gestión eficiente de la demanda, las empresas emplean una variedad de técnicas y herramientas. Los sistemas de planificación de recursos empresariales (ERP) y las soluciones de gestión de la cadena de suministro (SCM) son fundamentales para automatizar la recopilación de datos, la previsión de la demanda y la sincronización de los niveles de inventario. Estos sistemas permiten la integración de todos los actores de la cadena de suministro, facilitando el flujo de información y ayudando a tomar decisiones informadas y oportunas.

Uno de los principales desafíos en la gestión de inventarios es encontrar un equilibrio entre la oferta y la demanda. Un inventario bajo puede llevar a la escasez de productos y a una reducción en la capacidad de respuesta ante la demanda del cliente, mientras que un inventario alto conlleva costos adicionales de almacenamiento, manejo y obsolescencia. Para abordar este desafío, las empresas recurren a técnicas como la gestión de inventarios just-in-time (JIT), que busca minimizar los niveles de inventario sin comprometer la capacidad de producción. Esta técnica se basa en la sincronización de la producción y la entrega de materiales de manera que se minimicen los costos de almacenamiento y se evite la sobreproducción.

Transporte y Distribución en la Cadena de Suministro

El transporte es uno de los elementos clave en la gestión logística de la cadena de suministro. La forma en que los productos se mueven a lo largo de la cadena afecta directamente los costos, el tiempo de entrega y la satisfacción del cliente. En la industria y la fabricación, el transporte debe ser gestionado de manera eficiente para minimizar los costos y mejorar la confiabilidad del servicio. Esto implica seleccionar los modos de transporte más adecuados (terrestre, marítimo, aéreo o ferroviario) y gestionar las rutas de manera que se optimice tanto el tiempo de entrega como los costos asociados.

La optimización de las rutas de distribución es una parte fundamental del transporte. Las empresas industriales suelen enfrentarse a desafíos complejos en la distribución de productos debido a la geografía, la variabilidad en la demanda y la necesidad de coordinar múltiples actores. Las soluciones avanzadas de software, como los sistemas de gestión de transporte (TMS), permiten optimizar las rutas mediante el análisis de datos en tiempo real, la predicción de tiempos de tránsito y la selección de los vehículos más adecuados para cada envío.

Una estrategia clave para mejorar la eficiencia en la distribución es la consolidación de cargas, que implica agrupar varias entregas en un solo envío para maximizar la capacidad de transporte y reducir los costos. Además, la planificación dinámica de rutas puede ajustarse en función de variables como el tráfico, las condiciones meteorológicas y las posibles interrupciones en la cadena.

El transporte multimodal también es una técnica utilizada para combinar diferentes tipos de transporte (por ejemplo, camión y ferrocarril o barco y camión) con el objetivo de mejorar la eficiencia y reducir los costos. Este enfoque, cuando se gestiona adecuadamente, puede resultar más económico y rápido que utilizar un solo tipo de transporte.

Gestión de Almacenes y Centros de Distribución

Los almacenes y centros de distribución son nodos fundamentales en la cadena de suministro, ya que funcionan como puntos de almacenamiento temporal de productos antes de su distribución final. La gestión eficiente de estos centros es esencial para garantizar que los productos estén disponibles cuando se necesiten, sin incurrir en costos innecesarios de almacenamiento o manejo.

La tecnología juega un papel clave en la optimización de los procesos de almacenamiento. Los sistemas de gestión de almacenes (WMS) permiten controlar y coordinar las operaciones dentro del almacén, tales como la recepción, el almacenamiento, el picking, el embalaje y el envío de productos. Estos sistemas automatizan muchas de las tareas, mejorando la precisión, reduciendo los tiempos de ciclo y mejorando la eficiencia general.

Además de los WMS, las empresas están adoptando nuevas tecnologías como robots autónomos, drones y sistemas de picking automatizado para agilizar las operaciones dentro del almacén. Estos avances tecnológicos no solo aumentan la eficiencia operativa, sino que también mejoran la seguridad y reducen los errores en las actividades de gestión de inventarios.

Integración de Tecnologías Emergentes en la Logística

La digitalización de la logística es un proceso fundamental que está revolucionando la manera en que las empresas gestionan sus cadenas de suministro. Tecnologías como el Internet de las Cosas (IoT), la inteligencia artificial (IA), el big data y el blockchain están desempeñando un papel transformador en la optimización de las operaciones logísticas.

El IoT permite la conexión de dispositivos y objetos en tiempo real, lo que mejora la visibilidad de las operaciones logísticas y facilita el seguimiento de los productos a lo largo de la cadena de suministro. Por ejemplo, los sensores IoT pueden rastrear la temperatura, la humedad o el estado de un producto en tránsito, lo que es especialmente importante para la industria farmacéutica o alimentaria, donde las condiciones de almacenamiento y transporte deben ser estrictamente controladas.

La inteligencia artificial y el aprendizaje automático están siendo utilizados para mejorar la previsión de la demanda, optimizar las rutas de distribución y gestionar el inventario de manera más eficiente. Los algoritmos predictivos pueden analizar grandes cantidades de datos históricos y actuales para identificar patrones y hacer predicciones más precisas sobre las necesidades futuras de productos.

El blockchain, como se mencionó en otros capítulos, está ganando terreno como una herramienta para mejorar la trazabilidad, la transparencia y la seguridad en la logística. La capacidad de crear registros inmutables de las transacciones y los movimientos de productos a lo largo de la cadena de suministro no solo mejora la visibilidad, sino que también ayuda a reducir el fraude y las disputas comerciales.

La Sostenibilidad en la Logística Industrial

En la actualidad, la sostenibilidad se ha convertido en una prioridad clave para las empresas industriales, no solo por su impacto ambiental, sino también debido a la creciente presión de los consumidores, reguladores y accionistas. En la gestión logística, la sostenibilidad implica la adopción de prácticas que minimicen el impacto ambiental, optimicen el uso de recursos y promuevan la eficiencia energética.

La logística verde es un enfoque cada vez más común que busca reducir las emisiones de gases de efecto invernadero a través de una mayor eficiencia en el transporte, el uso de vehículos eléctricos, la optimización de las rutas y la adopción de métodos de embalaje más sostenibles. Además, la gestión eficiente de los residuos y el uso de materiales reciclables son fundamentales para minimizar la huella de carbono de las operaciones logísticas.

La adopción de tecnologías limpias y el uso de energías renovables en las operaciones logísticas también están ayudando a las empresas a cumplir con sus objetivos de sostenibilidad, mientras que la economía circular está promoviendo el reciclaje y la reutilización de productos a lo largo de la cadena de suministro.

El Futuro de la Gestión Logística en la Cadena de Suministro

La gestión de la logística en la cadena de suministro industrial y de fabricación está experimentando una rápida evolución, impulsada por los avances tecnológicos, las crecientes expectativas de los consumidores y los nuevos desafíos económicos y regulatorios. A medida que la digitalización se profundiza, las empresas están adoptando enfoques cada vez más innovadores para mejorar la eficiencia, la flexibilidad y la sostenibilidad de sus operaciones logísticas.

En el futuro, podemos esperar una mayor automatización en todas las fases de la logística, desde el almacenamiento y la gestión de inventarios hasta el transporte y la distribución. El uso de inteligencia artificial, robótica avanzada y vehículos autónomos cambiará radicalmente la forma en que los productos se fabrican, almacenan y entregan, reduciendo los costos, mejorando los tiempos de entrega y minimizando los errores humanos.

Por otro lado, la creciente integración de tecnologías de trazabilidad, como el blockchain y el IoT, ofrecerá una visibilidad sin precedentes de cada paso en la cadena de suministro, permitiendo a las empresas gestionar de manera más eficiente los riesgos y los costos asociados con la logística.

En resumen, la gestión logística en la cadena de suministro industrial y de fabricación es un componente esencial que influye directamente en la competitividad y el éxito de las empresas. A medida que las empresas continúan adoptando tecnologías avanzadas y mejorando sus procesos logísticos, la eficiencia, la sostenibilidad y la adaptabilidad serán las claves para mantenerse competitivos en un mercado global en constante cambio.

Conclusión

La gestión de la logística en la cadena de suministro industrial y de fabricación representa uno de los aspectos más complejos y cruciales para las empresas que operan en sectores altamente competitivos y globalizados. La capacidad de gestionar eficientemente el flujo de bienes, materiales e información a lo largo de la cadena de suministro tiene un impacto directo en la rentabilidad, la capacidad de respuesta al cliente y la eficiencia operativa de las organizaciones. Con la creciente demanda de personalización, tiempos de entrega más rápidos y una presión constante por reducir costos, las empresas deben emplear estrategias logísticas sofisticadas y soluciones tecnológicas innovadoras para mantener una ventaja competitiva en el mercado.

Desde la planificación de la demanda hasta la optimización del transporte y la distribución, cada componente de la logística desempeña un papel esencial en la construcción de una cadena de suministro ágil y eficiente. Las herramientas tecnológicas, como los sistemas de planificación de recursos empresariales (ERP), los sistemas de gestión de transporte (TMS) y los sistemas de gestión de almacenes (WMS), están ayudando a automatizar procesos, mejorar la precisión y reducir los costos operativos. Además, el uso de tecnologías emergentes, como el Internet de las Cosas (IoT), la inteligencia artificial (IA), el big data y el blockchain, está transformando la manera en que las empresas gestionan sus cadenas de suministro, permitiendo un nivel de visibilidad, trazabilidad y optimización que era impensable hace apenas unos años.

La logística también juega un papel clave en la sostenibilidad, un aspecto cada vez más importante para las empresas, tanto desde una perspectiva regulatoria como de responsabilidad social. La implementación de prácticas de logística verde, el uso de energías renovables y la optimización del uso de recursos no solo reducen el impacto ambiental, sino que también contribuyen a una mayor eficiencia operativa y a la mejora de la imagen corporativa de las empresas.

Sin embargo, los retos persisten. La integración de la logística con las operaciones de fabricación, el manejo de la volatilidad en la demanda, las interrupciones en el suministro y las crecientes expectativas de los consumidores requieren de un enfoque cada vez más flexible y adaptativo. Las empresas deben estar preparadas para gestionar estas complejidades, implementando sistemas que permitan reaccionar rápidamente a los cambios en el entorno económico, social y tecnológico.

A medida que avanzamos hacia el futuro, la gestión logística se encuentra en el centro de la transformación digital en la cadena de suministro. La automatización de los procesos, la integración de datos en tiempo real y la mejora de la transparencia en toda la cadena, impulsada por tecnologías como el IoT y el blockchain, prometen revolucionar la forma en que las empresas gestionan la producción, el almacenamiento y la distribución de productos. Además, la adopción de nuevas estrategias logísticas que integren vehículos autónomos, drones y robótica avanzada cambiará la logística tradicional, haciendo que las operaciones sean más rápidas, seguras y eficientes.

En conclusión, la gestión logística de la cadena de suministro industrial y de fabricación es mucho más que un conjunto de tareas operativas; es un elemento estratégico que puede marcar la diferencia entre el éxito y el fracaso de una empresa. Al integrar tecnologías avanzadas, optimizar los procesos y garantizar la sostenibilidad, las empresas no solo mejoran su eficiencia interna, sino que también contribuyen a crear una cadena de suministro más resiliente y preparada para los retos del futuro. En un mundo cada vez más interconectado y dinámico, la gestión logística eficiente será un factor clave para mantener la competitividad, responder a las demandas del mercado y construir un negocio sostenible y exitoso.

SOSTENIBILIDAD EN LA CADENA DE SUMINISTRO

La sostenibilidad ha emergido como uno de los pilares clave para las empresas que operan en el sector industrial y de fabricación. En un contexto global cada vez más orientado hacia la eficiencia de los recursos, el respeto por el medio ambiente y la responsabilidad social, las empresas están comenzando a adoptar prácticas sostenibles no solo como un imperativo ético, sino también como un requisito para la competitividad y la rentabilidad a largo plazo. La sostenibilidad en la cadena de suministro se refiere a la capacidad de una empresa para gestionar de manera responsable y eficiente los recursos a lo largo de la cadena, con el objetivo de reducir los impactos negativos sobre el medio ambiente, promover el bienestar social y garantizar la viabilidad económica de las operaciones.

En los sectores industriales y de fabricación, la cadena de suministro juega un papel esencial en la generación de impactos medioambientales y sociales. Desde la extracción de materias primas hasta la producción y distribución de productos finales, cada eslabón de la cadena tiene una huella ecológica significativa. Por ello, las empresas deben adoptar enfoques integrales para mejorar la sostenibilidad de sus operaciones, lo que no solo contribuye a la protección del medio ambiente, sino que también puede ofrecer ventajas económicas, como la reducción de costos, la mejora de la eficiencia operativa y la creación de una imagen positiva ante los consumidores y los inversores.

Este capítulo explora en profundidad el concepto de sostenibilidad en la cadena de suministro industrial y de fabricación, destacando las prácticas clave que las empresas están adoptando para mejorar su desempeño ambiental, social y económico. A lo largo de este análisis, se abarcarán temas como la optimización de los recursos, la gestión de la energía, las emisiones de carbono, las políticas de residuos, la sostenibilidad en las compras y la producción, así como el papel creciente de las tecnologías digitales y emergentes en la implementación de estas prácticas.

La Sostenibilidad en la Cadena de Suministro: Una Visión Global

En el contexto actual, la sostenibilidad en la cadena de suministro implica mucho más que cumplir con regulaciones medioambientales o cumplir con las expectativas de los consumidores. Se trata de un enfoque estratégico que abarca todos los aspectos de las operaciones empresariales, desde la adquisición de materiales hasta la entrega final del producto. Cada eslabón de la cadena debe ser evaluado en términos de su impacto ambiental, social y económico, y se deben implementar medidas para reducir los efectos negativos mientras se mejoran los resultados a largo plazo.

La sostenibilidad se ha convertido en una prioridad empresarial por varias razones. En primer lugar, la creciente presión de los consumidores, los inversores y los reguladores exige que las empresas adopten prácticas responsables. Los consumidores, especialmente las generaciones más jóvenes, son cada vez más conscientes del impacto ambiental de sus decisiones de compra y prefieren productos fabricados de manera sostenible. Los inversores, por su parte, están cada vez más interesados en financiar empresas que demuestren un compromiso con la sostenibilidad, ya que se reconoce que las prácticas responsables a menudo se correlacionan con una mayor rentabilidad a largo plazo. Finalmente, los gobiernos de todo el mundo están implementando regulaciones más estrictas sobre el uso de recursos, la gestión de residuos y las emisiones de carbono, lo que obliga a las empresas a ajustarse a estas normativas para evitar sanciones y multas.

La sostenibilidad en la cadena de suministro no se trata únicamente de la adopción de nuevas tecnologías o el cumplimiento de normas; también es una cuestión de redefinir los procesos existentes para hacerlos más eficientes, más respetuosos con el medio ambiente y más inclusivos socialmente. Esto implica una transformación de las mentalidades y prácticas tradicionales, un cambio hacia un modelo de economía circular, donde los recursos se reutilizan, reciclan o regeneran, y donde las externalidades ambientales y sociales se minimizan.

La Sostenibilidad Ambiental en la Cadena de Suministro Industrial

El impacto ambiental de las actividades industriales y de fabricación a lo largo de la cadena de suministro es significativo. La extracción de materias primas, el uso de energía, el transporte y la producción de residuos son algunas de las áreas donde se concentran los mayores impactos. Por ello, la sostenibilidad ambiental en la cadena de suministro se enfoca en reducir el uso de recursos naturales, minimizar las emisiones de gases de efecto invernadero, optimizar los procesos de producción y gestionar de manera adecuada los residuos y subproductos.

Optimización de los Recursos y la Eficiencia Energética

La optimización de los recursos es un principio fundamental de la sostenibilidad. Las empresas están adoptando prácticas para reducir el consumo de materiales, mejorar la eficiencia del uso de energía y minimizar el desperdicio. Un área clave de esta optimización es la gestión eficiente de los recursos en la producción. Las técnicas como el Justo a Tiempo (JIT), que sincronizan la producción con la demanda real, ayudan a reducir los niveles de inventario y a disminuir el desperdicio de materiales.

La eficiencia energética es otro aspecto crucial en la sostenibilidad industrial. Las fábricas son responsables de una gran parte del consumo global de energía, por lo que implementar prácticas para reducir el uso de energía puede tener un impacto significativo en la huella ambiental. Las empresas están invirtiendo en equipos más eficientes, mejorando sus procesos de producción mediante la tecnología de la automatización, la inteligencia artificial y el Internet de las Cosas (IoT), y adoptando fuentes de energía renovables, como la energía solar y eólica. Además, las auditorías energéticas periódicas y la mejora de la infraestructura de edificios también contribuyen a una mayor eficiencia en el consumo de energía.

Reducción de Emisiones de Carbono

Las emisiones de carbono de las actividades industriales representan uno de los mayores desafíos ambientales. La descarbonización de la cadena de suministro es, por lo tanto, un objetivo clave para muchas empresas. Esto implica identificar las fuentes de emisiones en cada eslabón de la cadena y trabajar para reducirlas. La transición a fuentes de energía renovables en la fabricación, el transporte y la distribución es una de las maneras más efectivas de reducir la huella de carbono.

Las empresas están utilizando la huella de carbono como una herramienta para medir y gestionar sus emisiones, lo que les permite establecer metas claras para la reducción de CO2. Muchas organizaciones están adoptando iniciativas como la compensación de carbono, en las que se invierte en proyectos de reforestación o en tecnologías que capturan carbono de la atmósfera.

Gestión de Residuos y Economía Circular

El manejo de residuos industriales es otro aspecto clave de la sostenibilidad en la cadena de suministro. La generación de residuos en la producción y su disposición pueden tener efectos negativos sobre el medio ambiente. En lugar de simplemente desechar los productos desechados, muchas empresas están adoptando el modelo de economía circular, que busca reutilizar, reciclar o regenerar materiales en lugar de eliminarlos.

La gestión de residuos en las fábricas incluye la segregación de materiales reciclables, el tratamiento adecuado de residuos peligrosos y la búsqueda de soluciones para reutilizar subproductos. Por ejemplo, los residuos de materiales como metales, plásticos y vidrio pueden ser reciclados y reincorporados al proceso de fabricación, reduciendo la necesidad de materias primas vírgenes y reduciendo la cantidad de residuos enviados a los vertederos.

La Sostenibilidad Social en la Cadena de Suministro

La sostenibilidad no solo se refiere a la protección del medio ambiente, sino también a la creación de valor social a lo largo de la cadena de suministro. Las empresas deben velar por el bienestar de las personas involucradas en sus operaciones, lo que incluye a los empleados, los proveedores y las comunidades locales. La sostenibilidad social se basa en principios de trabajo decente, equidad social, responsabilidad laboral y compromiso con la comunidad.

Condiciones Laborales y Derechos Humanos

La responsabilidad social corporativa (RSC) es un componente esencial de la sostenibilidad en la cadena de suministro. Las empresas deben garantizar que todas las partes de la cadena de suministro cumplan con estándares laborales justos y que se respeten los derechos humanos. En muchas industrias, la subcontratación y la externalización de la producción en países con legislaciones laborales menos estrictas ha dado lugar a condiciones de trabajo deficientes, explotación infantil y falta de seguridad en los lugares de trabajo.

Para combatir esto, las empresas deben establecer políticas claras sobre las condiciones laborales en toda su cadena de suministro, implementar auditorías periódicas de sus proveedores y asegurarse de que las condiciones de trabajo sean seguras, saludables y justas. Además, muchos consumidores prefieren marcas que promuevan un comercio ético, y las empresas que adoptan estas políticas pueden generar lealtad de marca y mejorar su reputación.

Inclusión y Diversidad en la Fuerza Laboral

Las empresas también deben velar por la diversidad e inclusión en sus operaciones, asegurándose de que sus políticas no discriminen a ningún grupo y fomenten un ambiente de trabajo equitativo. Promover la igualdad de género, la inclusión de grupos minoritarios y el acceso a oportunidades de desarrollo profesional son elementos clave en el compromiso social de las empresas.

La Sostenibilidad Económica: Rentabilidad a Largo Plazo

La sostenibilidad económica se refiere a la capacidad de las empresas para generar beneficios a largo plazo sin comprometer su capacidad para operar en el futuro. A menudo, la sostenibilidad económica en la cadena de suministro se vincula con la eficiencia de los recursos, la reducción de costos y la creación de valor para todas las partes interesadas.

Reducción de Costos Operativos

Adoptar prácticas sostenibles puede ser una estrategia efectiva para reducir los costos operativos. Al optimizar el uso de recursos, mejorar la eficiencia energética y reducir los residuos, las empresas pueden disminuir sus costos de producción y distribución. La transición a tecnologías más limpias y eficientes también puede reducir los costos a largo plazo, ya que las empresas se vuelven menos dependientes de los recursos no renovables y las fluctuaciones en los precios de los combustibles.

Creación de Valor a Largo Plazo

Además de los beneficios inmediatos en términos de costos, la sostenibilidad puede ayudar a las empresas a crear valor a largo plazo. La adopción de prácticas sostenibles mejora la reputación corporativa, aumenta la lealtad de los clientes y puede abrir nuevas oportunidades de mercado. Además, los inversores están cada vez más interesados en financiar empresas que demuestren un fuerte compromiso con la sostenibilidad, ya que esto se considera una señal de gestión prudente y visión a largo plazo.

El Papel de la Tecnología en la Sostenibilidad de la Cadena de Suministro

Las tecnologías digitales están desempeñando un papel fundamental en la mejora de la sostenibilidad de la cadena de suministro. El Internet de las Cosas (IoT), el big data, la inteligencia artificial (IA), el blockchain y la automatización están permitiendo a las empresas optimizar sus operaciones, mejorar la trazabilidad de los productos y reducir su huella ambiental.

Big Data y Análisis Predictivo

El análisis de datos permite a las empresas predecir la demanda, optimizar la producción y reducir el desperdicio. Mediante el uso de big data, las empresas pueden identificar áreas de mejora en su cadena de suministro y tomar decisiones más informadas sobre la gestión de recursos y la optimización de rutas de distribución.

Blockchain para la Trazabilidad y Transparencia

El blockchain ofrece una solución para mejorar la trazabilidad y la transparencia en la cadena de suministro. Permite a las empresas registrar de manera segura e inmutable todas las transacciones y movimientos de productos, lo que aumenta la confianza de los consumidores y facilita la verificación de las prácticas sostenibles.

Conclusión

La sostenibilidad en la cadena de suministro industrial y de fabricación es esencial no solo para preservar los recursos naturales y proteger el medio ambiente, sino también para crear valor social y económico a largo plazo. Las empresas que adoptan enfoques sostenibles no solo mejoran su competitividad y eficiencia operativa, sino que también contribuyen a una economía más justa y responsable. El futuro de la cadena de suministro pasa por la integración de tecnologías avanzadas, la optimización de recursos, la gestión de emisiones y residuos, y la promoción de prácticas laborales justas y equitativas.

GESTIÓN DE RIESGOS EN LA CADENA DE SUMINISTRO

La cadena de suministro en los sectores industriales y de fabricación es un sistema complejo y dinámico que involucra múltiples actores, procesos y flujos de materiales, información y productos. En este contexto, la gestión de riesgos se ha convertido en una función crítica para las empresas que buscan mantener la continuidad de sus operaciones, optimizar su eficiencia y minimizar los impactos negativos derivados de diversas amenazas. Los riesgos en la cadena de suministro pueden surgir de diversas fuentes, como interrupciones en el suministro de materias primas, fluctuaciones en la demanda, desastres naturales, fallos tecnológicos, o incluso factores geopolíticos.

La gestión de riesgos en la cadena de suministro implica identificar, evaluar y mitigar los riesgos que podrían interrumpir o afectar el funcionamiento normal de los procesos logísticos, de producción y distribución. En el contexto industrial y de fabricación, la complejidad de la cadena de suministro hace que la gestión de riesgos sea especialmente desafiante, ya que involucra una serie de variables interdependientes que, si no se gestionan adecuadamente, pueden generar efectos en cadena que afectan la rentabilidad, la reputación y la competitividad de las empresas.

Este capítulo explora en detalle la gestión de riesgos en la cadena de suministro dentro del área industrial y de fabricación, con un enfoque particular en los tipos de riesgos más comunes, las estrategias de mitigación más efectivas y las mejores prácticas para garantizar la resiliencia y la continuidad operativa. A lo largo de este análisis, se abordarán aspectos clave como la identificación de riesgos, la evaluación de la probabilidad e impacto de dichos riesgos, el desarrollo de estrategias de mitigación y la importancia de la colaboración entre los diferentes actores de la cadena de suministro.

La Importancia de la Gestión de Riesgos en la Cadena de Suministro Industrial y de Fabricación

La cadena de suministro industrial y de fabricación es el corazón de las operaciones de muchas empresas. A través de ella, se gestionan los materiales, los inventarios, los procesos de producción, la distribución y la entrega de productos terminados. Esta cadena, al estar conformada por múltiples eslabones interconectados, es vulnerable a una serie de riesgos que pueden afectar a cualquiera de sus componentes. Estos riesgos pueden alterar la eficiencia operativa, provocar retrasos en la producción, aumentar los costos y, en el peor de los casos, interrumpir completamente las operaciones de la empresa.

La globalización, la digitalización y el aumento de la complejidad de las cadenas de suministro han incrementado tanto las oportunidades como los riesgos. Los mercados mundiales ofrecen acceso a una mayor variedad de proveedores y clientes, pero también significan una mayor exposición a factores externos. La gestión de riesgos, en este contexto, se convierte en una herramienta clave para garantizar que las empresas puedan anticiparse y reaccionar ante las incertidumbres y los imprevistos que pueden afectar a sus operaciones.

Además, la gestión de riesgos no solo está orientada a la protección ante posibles amenazas, sino también a la creación de una cultura organizacional resiliente que sea capaz de adaptarse y recuperarse rápidamente de cualquier evento disruptivo. De este modo, la gestión de riesgos se vincula estrechamente con la resiliencia empresarial, la capacidad de una empresa para mantener su funcionamiento incluso cuando se enfrentan a situaciones adversas.

Tipos de Riesgos en la Cadena de Suministro Industrial y de Fabricación

Los riesgos en la cadena de suministro industrial y de fabricación pueden clasificarse en varias categorías, dependiendo de su naturaleza, origen y efectos potenciales. A continuación, se detallan los tipos de riesgos más comunes que enfrentan las empresas en este ámbito.

Riesgos de Suministro de Materias Primas

Uno de los riesgos más importantes en la cadena de suministro industrial es el relacionado con la obtención de materias primas. La disponibilidad de estos insumos esenciales depende de factores como la oferta y la demanda global, las condiciones meteorológicas, las interrupciones logísticas o las crisis geopolíticas. Cuando una empresa depende de proveedores específicos para obtener materias primas, cualquier interrupción en este suministro puede afectar directamente su capacidad de producción. Por ejemplo, un proveedor que experimenta problemas financieros o logísticos puede retrasar las entregas, lo que a su vez puede afectar la capacidad de la fábrica para operar con normalidad.

Riesgos Tecnológicos y de Ciberseguridad

La digitalización de la cadena de suministro ha introducido nuevos riesgos, particularmente aquellos asociados con la ciberseguridad. Las amenazas tecnológicas, como los ataques de ransomware, el robo de datos o las fallas en los sistemas tecnológicos, pueden interrumpir la operación normal de la cadena de suministro. Un fallo en los sistemas de gestión de inventarios o en las plataformas de seguimiento de pedidos puede paralizar la producción y provocar retrasos en los plazos de entrega. Las empresas también dependen de tecnologías como el Internet de las Cosas (IoT) y la inteligencia artificial (IA) para optimizar la cadena de suministro, lo que aumenta su exposición a riesgos tecnológicos.

Riesgos Financieros y de Fluctuaciones en los Precios

Las fluctuaciones en los precios de las materias primas, los costos del transporte y los cambios en las tasas de cambio son fuentes significativas de riesgo para las empresas manufactureras. La variabilidad de los costos puede afectar la rentabilidad de los productos y la capacidad de las empresas para mantener precios competitivos. Además, las condiciones económicas globales, como recesiones o cambios en las políticas comerciales, pueden impactar en la viabilidad financiera de la cadena de suministro.

Riesgos Climáticos y Ambientales

Los riesgos derivados de fenómenos meteorológicos extremos, como huracanes, inundaciones, sequías o temperaturas extremas, pueden interrumpir el suministro de materias primas o la distribución de productos. El cambio climático ha hecho que estos riesgos sean cada vez más inciertos y difíciles de predecir, lo que aumenta la complejidad de la gestión de la cadena de suministro. La vulnerabilidad a estos riesgos varía según la ubicación de las instalaciones de producción y los centros logísticos, pero en general, las empresas deben estar preparadas para eventos climáticos inesperados que puedan afectar tanto la producción como la distribución.

Riesgos Regulatorios y Legales

Las empresas operan en un entorno regulatorio que está en constante cambio. Las leyes y normativas relacionadas con la seguridad laboral, la protección del medio ambiente, el comercio internacional y las políticas fiscales pueden variar según el país o la región. El incumplimiento de estas normativas puede dar lugar a sanciones económicas, litigios y daños a la reputación. En particular, las regulaciones medioambientales están cada vez más presentes en la cadena de suministro industrial, lo que obliga a las empresas a cumplir con estrictos estándares de emisiones, gestión de residuos y uso de recursos.

Riesgos de Demanda y de Mercado

La incertidumbre en la demanda de productos es otro riesgo común en la cadena de suministro. Los cambios en los patrones de consumo, los gustos de los clientes y las condiciones del mercado pueden alterar la previsión de la demanda y afectar la planificación de la producción. Las empresas que no cuentan con un sistema robusto para gestionar la planificación de la demanda corren el riesgo de producir en exceso o no tener suficiente inventario para satisfacer las necesidades de los clientes.

Riesgos Geopolíticos

Los riesgos geopolíticos, como las tensiones comerciales, los conflictos armados o los cambios en las políticas gubernamentales, pueden alterar significativamente las cadenas de suministro globales. Por ejemplo, las sanciones comerciales, los aranceles o los bloqueos comerciales pueden hacer que los costos de adquisición de materiales o los tiempos de entrega aumenten. Las empresas que dependen de mercados internacionales se enfrentan a riesgos adicionales en cuanto a la estabilidad política y económica de los países donde tienen operaciones o proveedores.

Estrategias de Gestión de Riesgos en la Cadena de Suministro

La gestión de riesgos efectiva requiere la implementación de estrategias que permitan anticiparse a los riesgos, mitigarlos cuando se materialicen y garantizar la continuidad de las operaciones en el caso de que se produzca una interrupción. A continuación, se detallan algunas de las principales estrategias de gestión de riesgos que las empresas pueden adoptar en su cadena de suministro.

Diversificación de Proveedores

Una de las formas más eficaces de mitigar los riesgos relacionados con el suministro de materias primas es la diversificación de proveedores. Dependiendo de un único proveedor puede exponer a la empresa a un riesgo elevado si ese proveedor experimenta problemas. Al diversificar las fuentes de suministro, las empresas pueden reducir la dependencia de un solo actor y garantizar que la producción no se vea interrumpida en caso de que un proveedor falle.

Planificación y Gestión de Inventarios

La gestión de inventarios adecuada es una herramienta clave en la mitigación de riesgos. Mantener niveles óptimos de inventario puede ayudar a las empresas a manejar fluctuaciones inesperadas en la demanda o interrupciones en el suministro. Sin embargo, este enfoque requiere un equilibrio cuidadoso, ya que el exceso de inventario puede generar costos adicionales en términos de almacenamiento y deterioro, mientras que la escasez de inventarios puede llevar a la interrupción de la producción y a la insatisfacción del cliente. Los sistemas de gestión de inventarios automatizados, que incorporan tecnologías de la información y el análisis de datos, son fundamentales para optimizar los niveles de stock de acuerdo con la demanda proyectada, los tiempos de entrega y la variabilidad del mercado.

Una estrategia comúnmente empleada es el Justo a Tiempo (JIT), que tiene como objetivo minimizar el inventario y hacer que los materiales lleguen a la línea de producción solo cuando son necesarios. Aunque este enfoque ayuda a reducir costos operativos y de almacenamiento, también lo hace más vulnerable a interrupciones en el suministro. Como alternativa, algunas empresas prefieren estrategias más conservadoras como la gestión de inventarios de seguridad, que se basan en mantener un inventario adicional para mitigar las fluctuaciones de la oferta y la demanda.

Implementación de Planes de Continuidad del Negocio (BCP)

Un aspecto central de la gestión de riesgos en la cadena de suministro es el desarrollo de un Plan de Continuidad del Negocio (BCP). Este plan tiene como objetivo garantizar que una empresa pueda seguir operando en el caso de que se materialice un riesgo significativo, como una interrupción de la cadena de suministro o un desastre natural. Los planes de continuidad del negocio abarcan una serie de actividades preventivas y reactivas que permiten a la empresa mantener la operatividad ante circunstancias adversas.

El BCP debe incluir estrategias de respuesta ante crisis, identificación de los recursos críticos necesarios para las operaciones y planes de recuperación para restaurar los procesos en caso de una interrupción. Por ejemplo, una empresa puede identificar las partes clave de su cadena de suministro y establecer protocolos alternativos o de contingencia para esos componentes. Esto puede implicar establecer relaciones con proveedores secundarios que puedan intervenir rápidamente en caso de fallos en los proveedores primarios, o disponer de inventarios adicionales de piezas o materiales clave para la producción.

Uso de Tecnologías Avanzadas para la Monitoreo y Gestión de Riesgos

El uso de tecnologías avanzadas es una de las estrategias más efectivas para mejorar la visibilidad y la trazabilidad en la cadena de suministro, lo que a su vez permite una gestión de riesgos más eficiente. Las tecnologías emergentes, como el Internet de las Cosas (IoT), la inteligencia artificial (IA), el big data y el blockchain, están transformando la forma en que las empresas gestionan sus cadenas de suministro.

Por ejemplo, las plataformas IoT permiten realizar un seguimiento en tiempo real de los productos y materiales a lo largo de la cadena de suministro, lo que ofrece visibilidad instantánea sobre el estado de los inventarios, el transporte y los plazos de entrega. Estas plataformas pueden detectar posibles cuellos de botella o retrasos antes de que se conviertan en problemas graves. Las herramientas de análisis predictivo, basadas en IA y big data, permiten a las empresas prever riesgos potenciales mediante el análisis de patrones históricos y la identificación de tendencias futuras.

Además, el uso de blockchain para la trazabilidad de los productos puede proporcionar transparencia y confiabilidad en toda la cadena de suministro. Blockchain permite registrar de manera inmutable todas las transacciones y movimientos de productos, lo que reduce el riesgo de fraude, errores en el registro de inventarios y problemas relacionados con la calidad de los productos. Con una mayor transparencia, las empresas pueden reaccionar más rápidamente ante cualquier irregularidad o interrupción en la cadena.

Colaboración con Proveedores y Socios Estratégicos

La colaboración entre las empresas y sus proveedores es un aspecto fundamental para la gestión de riesgos. A menudo, los riesgos en la cadena de suministro no pueden ser gestionados de manera efectiva por una sola empresa; requieren una cooperación estrecha entre todos los actores involucrados. El establecimiento de relaciones a largo plazo y la creación de asociaciones estratégicas con proveedores puede ayudar a las empresas a anticiparse a posibles interrupciones, mejorar la resiliencia de la cadena de suministro y gestionar de manera más eficaz los riesgos compartidos.

Una forma de fortalecer estas relaciones es a través de contratos de suministro más flexibles, que incluyan cláusulas de contingencia para hacer frente a interrupciones inesperadas. También se puede fomentar una mayor visibilidad de los procesos a través de plataformas colaborativas, donde tanto los proveedores como los clientes puedan acceder a la misma información en tiempo real sobre inventarios, producción y plazos de entrega. Estas plataformas permiten una respuesta más rápida a cualquier problema que surja en la cadena.

Aseguramiento y Seguro de Riesgos

En algunos casos, los riesgos no pueden mitigarse completamente. Por esta razón, muchas empresas optan por asegurar los riesgos a través de productos de seguros especializados, como el seguro de interrupción de la cadena de suministro o el seguro de transporte de mercancías. Estos seguros están diseñados para cubrir pérdidas económicas derivadas de fallos en el suministro, retrasos en la entrega o daños a los bienes durante el proceso logístico.

El uso adecuado de seguros permite a las empresas tener una mayor capacidad de recuperación financiera en caso de que un riesgo se materialice. Sin embargo, los seguros no deben ser vistos como la solución principal para la gestión de riesgos, sino más bien como una herramienta complementaria a otras estrategias de mitigación.

Evaluación Continua de Riesgos y Mejoras Proactivas

La gestión de riesgos no debe ser un proceso estático, sino que debe ser una actividad continua y dinámica. Los planes de mitigación de riesgos deben ser evaluados y actualizados regularmente para adaptarse a los cambios en el entorno económico, geopolítico, tecnológico y ambiental. Las empresas deben realizar auditorías periódicas de su cadena de suministro para identificar nuevos riesgos potenciales, evaluar la efectividad de las medidas existentes y aplicar mejoras proactivas.

Las metodologías de gestión de riesgos ágiles permiten que las empresas respondan rápidamente a nuevas amenazas o oportunidades. Este enfoque flexible les permite adaptarse rápidamente a los cambios del mercado, las nuevas tecnologías y los cambios regulatorios, lo que a su vez mejora la capacidad de recuperación ante cualquier evento disruptivo.

Resiliencia y Agilidad: Claves para la Gestión de Riesgos en la Cadena de Suministro

La resiliencia y la agilidad se han convertido en principios fundamentales para las organizaciones que buscan gestionar los riesgos de manera efectiva en la cadena de suministro.

La resiliencia se refiere a la capacidad de una empresa para resistir, adaptarse y recuperarse de eventos disruptivos. Esto requiere una planificación anticipada y una infraestructura robusta que permita a las empresas hacer frente a crisis inesperadas. Una cadena de suministro resiliente puede absorber el impacto de eventos disruptivos sin que esto afecte gravemente la operación general de la empresa.

Por otro lado, la agilidad es la capacidad de una empresa para adaptarse rápidamente a cambios en las condiciones del mercado, en la demanda de los consumidores, o en los costos de producción. Las empresas ágiles pueden reaccionar con rapidez ante eventos disruptivos y ajustar sus operaciones de manera flexible para mantener la continuidad del negocio.

Una cadena de suministro ágil y resiliente no solo se basa en la capacidad de gestionar riesgos, sino también en la anticipación y la preparación para lo inesperado. Esto significa que las empresas deben desarrollar capacidades que les permitan cambiar de rumbo rápidamente, modificar sus flujos de trabajo y adaptarse a nuevas realidades sin perder competitividad.

Conclusión

La gestión de riesgos en la cadena de suministro industrial y de fabricación es esencial para garantizar la continuidad operativa, la competitividad y la sostenibilidad de las empresas en un entorno cada vez más incierto y globalizado. Los riesgos asociados con factores como la variabilidad de la demanda, la disponibilidad de materias primas, los fallos tecnológicos, las fluctuaciones económicas y los desastres naturales, entre otros, pueden tener impactos devastadores en las operaciones y la rentabilidad de una organización. En este sentido, implementar estrategias proactivas y preventivas es crucial para mitigar las posibles amenazas y reducir sus consecuencias.

A lo largo de este capítulo, se ha explorado cómo la identificación y evaluación de riesgos debe ser un proceso continuo que involucra la colaboración estrecha con proveedores, el uso de tecnologías avanzadas para la trazabilidad y monitoreo, y el desarrollo de planes de contingencia robustos. Las empresas deben estar preparadas para hacer frente a eventos disruptivos, no solo a través de la creación de inventarios y fuentes alternativas de suministro, sino también mediante la construcción de relaciones sólidas con sus socios estratégicos y la adopción de un enfoque flexible y ágil ante cambios inesperados.

La resiliencia organizacional, apoyada por tecnologías como el big data, el IoT, la inteligencia artificial (IA) y el blockchain, juega un papel fundamental en la capacidad de las empresas para anticipar riesgos y adaptarse rápidamente a nuevas circunstancias. Estas herramientas no solo mejoran la eficiencia operativa y la toma de decisiones, sino que también brindan una mayor transparencia y visibilidad a lo largo de toda la cadena de suministro, permitiendo una respuesta rápida y efectiva ante cualquier contingencia.

La integración de la gestión de riesgos en la estrategia empresarial global no solo protege a las organizaciones de pérdidas potenciales, sino que también ofrece la oportunidad de crear valor a largo plazo. Las empresas que logran gestionar eficazmente los riesgos se posicionan como líderes en sus respectivos sectores, ya que demuestran su capacidad para mantener operaciones consistentes y fiables, independientemente de los desafíos externos.

En última instancia, la gestión de riesgos no es solo una herramienta reactiva, sino una ventaja competitiva que permite a las empresas anticiparse a futuros desafíos, optimizar sus recursos y seguir operando de manera eficiente incluso en tiempos de incertidumbre. Este enfoque integral no solo garantiza la sostenibilidad de las operaciones, sino que también contribuye al fortalecimiento de la relación con los clientes, los proveedores y las comunidades en las que operan. Por lo tanto, las empresas deben continuar invirtiendo en la mejora de sus capacidades para gestionar los riesgos, lo que les permitirá no solo sobrevivir a los imprevistos, sino también prosperar en un entorno empresarial cada vez más dinámico y desafiante.

COLABORACIÓN Y COMUNICACIÓN

La cadena de suministro es un proceso complejo que involucra a múltiples actores, entre ellos proveedores, fabricantes, distribuidores, minoristas y clientes finales. En el contexto industrial y de fabricación, este proceso se vuelve aún más intrincado debido a la diversidad de operaciones, la variedad de materiales, la logística y la necesidad de gestionar grandes volúmenes de datos e información. La colaboración y la comunicación son dos pilares fundamentales que permiten que todos estos actores trabajen de manera coordinada para asegurar la eficiencia, la efectividad y la resiliencia de la cadena de suministro.

La colaboración en la cadena de suministro no solo se refiere a la interacción entre las empresas que conforman la cadena, sino también a la integración de procesos, recursos, capacidades y conocimientos para lograr objetivos comunes. De igual manera, la comunicación juega un papel crucial, ya que permite el flujo de información entre las diferentes partes, asegurando que todas estén alineadas y puedan tomar decisiones informadas en tiempo real. Ambos aspectos son esenciales para enfrentar los desafíos y riesgos inherentes a la cadena de suministro, como los cambios en la demanda, los problemas logísticos, las interrupciones en el suministro y las fluctuaciones de precios.

Este capítulo explora en profundidad la importancia de la colaboración y la comunicación en la cadena de suministro, específicamente en el ámbito industrial y de fabricación, así como las estrategias y herramientas que las empresas pueden emplear para mejorar estos aspectos y maximizar los beneficios. A lo largo del capítulo, se discutirán las barreras comunes que limitan una colaboración efectiva, los beneficios tangibles de una comunicación fluida, las tecnologías habilitadoras y cómo las mejores prácticas pueden transformar las cadenas de suministro en sistemas más robustos, ágiles y competitivos.

La Importancia de la Colaboración en la Cadena de Suministro

La colaboración en la cadena de suministro es un proceso estratégico y multifacético que involucra la cooperación entre las distintas organizaciones para mejorar la eficiencia, reducir costos y asegurar la calidad en los productos y servicios. En el contexto industrial y de fabricación, esta colaboración se extiende más allá de la relación tradicional entre comprador y proveedor; involucra una integración profunda de procesos, la co-creación de soluciones y una gestión compartida de riesgos.

Colaboración entre Proveedores y Fabricantes

Uno de los aspectos más importantes de la colaboración en la cadena de suministro industrial es la relación entre proveedores y fabricantes. En muchos casos, las empresas manufactureras dependen de varios proveedores para obtener las materias primas o componentes necesarios para la producción. Sin embargo, la comunicación ineficiente o la falta de alineación entre ambas partes pueden dar lugar a retrasos en los tiempos de entrega, escasez de materiales o problemas de calidad. Para mitigar estos riesgos, las empresas deben trabajar de manera conjunta con sus proveedores, compartiendo información clave, estableciendo expectativas claras y colaborando en la mejora de procesos.

Co-Creación y Desarrollo de Productos

La colaboración no solo es importante para las operaciones diarias, sino también en el desarrollo de nuevos productos. Las empresas manufactureras y sus proveedores pueden colaborar en el diseño y la innovación de productos, aprovechando las competencias y capacidades específicas de cada parte. Esto no solo permite a las empresas reducir los costos de producción y mejorar la calidad, sino que también acelera el proceso de desarrollo, lo que puede ser una ventaja competitiva crucial en mercados que exigen rapidez y flexibilidad.

Gestión Compartida de Riesgos y Recursos

La colaboración también se extiende a la gestión de riesgos en la cadena de suministro. Los riesgos asociados con fluctuaciones en la demanda, interrupciones en el suministro o cambios en la regulación son una constante en el entorno industrial. Por lo tanto, compartir la responsabilidad de la gestión de estos riesgos puede ser muy beneficioso. Al trabajar juntos para identificar posibles amenazas y desarrollar planes de contingencia, las empresas pueden mitigar los impactos de estos eventos de manera más eficiente y reducir los costos asociados con interrupciones no planificadas.

La Comunicación: Pilar Fundamental para una Cadena de Suministro Eficiente

La comunicación es, sin duda, uno de los aspectos más críticos de la cadena de suministro. En el contexto industrial y de fabricación, donde las operaciones suelen ser complejas y multifacéticas, la falta de comunicación puede llevar a una serie de problemas, desde retrasos en la producción hasta la entrega de productos defectuosos. La información debe fluir de manera efectiva entre todos los actores de la cadena, desde los proveedores de materias primas hasta los distribuidores y los clientes finales.

Flujo de Información en Tiempo Real

Una comunicación efectiva en la cadena de suministro se basa en el flujo de información en tiempo real. Esto significa que las empresas deben tener acceso a datos actualizados y relevantes para tomar decisiones informadas en el momento adecuado. En el ámbito industrial, esto puede incluir datos sobre el estado de las existencias, el progreso de la producción, el tráfico en las rutas de transporte, el estado de los pedidos y cualquier otra variable que pueda afectar el proceso.

El uso de tecnologías de monitoreo y plataformas digitales permite una visibilidad completa de la cadena, lo que facilita la toma de decisiones. Por ejemplo, el Internet de las Cosas (IoT) proporciona datos en tiempo real sobre las condiciones de las materias primas, el estado de los equipos y el progreso de la producción. Estos datos permiten a los gerentes y líderes de la cadena de suministro tomar decisiones más rápidas y precisas, lo que mejora la eficiencia operativa y reduce el riesgo de errores.

Mejora de la Visibilidad a lo Largo de la Cadena de Suministro

La visibilidad a lo largo de la cadena de suministro es otro componente crítico de la comunicación efectiva. En muchas cadenas de suministro complejas, especialmente en el sector industrial y de fabricación, la falta de visibilidad puede llevar a una falta de sincronización entre las distintas etapas del proceso. Esto puede resultar en interrupciones de la producción, inventarios mal gestionados y tiempos de entrega prolongados.

El uso de plataformas tecnológicas avanzadas, como los sistemas de gestión de la cadena de suministro (SCM) y las soluciones basadas en la nube, ha permitido mejorar la visibilidad en tiempo real. Estas herramientas permiten a las empresas obtener información de todas las etapas de la cadena, desde la adquisición de materiales hasta la entrega final al cliente, lo que facilita una gestión más eficiente y una respuesta rápida ante cualquier eventualidad.

Comunicación con Clientes y Usuarios Finales

La comunicación en la cadena de suministro no se limita solo a las interacciones entre las empresas que conforman la cadena. También es esencial para mantener una buena relación con los clientes finales y los usuarios de los productos. La comunicación efectiva con los clientes garantiza que las expectativas en cuanto a plazos de entrega, calidad y características del producto sean claras desde el principio. Además, la retroalimentación de los clientes puede ser valiosa para ajustar y mejorar los procesos a lo largo de la cadena de suministro.

Las tecnologías digitales también han mejorado la comunicación con los clientes mediante el uso de plataformas de gestión de pedidos, chatbots, y herramientas de análisis predictivo que permiten ofrecer una experiencia de cliente más personalizada y eficiente. Esto también permite a las empresas anticiparse a las necesidades de los clientes, lo que ayuda a mejorar la satisfacción y lealtad del cliente.

Barreras Comunes en la Colaboración y Comunicación

A pesar de los beneficios evidentes de una colaboración y comunicación efectivas, existen varias barreras que pueden dificultar su implementación en la cadena de suministro industrial y de fabricación. Estas barreras incluyen problemas tecnológicos, diferencias culturales y organizacionales, y la falta de visibilidad en los procesos.

Barreras Tecnológicas

Una de las principales barreras para una colaboración y comunicación efectivas es la falta de integración tecnológica entre los distintos actores de la cadena de suministro. Muchas empresas todavía operan con sistemas de información desactualizados o independientes, lo que dificulta la compartición de datos y la colaboración en tiempo real. La adopción de tecnologías como el blockchain, el IoT y la inteligencia artificial es fundamental para superar esta barrera, pero las inversiones iniciales y la capacitación necesaria pueden ser obstáculos para algunas organizaciones.

Barreras Culturales y Organizacionales

Las diferencias culturales y organizacionales también pueden ser un desafío importante en la colaboración de la cadena de suministro. Las empresas de diferentes países o sectores pueden tener enfoques distintos en cuanto a la toma de decisiones, la resolución de conflictos y las prioridades operativas. Estas diferencias pueden crear desconfianza o malentendidos, lo que puede dificultar la implementación de iniciativas de colaboración efectiva.

Barreras de Visibilidad y Transparencia

La falta de visibilidad en toda la cadena de suministro es otro obstáculo común para una comunicación efectiva. Sin una visibilidad clara de las operaciones en todas las etapas, las empresas pueden enfrentar problemas como la falta de sincronización, los errores en los pedidos y la mala gestión del inventario. La adopción de sistemas de gestión de la cadena de suministro basados en tecnologías avanzadas como el Internet de las Cosas (IoT) y el big data puede ser una forma efectiva de superar estas barreras, pero muchas veces las empresas no cuentan con la infraestructura adecuada para implementarlas de manera adecuada, lo que limita la visibilidad y la capacidad de respuesta ante los cambios del mercado.

Barreras en la Cultura de Colaboración

En algunas organizaciones, persiste una cultura de trabajo en silos, donde cada área o departamento actúa de manera autónoma, sin compartir la información de manera eficiente con los demás. Esta falta de cooperación interna se puede reflejar también en la relación con los proveedores y otros socios externos. Las barreras en la cultura de colaboración pueden provenir de una mentalidad centrada en la competitividad interna, la falta de confianza entre los actores de la cadena de suministro o simplemente de una historia de relaciones transaccionales en lugar de asociaciones a largo plazo.

Barreras Regulatorias y Legales

Otro desafío importante es la complejidad regulatoria. Las empresas que operan a nivel global deben navegar por un entorno legal y normativo que puede variar enormemente de un país a otro. Estas regulaciones pueden afectar el intercambio de información, la transparencia en los procesos y las prácticas de colaboración entre las diferentes partes de la cadena de suministro. Las restricciones sobre el intercambio de datos, las normativas sobre la privacidad de la información y las diferencias en las normativas laborales y ambientales son solo algunos ejemplos de barreras regulatorias que pueden limitar la eficacia de la colaboración internacional.

Estrategias para Mejorar la Colaboración y Comunicación

Superar las barreras y lograr una colaboración fluida y una comunicación eficaz en la cadena de suministro industrial y de fabricación requiere de un enfoque estratégico, tecnológico y cultural bien alineado. A continuación, se describen algunas estrategias clave para mejorar estos aspectos en la cadena de suministro.

Inversión en Tecnología Integrada

Una de las estrategias más eficaces para mejorar la comunicación y colaboración es la inversión en tecnologías integradas que permitan una visibilidad y un flujo de información constante y en tiempo real. Las plataformas de gestión de la cadena de suministro (SCM), los sistemas de planificación de recursos empresariales (ERP) y las soluciones basadas en la nube permiten que todos los actores de la cadena de suministro compartan información de manera eficiente y oportuna. Además, tecnologías como el big data y el análisis predictivo pueden proporcionar insights valiosos sobre los patrones de demanda, el rendimiento de los proveedores y el estado de los inventarios, lo que permite tomar decisiones informadas y proactivas.

El uso de blockchain en la cadena de suministro también está ganando terreno, ya que proporciona una plataforma segura y transparente para registrar todas las transacciones y el flujo de productos a lo largo de la cadena. Esto ayuda a mejorar la confianza entre los socios, reduce el riesgo de fraudes y asegura la integridad de la información.

Establecimiento de Objetivos y KPIs Compartidos

Una de las mejores maneras de fomentar la colaboración efectiva es mediante la alineación de objetivos y metas a lo largo de la cadena de suministro. Esto implica establecer objetivos comunes entre los proveedores, los fabricantes y otros socios estratégicos. La creación de indicadores clave de rendimiento (KPIs) compartidos permite que todas las partes interesadas trabajen en conjunto hacia el mismo propósito, evaluando el progreso en términos de calidad, plazos de entrega, costos y satisfacción del cliente. Esto no solo mejora la eficiencia operativa, sino que también fortalece las relaciones de largo plazo basadas en la confianza mutua y el trabajo conjunto.

Desarrollo de Relaciones Estratégicas y a Largo Plazo

En lugar de ver a los proveedores y clientes como entidades independientes, las empresas deben comenzar a tratarlos como socios estratégicos. Esto implica no solo firmar contratos que beneficien a ambas partes, sino también trabajar de manera colaborativa para identificar oportunidades de mejora continua en los procesos, reducir costos y mitigar riesgos. Las relaciones a largo plazo basadas en la confianza y la comunicación constante permiten que las empresas tengan una mayor flexibilidad y capacidad de adaptación ante cambios en el entorno económico, tecnológico o logístico.

La creación de un entorno de trabajo en equipo, basado en la transparencia y la cooperación, permite una respuesta rápida ante cualquier imprevisto, lo cual es crucial en el contexto industrial y de fabricación, donde la eficiencia y la agilidad son factores clave para mantenerse competitivos.

Capacitación en Gestión de la Comunicación

La capacitación continua en habilidades de comunicación es otro factor esencial para mejorar la comunicación dentro de la cadena de suministro. Las empresas deben invertir en programas de formación que mejoren la capacidad de sus empleados para gestionar eficazmente las relaciones con los proveedores, clientes y otros actores. La capacitación en el uso de nuevas tecnologías, como plataformas de comunicación colaborativa y herramientas de gestión de la cadena de suministro, también es vital para asegurar que todos los miembros de la organización tengan las habilidades necesarias para gestionar la comunicación de manera efectiva.

Además, los líderes dentro de la organización deben ser conscientes de la importancia de liderar con el ejemplo, promoviendo una cultura organizacional abierta, basada en el respeto y la colaboración, donde el intercambio de información fluya libremente a todos los niveles.

Uso de Plataformas de Comunicación Colaborativa

El uso de plataformas digitales y herramientas de comunicación colaborativa también juega un papel importante en la mejora de la comunicación a lo largo de la cadena de suministro. Herramientas como Slack, Microsoft Teams, o plataformas específicas de gestión de proyectos, permiten una comunicación instantánea y eficiente entre todos los actores de la cadena, ya sea dentro de la misma organización o entre empresas asociadas. Estas plataformas permiten compartir actualizaciones, discutir posibles problemas, asignar tareas y seguir el progreso de los proyectos en tiempo real, lo que reduce significativamente los retrasos y malentendidos.

Integración de Feedback del Cliente en la Comunicación

Finalmente, la retroalimentación constante de los clientes debe ser una parte integral del proceso de comunicación en la cadena de suministro. Las empresas deben establecer mecanismos claros para recopilar la opinión de los clientes sobre los productos, los tiempos de entrega y la calidad del servicio. Esta retroalimentación debe compartirse no solo dentro de la organización, sino también con los proveedores y otros socios de la cadena, con el fin de identificar áreas de mejora y ajustar los procesos conforme a las expectativas del cliente.

Conclusión

Aunque la colaboración y la comunicación en la cadena de suministro industrial y de fabricación presentan numerosos retos, las empresas que logran superar estas barreras y mejorar estos aspectos obtienen ventajas significativas en términos de eficiencia, competitividad y resiliencia. La integración de tecnología avanzada, el establecimiento de relaciones estratégicas a largo plazo, el alineamiento de objetivos y la mejora de la capacitación en comunicación son solo algunas de las estrategias que las empresas pueden emplear para optimizar su cadena de suministro.

En un entorno empresarial globalizado y altamente competitivo, la capacidad de una empresa para colaborar eficazmente con sus proveedores y socios estratégicos, así como para comunicarse de manera fluida y en tiempo real con todos los actores involucrados, es crucial para mantener la agilidad, la innovación y la capacidad de respuesta ante cambios del mercado o imprevistos. De este modo, la colaboración y la comunicación no solo son esenciales para la eficiencia operativa, sino que también son factores determinantes para el éxito y la sostenibilidad a largo plazo de la cadena de suministro.

GESTIÓN DE LA CALIDAD

La gestión de la calidad en la cadena de suministro en el sector industrial y de fabricación es un aspecto fundamental que influye directamente en la competitividad, rentabilidad y reputación de las empresas. En un mundo cada vez más globalizado y competitivo, las organizaciones necesitan gestionar la calidad de manera holística, desde la adquisición de las materias primas hasta la entrega del producto final al cliente. Este enfoque abarca la creación de un producto de alta calidad en cada etapa del proceso de producción, gestionando eficientemente el rendimiento de los proveedores y asegurando que las expectativas del cliente sean superadas en cada interacción.

En el contexto industrial, la cadena de suministro se compone de diversos actores interconectados: proveedores de materiales, fabricantes, distribuidores y clientes. Cada uno de estos eslabones debe adherirse a estándares de calidad rigurosos, garantizar la trazabilidad de los productos y, a su vez, implementar procesos que contribuyan a la mejora continua. Las consecuencias de no gestionar adecuadamente la calidad son graves y pueden resultar en fallos en los productos, pérdidas económicas y daño a la imagen de la empresa.

Este capítulo aborda los diversos aspectos de la gestión de la calidad en la cadena de suministro industrial, explorando tanto las metodologías que se aplican a nivel de planta de producción como los mecanismos necesarios para mantener una comunicación efectiva y una trazabilidad completa a lo largo de la cadena. Además, se destacan las tecnologías emergentes que facilitan el control de calidad, tales como el big data, la automatización y el blockchain, y cómo estas herramientas pueden ayudar a las empresas a mejorar su gestión de la calidad en un entorno de producción cada vez más complejo y globalizado.

Importancia de la Calidad en la Cadena de Suministro

La gestión de la calidad en la cadena de suministro no es solo un requisito para cumplir con normativas, sino una estrategia crítica para mejorar la competitividad de las empresas. En el sector industrial y de fabricación, donde la calidad del producto final depende directamente de la eficiencia y precisión en cada etapa del proceso, asegurar que cada parte de la cadena cumpla con los estándares de calidad establecidos es esencial para el éxito.

Aseguramiento de la Satisfacción del Cliente

El cliente es el punto final de toda la cadena de suministro, y la satisfacción del cliente es el objetivo final de cualquier sistema de calidad. Una mala gestión de la calidad en cualquier etapa de la cadena puede llevar a la entrega de productos defectuosos, lo que no solo genera insatisfacción en el cliente, sino también posibles consecuencias legales y pérdidas económicas debido a devoluciones, reparaciones o garantías.

Reducción de Costos a Largo Plazo

Aunque los sistemas de calidad rigurosos pueden implicar una inversión inicial considerable en formación, auditorías y equipos de inspección, a largo plazo, la gestión de calidad efectiva permite reducir los costos al disminuir los retrabajos, los desperdicios y las devoluciones de productos defectuosos. La mejora continua y el control de calidad proactivo evitan que los problemas se acumulen en la cadena de suministro, lo que resulta en una mayor eficiencia operativa.

Mejora de la Competitividad y la Imagen Corporativa

La capacidad de una empresa para garantizar la calidad a lo largo de su cadena de suministro también mejora su competitividad en el mercado. Las organizaciones que logran ser consistentes en la entrega de productos de alta calidad son percibidas como más confiables, lo que refuerza su reputación y les permite obtener una mayor cuota de mercado. En mercados industriales y de fabricación globalizados, esta ventaja competitiva es crucial para mantener una base de clientes fieles.

Desafíos en la Gestión de la Calidad en la Cadena de Suministro

La gestión de la calidad en la cadena de suministro industrial enfrenta numerosos desafíos. Estos desafíos surgen de la complejidad de los procesos, la diversidad de actores involucrados y las variaciones en las condiciones externas. A continuación, se describen algunos de los desafíos más comunes.

Gestión de la Variabilidad de los Proveedores

Una de las dificultades más grandes en la cadena de suministro es la gestión de la variabilidad que proviene de los proveedores. Cada proveedor tiene sus propios estándares de calidad, sus propios procesos de fabricación y sus propias capacidades de producción. Cuando una empresa depende de varios proveedores para distintos componentes o materias primas, puede ser difícil mantener un control de calidad uniforme en toda la cadena. Esta variabilidad puede dar lugar a productos inconsistentes y no cumplir con los estándares establecidos.

Integración de la Calidad en Sistemas y Procesos Diversos

Las organizaciones de fabricación modernas suelen utilizar una combinación de tecnologías, procesos y sistemas de gestión de la calidad, muchos de los cuales operan en silos. A menudo, los sistemas utilizados por los proveedores y distribuidores no están completamente integrados, lo que dificulta la transmisión precisa de información en tiempo real. Este problema puede generar retrasos y errores en el control de calidad, ya que las variaciones en los datos o la falta de visibilidad completa del proceso dificultan la toma de decisiones rápidas y efectivas.

Riesgos de Calidad en la Logística y el Almacenaje

La logística y el almacenaje también son áreas clave donde la calidad puede verse comprometida. Durante el transporte de componentes o productos terminados, el riesgo de daños físicos aumenta, y las condiciones inadecuadas de almacenamiento pueden alterar las propiedades de los productos. Este riesgo se amplifica cuando los productos se transportan a largas distancias a través de diferentes climas y condiciones de almacenamiento.

Impacto de las Normativas y Regulaciones Internacionales

La gestión de la calidad en la cadena de suministro se ve influenciada también por las normativas y regulaciones internacionales. Las empresas deben cumplir con diversas leyes que regulan la calidad, desde la producción de materiales hasta la comercialización de productos en distintos mercados. Esto puede resultar en un desafío, especialmente para las empresas que operan en múltiples países con normativas que varían significativamente.

Costos y Presión por Reducir Precios

Un desafío que afecta a muchas industrias es la presión constante por reducir costos mientras se mantiene un alto nivel de calidad. Las empresas enfrentan una competencia feroz que las obliga a buscar proveedores más baratos y a optimizar sus procesos de producción para reducir costos. Sin embargo, la reducción de costos a menudo puede ir en detrimento de la calidad, lo que genera un conflicto entre la eficiencia económica y la excelencia del producto.

Estrategias y Herramientas para Gestionar la Calidad en la Cadena de Suministro

Para superar estos desafíos, las empresas deben implementar estrategias y utilizar herramientas especializadas que les permitan monitorear, controlar y mejorar la calidad a lo largo de toda la cadena de suministro. Algunas de las herramientas más utilizadas en la gestión de la calidad incluyen:

Sistemas de Gestión de la Calidad (SGC)

Un Sistema de Gestión de la Calidad (SGC) como el estándar ISO 9001 proporciona un marco para la gestión y mejora continua de los procesos. Estos sistemas ayudan a las empresas a estandarizar sus procedimientos de control de calidad, lo que facilita la evaluación de los proveedores, la implementación de auditorías y el cumplimiento de las normativas internacionales.

El SGC implica la documentación y monitoreo constante de los procesos de producción, el establecimiento de KPIs de calidad, y la integración de métodos de mejora continua como el PDCA (Plan-Do-Check-Act). Implementar un SGC efectivo permite a las empresas identificar áreas de mejora, implementar acciones correctivas y establecer procesos estandarizados que garantizan la calidad.

Lean Manufacturing y Six Sigma (continuación)

El Lean Manufacturing se basa en el concepto de que la mejora continua es un esfuerzo colectivo dentro de toda la organización, no solo en áreas aisladas. A través de la eliminación de desperdicios (muda), mejora de la eficiencia y simplificación de los procesos, Lean busca maximizar el valor entregado al cliente, reduciendo costos y tiempos de producción. En este contexto, la calidad no solo se refiere a la ausencia de defectos, sino a la creación de valor en todas las fases del proceso.

Las herramientas de Lean incluyen el Kaizen (mejora continua), el Jidoka (automatización con un toque humano), y el Just in Time (JIT), que ayuda a reducir el inventario, aumentando la eficiencia y reduciendo costos. En términos de calidad, Lean promueve la idea de que cada miembro del equipo debe ser responsable de la calidad en su puesto de trabajo, lo que fomenta un ambiente de trabajo proactivo donde los defectos son detectados y corregidos en el momento en que surgen, minimizando el riesgo de que se acumulen y afecten al producto final.

Por otro lado, Six Sigma se enfoca en la reducción de la variabilidad de los procesos a través del uso de métodos estadísticos para garantizar que los productos finales cumplan con los estándares más rigurosos. Esta metodología tiene como objetivo alcanzar un nivel de defectos por millón de oportunidades (DPMO) de 3.4 o menos, lo que implica que los productos entregados a los clientes sean prácticamente perfectos. La implementación de Six Sigma en la cadena de suministro se realiza mediante el modelo DMAIC (Definir, Medir, Analizar, Mejorar, Controlar), un enfoque estructurado para abordar los problemas y mejorar la calidad de los procesos de manera continua.

Ambas metodologías, Lean y Six Sigma, no solo se aplican dentro de las plantas de fabricación, sino también a lo largo de toda la cadena de suministro. El uso de estas herramientas para optimizar la calidad en los proveedores, en la logística y en la entrega final a los clientes es fundamental para mantener un flujo de productos sin interrupciones y con altos estándares de calidad.

Control Estadístico de Procesos (SPC)

El Control Estadístico de Procesos (SPC) es una herramienta esencial para la gestión de la calidad, particularmente en la producción industrial. SPC utiliza herramientas estadísticas para monitorear y controlar un proceso de fabricación, con el objetivo de garantizar que el proceso opere de manera eficiente y que los productos cumplan con las especificaciones de calidad. Las cartas de control y los diagramas de dispersión son algunas de las herramientas más comunes utilizadas dentro del SPC.

Al aplicar SPC en la cadena de suministro, las empresas pueden identificar variaciones en los procesos que podrían indicar problemas antes de que los defectos lleguen al producto final. En lugar de depender de inspecciones al final de la línea de producción, el control preventivo de calidad asegura que se mantenga una calidad consistente durante todo el proceso de fabricación, lo que reduce el riesgo de producción de lotes defectuosos.

Además, el SPC permite a las empresas de fabricación tomar decisiones basadas en datos y actuar rápidamente para corregir desviaciones antes de que afecten a la producción en su totalidad. Esta capacidad para identificar y corregir problemas de manera temprana es crucial en un entorno industrial, donde los tiempos de producción son ajustados y los márgenes de error son mínimos.

Herramientas Digitales y Tecnologías Emergentes

Con el avance de la tecnología, las empresas ahora tienen acceso a una variedad de herramientas digitales que facilitan la gestión de la calidad en la cadena de suministro. Desde el uso de sistemas avanzados de planificación de recursos empresariales (ERP) hasta sistemas de gestión de la cadena de suministro (SCM), estas tecnologías proporcionan una visibilidad total del flujo de productos, permitiendo una gestión más eficiente de la calidad en cada etapa.

Big Data y el Análisis Predictivo son dos de las tecnologías emergentes que están transformando la gestión de la calidad. La capacidad de recopilar y analizar grandes volúmenes de datos en tiempo real permite a las empresas identificar patrones, prever fallos en los procesos de producción e incluso anticipar posibles problemas en la cadena de suministro antes de que ocurran. Esta capacidad predictiva es fundamental para mejorar la calidad de manera proactiva, en lugar de reactiva, lo que reduce los riesgos asociados a los defectos del producto.

Internet de las Cosas (IoT) es otra tecnología clave en la mejora de la calidad. A través de sensores inteligentes colocados en maquinarias, productos y equipos de transporte, las empresas pueden recopilar datos en tiempo real sobre las condiciones de producción, almacenamiento y transporte. Estos datos se utilizan para monitorear el estado del equipo y los productos, lo que permite realizar ajustes inmediatos en caso de que se detecten problemas de calidad. El IoT, por ejemplo, puede permitir el monitoreo de temperaturas, vibraciones, humedad, y otros parámetros cruciales que podrían afectar la calidad del producto, asegurando que todo el proceso se mantenga dentro de los estándares definidos.

Blockchain para la Trazabilidad de la Calidad

El blockchain es una tecnología que, aunque en sus etapas iniciales de adopción, promete revolucionar la forma en que se gestionan los estándares de calidad a lo largo de la cadena de suministro. Gracias a su capacidad para proporcionar un registro seguro e inmutable de cada transacción realizada en la cadena de suministro, el blockchain facilita la trazabilidad completa de los productos, desde la obtención de las materias primas hasta la entrega al cliente final.

En términos de calidad, blockchain puede ser utilizado para garantizar que cada producto cumpla con los estándares en todas las etapas de la producción. Esto se logra mediante el registro de cada acción que afecta al producto, como inspecciones de calidad, pruebas de laboratorio y cambios de estado, en un libro mayor distribuido accesible para todas las partes involucradas. De esta manera, las empresas pueden garantizar no solo la autenticidad y el cumplimiento de las normativas, sino también aumentar la transparencia hacia los clientes y otros actores de la cadena de suministro.

Estrategias de Gestión de Calidad Basadas en el Cliente

La gestión de la calidad en la cadena de suministro no se trata solo de cumplir con los estándares establecidos, sino de superar las expectativas del cliente. La satisfacción del cliente está cada vez más relacionada con la capacidad de la empresa para entregar productos de calidad consistente, a tiempo, y con un nivel de servicio superior. Por ello, la calidad debe ser gestionada de manera que impacte positivamente en la experiencia del cliente.

Identificación de Requisitos del Cliente

Una de las primeras etapas en la gestión de la calidad es identificar los requisitos del cliente. En el contexto industrial, esto implica comprender las especificaciones técnicas del producto, pero también las expectativas en términos de plazos de entrega, precios competitivos y servicios postventa. El análisis de la voz del cliente (VOC) es una herramienta clave en este proceso, ya que permite a las empresas recopilar información valiosa directamente de los clientes sobre sus necesidades y expectativas.

Personalización y Flexibilidad en la Producción

El cliente moderno demanda productos personalizados que se ajusten a sus necesidades específicas. Esto presenta un desafío para la gestión de la calidad, ya que la flexibilidad en los procesos de producción no debe comprometer los estándares de calidad. Las empresas deben encontrar maneras de producir productos a medida sin sacrificar la consistencia de los procesos ni los costos operativos. Esto implica la implementación de sistemas flexibles y escalables que sean capaces de adaptarse rápidamente a los cambios en la demanda sin afectar la calidad del producto final.

Enfoque en la Mejora Continua

La mejora continua no solo se trata de mejorar los procesos internos, sino de buscar constantemente formas de aumentar el valor percibido por el cliente. Esto puede implicar mejoras en la innovación de productos, la reducción de tiempos de entrega, o la implementación de tecnologías que mejoren la calidad en cada etapa del proceso. Las empresas que adoptan un enfoque de mejora continua en la cadena de suministro son más capaces de adaptarse rápidamente a los cambios del mercado y mantener la competitividad.

Medición del Desempeño en la Gestión de Calidad

Una parte crítica de la gestión de la calidad en la cadena de suministro es la medición de la eficacia de los procesos. El uso de indicadores clave de rendimiento (KPI) permite a las empresas evaluar si están cumpliendo con los objetivos de calidad. Algunos de los KPI más comunes incluyen:

Tasa de defectos: El porcentaje de productos defectuosos en relación con la producción total.

Tiempo de ciclo: El tiempo necesario para completar un ciclo de producción desde el inicio hasta la entrega.

Nivel de satisfacción del cliente: Medido a través de encuestas o sistemas de retroalimentación directa.

Costos de calidad: Los costos asociados con la prevención, evaluación y corrección de problemas de calidad, incluidos los costos de retrabajo y devoluciones.

El monitoreo de estos indicadores permite a las empresas tomar decisiones informadas sobre la calidad de la producción y realizar ajustes donde sea necesario para cumplir con los estándares requeridos y superar las expectativas del cliente.

Conclusión

La gestión de la calidad en la cadena de suministro industrial y de fabricación es un factor crítico para garantizar la competitividad, sostenibilidad y éxito a largo plazo de las organizaciones. En un entorno globalizado y altamente interconectado, donde las empresas dependen de una red compleja de proveedores, fabricantes, distribuidores y clientes, la capacidad de mantener un control de calidad riguroso en cada etapa de la cadena es fundamental para ofrecer productos consistentes, fiables y que superen las expectativas de los consumidores.

A lo largo de este capítulo, hemos explorado las diversas metodologías y herramientas que permiten a las empresas gestionar la calidad de manera eficaz, como el Lean Manufacturing, Six Sigma, el Control Estadístico de Procesos (SPC), así como tecnologías emergentes como el Big Data, Internet de las Cosas (IoT) y Blockchain. Cada una de estas herramientas no solo ayuda a las organizaciones a mejorar sus procesos internos, sino que también facilita la integración y alineación de la calidad en todos los eslabones de la cadena de suministro, desde los proveedores hasta los clientes finales.

La gestión de la calidad no es solo una cuestión de cumplir con estándares o de evitar defectos; es una estrategia integral que debe estar orientada a la mejora continua, la innovación y la satisfacción del cliente. Las empresas que logran integrar estas prácticas en su cadena de suministro pueden obtener beneficios sustanciales, como la reducción de costos, la optimización de procesos, el aumento de la productividad y la fidelización de los clientes. Sin embargo, esto también implica desafíos significativos, como la variabilidad entre proveedores, las presiones por reducir costos y la necesidad de integrar sistemas y tecnologías diversas para lograr una visibilidad completa del proceso.

Uno de los grandes desafíos en la gestión de la calidad en la cadena de suministro es la coordinación de las diversas partes involucradas, que van desde los proveedores de materias primas hasta los distribuidores y transportistas. Las organizaciones deben asegurarse de que todos los eslabones de la cadena estén alineados en términos de estándares de calidad, con procesos y procedimientos bien definidos que aseguren que cada producto cumpla con las expectativas del cliente, sin importar en qué parte del mundo se encuentre. Para ello, la implementación de sistemas robustos de gestión de la calidad y el uso de tecnologías avanzadas de monitoreo en tiempo real son herramientas clave para garantizar la trazabilidad, la transparencia y la fiabilidad de los procesos.

El blockchain, por ejemplo, promete transformar la forma en que las empresas gestionan la calidad, proporcionando una trazabilidad digital que garantiza la autenticidad de los productos, evitando fraudes y asegurando que las partes interesadas tengan acceso a información transparente y verificable sobre el estado de los productos a lo largo de toda la cadena de suministro. Esto no solo incrementa la confianza de los consumidores, sino que también mejora la eficiencia operativa al reducir los riesgos y facilitar la identificación de posibles problemas de calidad a lo largo del proceso.

Por otro lado, las metodologías ágiles como Lean y Six Sigma han demostrado ser fundamentales para la mejora continua, la reducción de desperdicios y la optimización de procesos. Estas metodologías fomentan un enfoque proactivo para prevenir problemas de calidad antes de que ocurran, utilizando datos y métricas para identificar oportunidades de mejora y hacer ajustes en tiempo real. La adopción de Big Data y el análisis predictivo son ejemplos de cómo las empresas pueden aprovechar las tecnologías digitales para no solo gestionar la calidad, sino anticipar problemas antes de que impacten en la producción o la entrega final al cliente.

Finalmente, la gestión de la calidad en la cadena de suministro también está profundamente vinculada a la capacidad de las empresas para adaptarse rápidamente a los cambios del mercado y a las demandas de los consumidores. La globalización, el cambio en las preferencias del consumidor y las presiones económicas exigen que las empresas no solo mantengan sus estándares de calidad, sino que también sean lo suficientemente ágiles como para responder a nuevos retos y mejorar constantemente sus procesos. Para ello, la colaboración entre los distintos actores de la cadena de suministro, junto con el compromiso con la innovación y la mejora continua, es la clave para asegurar el éxito.

En conclusión, la gestión de la calidad en la cadena de suministro es una disciplina integral que debe ser vista como una estrategia que va más allá de las inspecciones y el control de productos. Se trata de un enfoque sistemático y continuo que involucra a todas las partes interesadas, desde la adquisición de materias primas hasta la entrega final al cliente. Al integrar herramientas tecnológicas avanzadas, metodologías probadas y un enfoque colaborativo, las empresas pueden no solo mantener la calidad en cada etapa, sino también superar las expectativas de los clientes y mantenerse competitivas en un mercado global cada vez más demandante. Las empresas que logren gestionar eficazmente la calidad en su cadena de suministro no solo lograrán mejores resultados financieros, sino que también podrán construir una reputación sólida como líderes en calidad y fiabilidad.

TRANSFORMACIÓN DIGITAL

La transformación digital en la cadena de suministro ha emergido como un fenómeno clave en la evolución de las industrias y la manufactura a nivel global. La digitalización de los procesos operativos, la interconexión de sistemas y la adopción de tecnologías avanzadas han revolucionado la forma en que las empresas gestionan sus flujos de materiales, producción y distribución. En el contexto industrial, la cadena de suministro no solo implica la logística y la gestión de inventarios, sino también un sistema complejo e interdependiente que involucra proveedores, fabricantes, distribuidores y clientes.

A lo largo de este capítulo, exploraremos cómo la digitalización está transformando todos los aspectos de la cadena de suministro en el sector industrial, desde la planificación de la producción y la gestión de inventarios hasta la optimización de la distribución y la trazabilidad. Analizaremos las tecnologías disruptivas que están acelerando este cambio, como el Internet de las Cosas (IoT), el Big Data, la inteligencia artificial (IA), el blockchain, la robótica y la automatización avanzada. También se discutirá cómo la digitalización está modificando la toma de decisiones, mejorando la visibilidad en tiempo real, reduciendo los costos y aumentando la eficiencia operativa.

La Necesidad de la Transformación Digital en la Cadena de Suministro Industrial

Históricamente, la cadena de suministro industrial se caracterizaba por procesos manuales, ineficientes y propensos a errores, lo que generaba costos adicionales, tiempos de inactividad y baja capacidad de adaptación ante cambios imprevistos.

A medida que la globalización, la demanda de personalización masiva y la necesidad de mayores niveles de eficiencia han aumentado, las empresas han buscado nuevas formas de mejorar la eficiencia y reducir los costos. La digitalización surge como una respuesta natural a estos desafíos.

La interconexión digital permite una comunicación más fluida entre los distintos actores de la cadena de suministro, desde los proveedores hasta los clientes finales. Además, el acceso a grandes volúmenes de datos permite un análisis más preciso y predictivo de las operaciones, lo que ayuda a las empresas a tomar decisiones más informadas y a reaccionar con mayor rapidez ante los cambios en el entorno.

En la industria, la transformación digital se ha convertido en un imperativo competitivo. Las empresas que no adoptan tecnologías digitales corren el riesgo de quedar rezagadas frente a competidores más ágiles y capaces de adaptarse a las nuevas demandas del mercado. La digitalización no solo implica la implementación de nuevas herramientas tecnológicas, sino también un cambio de mentalidad en la forma en que las organizaciones gestionan sus recursos, procesos y relaciones con los socios comerciales.

Principales Tecnologías Impulsoras de la Transformación Digital

Internet de las Cosas (IoT)

El IoT ha revolucionado la forma en que las empresas gestionan sus operaciones en la cadena de suministro. A través de sensores inteligentes y dispositivos conectados, las empresas pueden recopilar datos en tiempo real sobre el estado de las máquinas, los productos y el inventario. Esto permite un monitoreo constante de los activos, lo que mejora la visibilidad y la trazabilidad a lo largo de toda la cadena.

En la fabricación, por ejemplo, los sensores IoT pueden proporcionar información sobre el rendimiento de las máquinas, la temperatura y la presión, lo que permite a los operadores detectar fallas antes de que se conviertan en problemas graves. Asimismo, en la logística, los sensores en los vehículos de transporte y los paquetes permiten rastrear la ubicación y el estado de los productos durante el transporte, lo que mejora la precisión de las entregas y reduce los tiempos de inactividad.

Big Data y Análisis Predictivo

El análisis de grandes volúmenes de datos (Big Data) ha permitido a las empresas obtener una visión más profunda y detallada de sus operaciones. A través de la recopilación y el análisis de datos provenientes de diversas fuentes, como sensores IoT, sistemas ERP, redes sociales y plataformas de clientes, las empresas pueden identificar patrones de comportamiento, predecir demandas futuras y optimizar sus procesos.

El análisis predictivo, en particular, permite a las empresas anticiparse a los cambios en la demanda, identificar posibles interrupciones en la cadena de suministro y ajustar sus operaciones en consecuencia. Por ejemplo, un fabricante de automóviles puede utilizar el análisis predictivo para prever la demanda de ciertas piezas y programar la producción de manera más eficiente, evitando tanto el exceso como la escasez de inventario.

Inteligencia Artificial (IA) y Aprendizaje Automático

La inteligencia artificial (IA) y el aprendizaje automático están cambiando la forma en que las empresas gestionan la cadena de suministro. La IA puede automatizar tareas repetitivas y tediosas, como la clasificación de pedidos o la programación de la producción, liberando tiempo para que los empleados se centren en tareas más estratégicas. Además, los algoritmos de IA pueden analizar grandes volúmenes de datos en tiempo real, lo que mejora la capacidad de las empresas para tomar decisiones informadas.

Un caso de uso común de la IA en la cadena de suministro es la gestión dinámica del inventario. A través de sistemas basados en IA, las empresas pueden predecir con mayor precisión los niveles de inventario necesarios en función de variables como la estacionalidad, las tendencias de compra y los eventos imprevistos. Esto no solo optimiza el uso de los recursos, sino que también reduce los costos asociados con el exceso de inventario o la escasez de productos.

Blockchain

El blockchain, la tecnología subyacente a las criptomonedas, está comenzando a ser utilizada en la cadena de suministro para mejorar la trazabilidad, la transparencia y la seguridad. Al registrar todas las transacciones en un libro mayor distribuido, el blockchain garantiza que los datos sean inmutables y accesibles para todas las partes involucradas en la cadena de suministro. Esto reduce el riesgo de fraude, mejora la verificación de la autenticidad de los productos y proporciona una trazabilidad completa desde el origen hasta el destino final.

En la industria alimentaria, por ejemplo, el blockchain se utiliza para rastrear el origen de los productos y garantizar que cumplan con los estándares de calidad y seguridad. En la fabricación, permite un seguimiento detallado de los componentes utilizados en la producción, lo que facilita la gestión de la calidad y el cumplimiento de las normativas.

Automatización y Robótica

La automatización y la robótica están revolucionando los procesos de producción y distribución en la cadena de suministro industrial. Los sistemas automatizados, como los robots de almacén, las líneas de producción automatizadas y los vehículos autónomos, permiten a las empresas aumentar la velocidad, la precisión y la eficiencia en sus operaciones. Los robots, por ejemplo, pueden realizar tareas repetitivas, como el ensamblaje de productos, la clasificación de piezas o el empaquetado, con una mayor precisión y sin la fatiga asociada al trabajo humano.

Además, la automatización no solo mejora la eficiencia en las fábricas, sino que también optimiza las operaciones logísticas. Los vehículos autónomos y los drones están siendo utilizados para la entrega de productos, lo que reduce los costos de transporte y acelera los tiempos de entrega.

Realidad Aumentada (AR) y Realidad Virtual (VR)

La realidad aumentada (AR) y la realidad virtual (VR) están emergiendo como herramientas poderosas en la cadena de suministro, especialmente en la capacitación de empleados, la planificación de la producción y la gestión de inventarios. A través de AR, los trabajadores pueden acceder a información relevante sobre los productos o los procesos directamente en su campo de visión, lo que mejora la eficiencia en las tareas de ensamblaje y mantenimiento.

Por otro lado, la VR se utiliza para crear simulaciones realistas de procesos de producción, lo que permite a los ingenieros y gerentes experimentar escenarios hipotéticos sin tener que recurrir a pruebas físicas costosas. Estas tecnologías no solo mejoran la eficiencia operativa, sino que también permiten una mayor personalización de los productos, lo que resulta crucial en la fabricación de productos a medida.

Beneficios de la Transformación Digital en la Cadena de Suministro

La adopción de tecnologías digitales en la cadena de suministro industrial trae consigo una serie de beneficios tangibles para las empresas. Algunos de los más importantes son:

Mejora en la Visibilidad y Trazabilidad

Uno de los mayores desafíos en la cadena de suministro tradicional era la falta de visibilidad. Las empresas a menudo no tenían acceso a información en tiempo real sobre el estado de los productos, los inventarios o los envíos. La digitalización, sin embargo, ha mejorado significativamente esta visibilidad. Los sistemas integrados y las plataformas de análisis de datos permiten a las empresas rastrear cada aspecto de la cadena de suministro, desde la adquisición de materias primas hasta la entrega final al cliente.

La trazabilidad también mejora la capacidad de las empresas para cumplir con normativas y garantizar la calidad de los productos. En industrias como la alimentaria o la farmacéutica, la capacidad de rastrear cada lote de producción y su recorrido a través de la cadena de suministro es esencial para garantizar la seguridad del consumidor y la conformidad con las regulaciones.

Optimización de la Gestión de Inventarios

La digitalización ha transformado la forma en que las empresas gestionan sus inventarios. A través de sistemas de monitoreo en tiempo real y algoritmos predictivos, las empresas pueden mantener niveles de inventario más ajustados y precisos, reduciendo tanto el exceso como la escasez de productos. Esto no solo mejora la eficiencia operativa, sino que también reduce los costos asociados con el almacenamiento y la gestión de inventarios.

Reducción de Costos Operativos

La digitalización contribuye a la reducción de costos operativos mediante la automatización de procesos y la optimización de recursos. Los sistemas automatizados y las soluciones de inteligencia artificial permiten una planificación y ejecución más precisas de las operaciones de la cadena de suministro, eliminando la necesidad de intervenciones manuales costosas y reduciendo el margen de error. Además, la gestión de inventarios optimizada minimiza el riesgo de sobrecostos relacionados con el almacenamiento y la gestión de existencias.

La automatización de procesos, como el transporte, el manejo de mercancías en almacenes o la programación de la producción, no solo reduce el costo de mano de obra, sino que también mejora la eficiencia operativa al eliminar retrasos, errores y tiempo perdido. Esto resulta en una reducción de los costos generales de la cadena de suministro, lo cual permite que las empresas mantengan márgenes competitivos incluso en mercados con márgenes reducidos.

Mejora en la Toma de Decisiones

Las tecnologías digitales ofrecen a las empresas una visión más clara y precisa de su cadena de suministro, lo que mejora la toma de decisiones en todos los niveles. Los datos en tiempo real permiten a los responsables de la toma de decisiones contar con información actualizada sobre el estado de los inventarios, la producción, la demanda de los clientes y el transporte. Esta visibilidad permite anticiparse a problemas y tomar decisiones rápidas basadas en hechos, no en suposiciones o conjeturas.

El uso de análisis predictivo y algoritmos avanzados también facilita la planificación y optimización de la cadena de suministro, ayudando a las empresas a predecir la demanda, ajustar la producción y realizar pedidos con mayor precisión. Esto se traduce en una mayor capacidad para responder de manera efectiva a las fluctuaciones del mercado, la estacionalidad de la demanda y las interrupciones en la cadena de suministro.

Mayor Flexibilidad y Agilidad

En un entorno industrial que se caracteriza por la incertidumbre, la flexibilidad y agilidad en la cadena de suministro son esenciales para mantener la competitividad. La digitalización proporciona a las empresas la capacidad de adaptarse rápidamente a cambios inesperados, como alteraciones en la demanda, fluctuaciones en el costo de los insumos, o incluso interrupciones debido a desastres naturales o crisis globales.

Por ejemplo, durante la pandemia de COVID-19, muchas empresas experimentaron interrupciones masivas en sus cadenas de suministro. Las organizaciones que habían invertido en plataformas digitales con capacidades de análisis de datos, rastreo en tiempo real y automatización pudieron reaccionar con mayor rapidez y ajustar sus operaciones para mitigar los efectos negativos. Aquellas que no contaban con estas herramientas, en cambio, se vieron atrapadas por los cuellos de botella y la falta de visibilidad.

Mejora en la Experiencia del Cliente

La digitalización de la cadena de suministro no solo beneficia a las empresas, sino también a los consumidores. A través de una mayor visibilidad, las empresas pueden ofrecer plazos de entrega más precisos y mejorar la trazabilidad de los productos. Los consumidores de hoy en día esperan un nivel de transparencia sin precedentes, y las empresas que pueden proporcionar información sobre el estado de sus pedidos en tiempo real pueden aumentar la satisfacción del cliente y fomentar la lealtad a la marca.

Además, la capacidad de personalizar los productos según las preferencias de los clientes se ha visto significativamente potenciada por las tecnologías digitales. La integración de sistemas de gestión de la cadena de suministro con plataformas de comercio electrónico y de gestión de relaciones con los clientes (CRM) permite ofrecer productos hechos a medida de manera más eficiente y a menores costos.

Desafíos de la Transformación Digital en la Cadena de Suministro

Si bien los beneficios de la transformación digital son claros, las empresas industriales también enfrentan diversos desafíos al adoptar nuevas tecnologías en su cadena de suministro.

Resistencia al Cambio y Falta de Cultura Digital

Uno de los principales obstáculos para la digitalización de la cadena de suministro es la resistencia al cambio dentro de la organización. Los empleados, en especial aquellos que han trabajado en un entorno más tradicional durante años, pueden mostrarse escépticos ante las nuevas tecnologías. La falta de familiaridad con las herramientas digitales y el temor a la obsolescencia de sus habilidades pueden generar una barrera significativa para la adopción.

Además, la falta de una cultura digital adecuada dentro de la organización puede dificultar la implementación de nuevas soluciones tecnológicas. Las empresas deben trabajar en la creación de una mentalidad abierta hacia la innovación y la adopción de nuevas tecnologías, además de ofrecer programas de capacitación y actualización continua a sus empleados.

Alta Inversión Inicial

La inversión inicial en la infraestructura digital puede ser considerable. Las empresas deben implementar sistemas de software, sensores, dispositivos de IoT, plataformas de análisis de datos y otras tecnologías avanzadas, lo que puede suponer un gasto significativo. Esta inversión puede ser una barrera para muchas organizaciones, especialmente las de menor tamaño, que podrían ver la digitalización como un lujo y no como una necesidad.

Sin embargo, es importante destacar que, aunque la inversión inicial puede ser elevada, los beneficios a largo plazo en términos de reducción de costos, eficiencia y competitividad superan con creces los gastos iniciales.

Ciberseguridad y Protección de Datos

La digitalización aumenta la exposición de las empresas a riesgos cibernéticos. Con el intercambio de datos a través de plataformas interconectadas, las empresas deben ser extremadamente cuidadosas con la protección de la información sensible. Los ataques cibernéticos, como el ransomware, pueden poner en riesgo la continuidad de las operaciones y la integridad de los datos.

Las empresas deben invertir en sistemas de ciberseguridad robustos, realizar auditorías periódicas y capacitar a sus empleados sobre las mejores prácticas de seguridad digital para mitigar estos riesgos. Además, las regulaciones sobre la protección de datos, como el Reglamento General de Protección de Datos (GDPR) en Europa, imponen restricciones adicionales sobre cómo se recopilan, almacenan y procesan los datos, lo que puede ser un desafío adicional.

Integración de Sistemas y Estándares

Otro desafío clave en la digitalización de la cadena de suministro es la integración de diferentes sistemas y plataformas que pueden ser incompatibles. Las empresas industriales suelen operar con sistemas legados y plataformas que no siempre se comunican de manera fluida con las nuevas tecnologías. La integración de estos sistemas antiguos con nuevas soluciones digitales puede ser compleja y costosa, lo que ralentiza la adopción de nuevas tecnologías.

Es necesario desarrollar estándares y protocolos de interoperabilidad para garantizar que las distintas plataformas y sistemas puedan compartir datos de manera eficiente y sin errores. La creación de ecosistemas tecnológicos abiertos y colaborativos es esencial para la implementación exitosa de soluciones digitales en la cadena de suministro.

Escalabilidad y Adaptación a la Evolución Tecnológica

A medida que las tecnologías continúan evolucionando, las empresas deben asegurarse de que las soluciones que implementen sean escalables y adaptables a futuras innovaciones. Lo que funciona hoy en día podría no ser suficiente dentro de unos años, por lo que las empresas deben elegir plataformas tecnológicas que sean flexibles y que puedan evolucionar con el tiempo.

Las empresas también deben ser conscientes de que la digitalización de la cadena de suministro no es un proceso que se complete de una sola vez, sino que debe ser un proceso continuo de actualización y mejora.

Casos de Éxito en la Transformación Digital de la Cadena de Suministro Industrial

Varios ejemplos de empresas que han liderado la transformación digital en sus cadenas de suministro industrial sirven de referencia sobre cómo las tecnologías pueden impulsar la eficiencia y la competitividad.

General Electric (GE)

General Electric es un claro ejemplo de cómo la digitalización puede revolucionar la cadena de suministro en la industria manufacturera. A través de su plataforma Predix, GE ha integrado Internet de las Cosas (IoT) y análisis de Big Data para monitorear el rendimiento de sus equipos y optimizar la producción. Esta plataforma permite a GE obtener información en tiempo real sobre el estado de sus operaciones y tomar decisiones más informadas sobre la producción y el mantenimiento.

Siemens

Siemens, un líder en el sector de la automatización industrial, ha implementado soluciones digitales como la fabricación avanzada mediante impresión 3D y la utilización de la inteligencia artificial en sus plantas de producción. Con la integración de sensores IoT y sistemas automatizados, Siemens ha logrado reducir significativamente los tiempos de inactividad y mejorar la eficiencia en su cadena de suministro, al mismo tiempo que ha optimizado la producción y reducido los costos operativos.

Walmart

En el sector minorista, Walmart ha sido pionero en el uso de la tecnología blockchain para mejorar la trazabilidad de los productos en su cadena de suministro. La implementación de blockchain ha permitido a Walmart reducir el tiempo necesario para rastrear el origen de los productos de semanas a segundos, lo que mejora la seguridad alimentaria y la eficiencia operativa. Además, la integración de plataformas digitales ha permitido a Walmart ofrecer un servicio más eficiente y personalizado a sus clientes.

Conclusión

La transformación digital en la cadena de suministro industrial representa un cambio paradigmático en la forma en que las empresas gestionan sus operaciones. Las tecnologías emergentes como el IoT, Big Data, inteligencia artificial, blockchain y automatización están remodelando todos los aspectos de la cadena de suministro, desde la producción hasta la distribución, mejorando la visibilidad, la eficiencia, la flexibilidad y la toma de decisiones. Sin embargo, este proceso de digitalización no está exento de desafíos, incluyendo la resistencia al cambio, las inversiones iniciales y los problemas de ciberseguridad.

Las empresas que logren superar estos obstáculos y adoptar las tecnologías digitales de manera efectiva estarán mejor posicionadas para competir en un entorno industrial cada vez más complejo y dinámico. La digitalización no es solo una tendencia pasajera, sino un elemento esencial para la supervivencia y el éxito a largo plazo en la industria manufacturera y de suministro.

REALIDAD AUMENTADA Y VIRTUAL

La evolución tecnológica ha transformado todos los sectores productivos, y la cadena de suministro no es la excepción. En los últimos años, la integración de tecnologías como la Realidad Aumentada (RA) y la Realidad Virtual (RV) ha comenzado a desempeñar un papel crucial, optimizando procesos, mejorando la eficiencia y reduciendo costos. En el ámbito industrial y de fabricación, estas tecnologías están redefiniendo cómo se gestionan los flujos de materiales, la logística, la producción y las operaciones de mantenimiento, creando nuevos estándares de innovación.

Introducción a la Realidad Aumentada y Virtual en la Cadena de Suministro

La Realidad Aumentada y la Realidad Virtual son dos tecnologías que, aunque similares en su esencia de inmersión digital, tienen diferencias clave en su implementación y objetivos. La Realidad Aumentada (RA) superpone información digital en el mundo real, permitiendo a los usuarios interactuar con objetos físicos mientras reciben datos adicionales a través de dispositivos como gafas o smartphones. En contraste, la Realidad Virtual (RV) crea entornos completamente digitales, donde el usuario se sumerge por completo en un mundo simulado, independientemente del entorno físico real.

Estas dos tecnologías tienen aplicaciones diversas, y su incorporación en la cadena de suministro de la industria manufacturera está cambiando la forma en que las empresas gestionan sus operaciones. Desde la recepción de materias primas hasta la entrega del producto final, RA y RV ofrecen herramientas innovadoras para mejorar la visibilidad, la toma de decisiones, la capacitación, la planificación y el mantenimiento.

Impacto de la Realidad Aumentada y Virtual en la Gestión de la Cadena de Suministro

La cadena de suministro en la industria manufacturera implica una serie de procesos interconectados que van desde la adquisición de materiales hasta la distribución del producto final al consumidor. La implementación de RA y RV en esta cadena tiene efectos significativos en varias áreas clave:

Optimización del Control de Inventarios

Una de las aplicaciones más destacadas de la RA en la gestión de la cadena de suministro es el control de inventarios. Mediante gafas de RA, los operarios pueden escanear estantes, almacenes y áreas de almacenamiento para obtener información detallada sobre las existencias, la ubicación de productos específicos o el estado de los materiales. Esto no solo facilita el acceso rápido a la información, sino que también minimiza los errores humanos y mejora la eficiencia operativa.

Además, la integración de la RA con sistemas de gestión de inventarios permite actualizar en tiempo real las cantidades de productos disponibles, la localización precisa de los artículos en el almacén, y las necesidades de reposición, lo que optimiza la eficiencia en la cadena de suministro y reduce los tiempos de espera o las interrupciones en la producción.

Mejora de la Toma de Decisiones

La toma de decisiones es un aspecto crucial de cualquier operación industrial, y en la cadena de suministro, esta toma de decisiones se ve respaldada por tecnologías avanzadas como la RA y la RV. Las capacidades de visualización de datos que estas tecnologías permiten ofrecen a los gerentes de la cadena de suministro información en tiempo real sobre el estado de la producción, la logística y el inventario, lo que mejora la capacidad de respuesta ante posibles desviaciones o problemas.

Por ejemplo, con la RA, los operarios pueden visualizar datos clave sobre los componentes del proceso productivo mientras interactúan con las máquinas o las líneas de montaje, sin tener que consultar manualmente computadoras o sistemas en otro lugar. Esto reduce el tiempo que los trabajadores necesitan para acceder a la información crítica y les permite tomar decisiones informadas y en tiempo real.

Mantenimiento Predictivo y Reducción del Tiempo de Inactividad

En la industria de fabricación, el mantenimiento de maquinaria es uno de los mayores desafíos logísticos y operativos. La RV y la RA están revolucionando el mantenimiento predictivo y las intervenciones de servicio. Con la ayuda de sensores, cámaras y dispositivos de RA, los técnicos pueden recibir información visual sobre el estado de las máquinas, lo que les permite diagnosticar problemas antes de que causen fallos costosos. Estos sistemas no solo identifican averías, sino que también sugieren acciones correctivas en tiempo real.

Por ejemplo, mediante gafas de RA, los operadores pueden recibir instrucciones visuales paso a paso para realizar reparaciones o ajustes en las máquinas, lo que mejora la eficiencia de los mantenimientos y reduce el tiempo de inactividad de las líneas de producción. Además, los datos recopilados en tiempo real pueden ser utilizados para crear modelos predictivos que optimicen el programa de mantenimiento y prevengan problemas antes de que ocurran.

Capacitación y Formación

La capacitación es fundamental en cualquier entorno industrial, donde la seguridad, el conocimiento técnico y la habilidad operativa son esenciales para el éxito. Las tecnologías de RV y RA ofrecen entornos de aprendizaje interactivos que mejoran la eficacia de la formación.

La RV, por ejemplo, permite a los trabajadores experimentar situaciones de trabajo simuladas sin riesgo alguno. Un operario puede entrenarse en un entorno virtual donde interactúa con maquinaria, manipula productos y enfrenta situaciones potencialmente peligrosas sin las consecuencias de un error en el mundo real. Este tipo de formación no solo mejora la comprensión de los procesos, sino que también reduce los costos asociados con la capacitación tradicional en el lugar de trabajo.

Por otro lado, la RA también tiene aplicaciones valiosas en la capacitación. Los trabajadores pueden recibir superposiciones digitales en tiempo real mientras realizan su trabajo. Por ejemplo, durante el ensamblaje de una pieza o el mantenimiento de una máquina, la RA puede superponer instrucciones visuales sobre el objeto físico, ayudando a los operarios a seguir procedimientos con mayor precisión. Esta retroalimentación continua permite mejorar la eficiencia y reduce el riesgo de errores, especialmente en operaciones complejas.

Mejora en la Gestión de la Logística

En la logística industrial, el transporte de materiales, componentes y productos es un proceso complejo que implica la coordinación de diversos actores y etapas. La RA y la RV pueden jugar un papel crucial en la mejora de esta gestión, optimizando desde la recepción de mercancías hasta su distribución.

Por ejemplo, la RA permite a los operarios en los centros de distribución visualizar rutas optimizadas para el almacenamiento de productos, minimizando los movimientos innecesarios y mejorando la rapidez de los procesos. Además, los sistemas de RA pueden guiar a los trabajadores hacia la ubicación de los productos dentro del almacén, lo que reduce el tiempo dedicado a la búsqueda de materiales y mejora la eficiencia de la operación.

En el contexto de la RV, los gerentes pueden simular flujos logísticos para identificar cuellos de botella o ineficiencias sin tener que realizar costosos cambios en el sistema real. Las simulaciones en RV permiten modelar diferentes escenarios, como la introducción de nuevas líneas de producción o la implementación de rutas de transporte alternativas, para evaluar el impacto antes de llevar a cabo cambios en la infraestructura real.

Diseño de Productos y Prototipos

El diseño y desarrollo de nuevos productos es otro ámbito donde la RV y la RA han marcado un cambio significativo. Las empresas pueden crear prototipos virtuales en un entorno completamente digital sin necesidad de fabricar físicamente cada iteración. Esto reduce los costos y acelera el proceso de diseño, permitiendo una mayor flexibilidad a la hora de realizar modificaciones y mejoras en los productos.

Además, la RA permite que los diseñadores y fabricantes vean el producto de manera virtual antes de su producción física. Los diseñadores pueden superponer sus modelos 3D sobre los productos reales, visualizando la interacción de diferentes componentes de forma más precisa. Esto es particularmente útil en el sector industrial, donde la precisión y el ajuste perfecto entre partes son cruciales para el éxito del producto final.

Colaboración Mejorada y Comunicación

En las cadenas de suministro globales, la colaboración entre diferentes actores es esencial. Sin embargo, la distancia geográfica, las diferencias culturales y las barreras tecnológicas pueden dificultar una comunicación eficaz. La RA y la RV pueden mejorar significativamente la colaboración, ofreciendo herramientas que permiten una interacción más fluida y efectiva entre los diferentes actores de la cadena de suministro.

Por ejemplo, mediante el uso de RV, equipos ubicados en distintas partes del mundo pueden colaborar en tiempo real en un espacio virtual compartido. Esto permite discutir problemas, revisar planos o realizar revisiones de procesos de producción de manera conjunta, sin importar la ubicación física de los participantes. Además, la RA facilita la interacción entre la infraestructura física y los datos digitales, lo que permite a los trabajadores en campo comunicarse directamente con los expertos o supervisores a través de interfaces visuales y de voz.

Desafíos en la Implementación de la Realidad Aumentada y Virtual

A pesar de las claras ventajas de la RA y la RV en la cadena de suministro industrial, existen desafíos y barreras para su adopción generalizada:

Costo Inicial de Implementación

El costo inicial de adquisición de dispositivos de RA y RV, así como la implementación de software compatible, puede ser elevado. Esto puede representar una barrera significativa para pequeñas y medianas empresas que no cuentan con los recursos financieros para adoptar estas tecnologías. Sin embargo, los beneficios a largo plazo, como la mejora de la productividad, la reducción de errores y la optimización de procesos, pueden justificar la inversión inicial.

Integración con Sistemas Existentes

La integración de RA y RV con los sistemas de gestión existentes en la cadena de suministro puede ser compleja. Las empresas pueden enfrentarse a desafíos técnicos y operativos cuando intentan incorporar estas tecnologías en sus infraestructuras ya existentes, especialmente cuando los sistemas heredados no están diseñados para interactuar con plataformas de RA o RV. La actualización de la infraestructura tecnológica y la capacitación del personal para adaptarse a nuevos sistemas son pasos esenciales en este proceso de integración.

Resistencia al Cambio

El cambio organizacional es otro reto importante. Los trabajadores y directivos de las empresas industriales pueden ser reacios a adoptar nuevas tecnologías, especialmente si estas cambian sustancialmente la forma en que trabajan. La transición de los métodos tradicionales a los basados en RA y RV requiere tiempo, esfuerzo y un enfoque adecuado en la gestión del cambio, con capacitación, apoyo y demostraciones claras de los beneficios.

El Futuro de la Realidad Aumentada y Virtual en la Cadena de Suministro

A medida que las tecnologías de RA y RV continúan evolucionando, su aplicación en la cadena de suministro industrial se expandirá aún más. La integración con tecnologías emergentes como la inteligencia artificial (IA), el Internet de las Cosas (IoT) y la automatización avanzada tiene el potencial de transformar aún más el panorama de la fabricación y la logística.

Por ejemplo, la IA y la RA podrían combinarse para proporcionar asistencia inteligente a los operarios en tiempo real, con recomendaciones basadas en el análisis de datos históricos y la evaluación de situaciones actuales. Además, la integración de IoT con RA permitirá que los dispositivos conectados proporcionen datos valiosos directamente a las interfaces de RA, mejorando la toma de decisiones y las operaciones en tiempo real.

Conclusión

La Realidad Aumentada y la Realidad Virtual son tecnologías revolucionarias que están cambiando la forma en que se gestionan las cadenas de suministro en la industria y fabricación. Su impacto abarca desde la mejora de la eficiencia operativa hasta la optimización de procesos de diseño, mantenimiento y formación. Aunque la implementación de estas tecnologías presenta ciertos desafíos, los beneficios a largo plazo pueden ser significativos, contribuyendo a una mayor competitividad y sostenibilidad en el sector industrial.

Con el avance continuo de estas tecnologías, el futuro de la cadena de suministro será cada vez más digital, interconectado e inteligente, lo que permitirá a las empresas superar obstáculos, adaptarse a nuevas demandas y, en última instancia, mejorar su desempeño y rentabilidad.

INTELIGENCIA ARTIFICIAL Y MACHINE LEARNING

La cadena de suministro industrial es un sistema complejo que abarca un gran número de actividades interconectadas, que incluyen la adquisición de materiales, la fabricación de productos, la logística de distribución y la gestión del inventario. La optimización de estos procesos ha sido siempre una prioridad para las empresas del sector industrial, ya que el buen funcionamiento de la cadena de suministro es fundamental para garantizar la competitividad y la sostenibilidad de las operaciones.

En los últimos años, la inteligencia artificial (IA) y el aprendizaje automático (machine learning, ML) han emergido como herramientas poderosas para revolucionar la manera en que las empresas gestionan sus cadenas de suministro. Estas tecnologías permiten a las organizaciones recopilar, procesar y analizar grandes cantidades de datos de manera más eficiente y precisa, lo que conduce a la mejora de la toma de decisiones, la reducción de costos y la optimización de los procesos operativos.

Introducción a la Inteligencia Artificial y Machine Learning en la Cadena de Suministro

La inteligencia artificial se refiere al desarrollo de sistemas capaces de realizar tareas que normalmente requieren de la inteligencia humana, como el razonamiento, la toma de decisiones, el procesamiento del lenguaje natural y la percepción visual. En el contexto de la cadena de suministro, la IA se aplica en una variedad de áreas, desde la gestión de inventarios hasta la predicción de demanda y la automatización de procesos logísticos.

El aprendizaje automático, una rama específica de la IA, se basa en la idea de que los sistemas pueden aprender de los datos sin ser explícitamente programados para cada tarea. El ML permite a los algoritmos identificar patrones, hacer predicciones y mejorar su rendimiento a medida que reciben más información. Esta capacidad de aprender de los datos históricos y adaptarse a nuevas condiciones es particularmente valiosa en la cadena de suministro, donde los patrones de demanda, las condiciones del mercado y los problemas logísticos pueden cambiar rápidamente.

A lo largo de este capítulo, exploraremos cómo la IA y el ML están transformando la gestión de la cadena de suministro en la industria manufacturera, y cómo estas tecnologías están ayudando a las empresas a mejorar su eficiencia operativa, reducir costos y adaptarse a un entorno global cada vez más complejo y competitivo.

La IA y el ML como Impulsores de la Transformación Digital en la Cadena de Suministro

El concepto de "transformación digital" ha ganado relevancia en la última década debido a los avances en las tecnologías digitales. Las empresas que buscan mantenerse competitivas en un mercado globalizado deben adoptar nuevas soluciones tecnológicas para optimizar sus operaciones. En este sentido, la IA y el ML han sido motores clave de la transformación digital en la cadena de suministro.

Toma de Decisiones Automatizada

Uno de los aspectos más fundamentales en la gestión de la cadena de suministro es la toma de decisiones. En un entorno industrial tradicional, las decisiones se toman principalmente con base en la experiencia, la intuición y los datos históricos. Sin embargo, con la introducción de la IA y el ML, las decisiones pueden ser mucho más rápidas y precisas, ya que los algoritmos pueden procesar grandes cantidades de datos en tiempo real y hacer recomendaciones basadas en análisis predictivos.

La toma de decisiones automatizada, alimentada por IA y ML, puede ser aplicada en varias áreas de la cadena de suministro, como la programación de la producción, la asignación de recursos y la planificación de la demanda. Los sistemas de IA pueden, por ejemplo, predecir con precisión la cantidad de productos que serán necesarios en función de patrones históricos de demanda, condiciones del mercado y otras variables externas, como las fluctuaciones estacionales o las crisis económicas. Esto no solo mejora la precisión de las previsiones, sino que también reduce los errores que pueden surgir de decisiones manuales, como el exceso de inventarios o la falta de productos.

Optimización de Inventarios

La gestión del inventario es una de las áreas más críticas en cualquier cadena de suministro. Mantener un nivel adecuado de inventario es un desafío constante, ya que el exceso de inventario incurre en costos adicionales de almacenamiento, mientras que la falta de inventario puede generar pérdidas de ventas y afectar la satisfacción del cliente. Los algoritmos de IA y ML permiten una optimización dinámica del inventario mediante el análisis predictivo, ayudando a las empresas a mantener un equilibrio adecuado entre la oferta y la demanda.

Por ejemplo, mediante el análisis de datos históricos, los sistemas basados en IA pueden prever picos de demanda y ajustarse automáticamente para garantizar que se disponga del inventario necesario en el momento adecuado. Además, los algoritmos de ML pueden identificar patrones y tendencias en la demanda que no son fácilmente visibles para los analistas humanos, lo que mejora la precisión de las previsiones y reduce la probabilidad de errores.

Planificación de la Producción y la Demanda

La planificación de la producción es otro aspecto clave que se beneficia enormemente del uso de la IA y el ML. La producción debe alinearse con la demanda del mercado, y cualquier discrepancia entre ambos puede resultar en ineficiencias, como tiempos de inactividad en las fábricas o cuellos de botella en el proceso de producción.

Los algoritmos de ML pueden analizar datos de ventas pasadas, tendencias del mercado, clima económico y otros factores externos para predecir la demanda futura con mayor precisión. Esta información se utiliza para ajustar los programas de producción, de modo que las fábricas puedan adaptarse rápidamente a los cambios en la demanda, evitando tanto la sobreproducción como la subproducción.

Logística Inteligente

La logística es una de las áreas más complejas de la cadena de suministro, que involucra la coordinación de diversos actores para garantizar la entrega oportuna de productos a los clientes. La logística inteligente, habilitada por IA y ML, está revolucionando la forma en que se gestionan los flujos de materiales y productos.

Los algoritmos de optimización basados en IA pueden analizar grandes cantidades de datos en tiempo real para determinar las rutas de transporte más eficientes, lo que reduce los costos de transporte y mejora los tiempos de entrega. Además, la IA permite una gestión de flotas más eficiente, con la capacidad de monitorear vehículos en tiempo real y predecir posibles retrasos debido a factores como el tráfico, las condiciones climáticas o el estado de los vehículos. Los sistemas de ML también pueden predecir con mayor precisión los tiempos de entrega, lo que permite una mejor gestión de las expectativas de los clientes y una mayor eficiencia operativa.

Aplicaciones de la Inteligencia Artificial y el Machine Learning en la Industria Manufacturera

La industria manufacturera es uno de los sectores que más se beneficia de las capacidades de la IA y el ML. La integración de estas tecnologías permite a las empresas mejorar la eficiencia de sus operaciones, reducir los costos, aumentar la flexibilidad y mejorar la calidad del producto. A continuación, exploramos algunas de las aplicaciones más destacadas en el ámbito de la fabricación.

Mantenimiento Predictivo

El mantenimiento de maquinaria en la industria manufacturera es una de las áreas donde la IA y el ML han tenido un impacto transformador. El mantenimiento predictivo se basa en la idea de que, mediante el análisis de datos en tiempo real, es posible predecir cuándo una máquina o equipo está a punto de fallar, lo que permite a las empresas tomar medidas preventivas antes de que se produzca una avería costosa.

Los sensores instalados en las máquinas recogen datos sobre su rendimiento, temperatura, vibración y otros parámetros operativos. Los algoritmos de ML analizan estos datos para identificar patrones que podrían indicar un fallo inminente. Esto permite a los técnicos realizar reparaciones o ajustes antes de que las máquinas sufran un daño significativo, lo que reduce el tiempo de inactividad no planificado y mejora la eficiencia general de la planta.

Control de Calidad Automatizado

El control de calidad es una parte fundamental del proceso de fabricación, pero tradicionalmente ha dependido de la inspección manual, lo que puede resultar en errores humanos y en una menor eficiencia. Con la introducción de IA y ML, los sistemas de control de calidad automatizados han mejorado significativamente la precisión y la velocidad de la inspección.

Por ejemplo, los algoritmos de visión por computadora, que son una rama de la IA, pueden analizar imágenes de productos fabricados para detectar defectos que pueden ser invisibles al ojo humano. Estos sistemas pueden identificar fallos en la superficie de los productos, como rayas, abolladuras o deformaciones, con una precisión mucho mayor que los inspectores humanos. Además, los sistemas de IA pueden aprender de los errores pasados y mejorar continuamente la capacidad de detección, reduciendo los rechazos de productos defectuosos y garantizando que solo los productos de la más alta calidad lleguen a los consumidores.

Personalización de Productos

La personalización de productos es una tendencia creciente en la industria manufacturera, y la IA y el ML juegan un papel fundamental en la habilitación de estas capacidades. A través del análisis de datos de clientes y tendencias del mercado, las empresas pueden diseñar productos más personalizados y adaptados a las necesidades individuales de los consumidores.

Por ejemplo, en la fabricación de productos electrónicos o ropa, los sistemas de IA pueden analizar las preferencias de los consumidores para crear productos a medida. Los algoritmos de ML pueden predecir qué características o variaciones de productos serán más demandadas, lo que permite a los fabricantes ajustar sus líneas de producción para satisfacer estas demandas de manera más eficiente.

Desafíos de la Implementación de IA y ML en la Cadena de Suministro

A pesar de los beneficios innegables de la IA y el ML, la implementación de estas tecnologías en la cadena de suministro industrial no está exenta de desafíos.

Integración de Sistemas Legacy

Muchas empresas industriales operan con sistemas heredados (legacy systems) que no están diseñados para interactuar con tecnologías avanzadas como la IA y el ML. La integración de estos sistemas con plataformas modernas de inteligencia artificial puede ser un proceso complejo y costoso. Las empresas deben invertir en la actualización de su infraestructura tecnológica, lo que puede representar una barrera para la adopción de estas tecnologías.

Calidad y Cantidad de los Datos

La efectividad de los algoritmos de IA y ML depende de la calidad y la cantidad de los datos disponibles. Los datos mal estructurados, incompletos o inexactos pueden generar resultados imprecisos y afectar la toma de decisiones. Las empresas deben invertir en la recolección y gestión adecuada de datos para garantizar que los modelos de IA se entrenen con información precisa y representativa.

Cambio Cultural y Aceptación por Parte de los Empleados

La implementación de IA y ML en la cadena de suministro también implica un cambio cultural dentro de la organización. Los empleados pueden mostrar resistencia al cambio, especialmente si perciben que las nuevas tecnologías amenazan sus puestos de trabajo o si no comprenden los beneficios de estas herramientas. Es fundamental que las empresas adopten un enfoque de gestión del cambio que involucre a los empleados, brindándoles formación y mostrándoles cómo estas tecnologías pueden mejorar sus tareas diarias.

Ciberseguridad y Protección de Datos

La adopción de tecnologías de IA y ML aumenta la cantidad de datos que se recopilan y procesan en la cadena de suministro, lo que incrementa la vulnerabilidad a los ciberataques. Las empresas deben implementar medidas de seguridad robustas para proteger estos datos, asegurando que las soluciones de IA sean confiables y seguras.

El Futuro de la Inteligencia Artificial y el Machine Learning en la Cadena de Suministro

El futuro de la IA y el ML en la cadena de suministro es prometedor. A medida que estas tecnologías evolucionan, su capacidad para mejorar las operaciones industriales será aún más significativa. El continuo desarrollo de algoritmos más sofisticados y el aumento de la conectividad a través de tecnologías como el Internet de las Cosas (IoT) abrirán nuevas posibilidades en la optimización de la cadena de suministro.

Por ejemplo, en el futuro cercano, la IA y el ML podrían ser capaces de predecir con una precisión aún mayor los cambios en la demanda del mercado, los problemas logísticos y los fallos en el equipo, lo que permitirá a las empresas adaptarse más rápidamente a un entorno en constante cambio. Además, la automatización impulsada por la IA podría ser más avanzada, con robots industriales capaces de tomar decisiones y adaptarse a nuevas condiciones sin intervención humana.

Conclusión

La inteligencia artificial y el machine learning están transformando la forma en que las empresas gestionan sus cadenas de suministro industriales. Desde la mejora de la toma de decisiones hasta la optimización de inventarios, la predicción de la demanda y el mantenimiento predictivo, estas tecnologías ofrecen enormes beneficios en términos de eficiencia, reducción de costos y adaptabilidad. Aunque la implementación de IA y ML presenta desafíos técnicos y culturales, los beneficios que ofrecen son innegables y posicionan a las empresas que los adoptan en una ventaja competitiva.

A medida que estas tecnologías continúan evolucionando, su influencia sobre la cadena de suministro se ampliará, llevando la automatización y la inteligencia en la fabricación a nuevos niveles. Las empresas que sepan aprovechar el potencial de la IA y el ML estarán mejor posicionadas para enfrentar los retos del futuro y mantener su competitividad en un entorno global cada vez más dinámico y digitalizado.

MANTENIMIENTO PREDICTIVO

La cadena de suministro en la industria manufacturera es un sistema complejo y multifacético, donde la sincronización precisa de cada eslabón es vital para garantizar el flujo continuo de materiales, la producción eficiente y la distribución oportuna de productos. Dentro de este sistema, el mantenimiento de los equipos industriales juega un papel fundamental. Las interrupciones inesperadas debido a fallos de maquinaria o equipos no solo generan costos directos relacionados con la reparación, sino que también provocan retrasos en la producción y afectan la eficiencia de toda la cadena.

En este contexto, el mantenimiento predictivo emerge como una solución clave. Aprovechando las tecnologías de monitoreo en tiempo real, el análisis de datos y el uso de algoritmos avanzados, el mantenimiento predictivo permite anticipar fallos antes de que ocurran, evitando tiempos de inactividad inesperados y optimizando los procesos de mantenimiento en la industria manufacturera. Este enfoque de mantenimiento se aleja del tradicional mantenimiento correctivo (realizado después de una falla) o el mantenimiento preventivo (basado en intervalos de tiempo preestablecidos) y se centra en una estrategia más eficiente y económica: intervenir solo cuando los datos sugieren que es necesario.

En este capítulo, exploraremos en profundidad el concepto de mantenimiento predictivo dentro de la cadena de suministro industrial, los beneficios que ofrece, cómo se implementa en las fábricas y la producción, y cómo su integración impacta en la eficiencia y competitividad de las operaciones manufactureras. A lo largo de esta discusión, abordaremos tanto los aspectos tecnológicos involucrados como las implicaciones organizativas y económicas que plantea la adopción de esta estrategia en el entorno industrial.

Introducción al Mantenimiento Predictivo en la Cadena de Suministro

La cadena de suministro es uno de los sistemas más complejos en cualquier entorno industrial, que implica la gestión de múltiples etapas y recursos interdependientes. Cada componente de la cadena, desde la recepción de materiales hasta la distribución del producto final, depende de equipos y maquinarias en constante funcionamiento. Sin embargo, cualquier fallo en un equipo, ya sea una máquina de producción, una grúa de carga, un transportador o un sistema de automatización, puede desencadenar una serie de consecuencias negativas en todo el sistema. Los tiempos de inactividad no planificados provocan una caída en la productividad y pueden retrasar la entrega de productos a los clientes, afectando directamente la rentabilidad.

El mantenimiento predictivo ha surgido como una solución para abordar estos desafíos. Esta estrategia utiliza tecnologías de monitoreo avanzadas, como sensores, Internet de las Cosas (IoT), análisis de datos e inteligencia artificial, para predecir cuándo una máquina o equipo está en riesgo de fallar. De esta manera, el mantenimiento predictivo permite realizar intervenciones antes de que un problema se convierta en una avería grave. Este enfoque es cada vez más popular en la industria, pues permite no solo mejorar la disponibilidad de los equipos y la confiabilidad operativa, sino también reducir los costos asociados al mantenimiento y los tiempos de inactividad.

El Papel del Mantenimiento Predictivo en la Industria y la Cadena de Suministro

Desafíos del Mantenimiento Tradicional

Antes de abordar cómo el mantenimiento predictivo impacta en la cadena de suministro, es importante entender los desafíos del mantenimiento tradicional, que aún prevalece en muchas industrias. En la mayoría de las fábricas y plantas de producción, el mantenimiento se realiza siguiendo dos enfoques principales: el mantenimiento correctivo y el preventivo.

Mantenimiento Correctivo: Este tipo de mantenimiento se realiza después de que se produce un fallo en el equipo. En lugar de predecir cuándo ocurrirá una falla, las empresas se ven obligadas a intervenir después de que esta haya sucedido, lo que genera tiempos de inactividad no planeados. Esto puede resultar costoso, ya que la reparación no solo es cara, sino que también puede implicar largos periodos en los que la maquinaria está fuera de servicio.

Mantenimiento Preventivo: El mantenimiento preventivo se realiza a intervalos de tiempo establecidos para evitar fallos, incluso si no hay señales claras de que una falla inminente esté ocurriendo. Aunque reduce el riesgo de fallos inesperados, también puede resultar ineficaz o innecesario si los equipos no presentan signos de desgaste. A menudo, las intervenciones preventivas son demasiado tempranas, lo que significa que se están realizando reparaciones o reemplazos innecesarios.

Ambos enfoques tienen desventajas significativas. El mantenimiento correctivo lleva a largos tiempos de inactividad, mientras que el mantenimiento preventivo puede resultar en intervenciones prematuras que no aportan ningún valor adicional, además de ser costosas. El mantenimiento predictivo, por otro lado, ofrece un enfoque más eficiente, al anticipar fallos antes de que ocurran, lo que minimiza los costos y maximiza la disponibilidad de los equipos.

La Integración de Tecnologías Avanzadas

El mantenimiento predictivo en la cadena de suministro se basa en una serie de tecnologías avanzadas que permiten recopilar datos de los equipos y analizarlos en tiempo real. Entre las principales tecnologías utilizadas se encuentran:

Sensores IoT: Los sensores se instalan en las máquinas para recopilar datos sobre su rendimiento, como temperatura, vibración, presión y velocidad. Estos sensores envían los datos a un sistema centralizado donde se analizan en tiempo real.

Análisis de Datos y Big Data: Los datos recopilados de los sensores se almacenan en grandes volúmenes. Estos datos son procesados mediante técnicas de análisis avanzado, lo que permite identificar patrones de comportamiento en las máquinas y predecir cuándo es probable que ocurra una falla.

Inteligencia Artificial y Machine Learning (ML): Los algoritmos de IA y ML son utilizados para mejorar las predicciones del mantenimiento. Estos sistemas aprenden de los datos históricos de las máquinas, adaptándose continuamente para mejorar la precisión de las predicciones y reducir los falsos positivos o negativos.

Beneficios del Mantenimiento Predictivo en la Cadena de Suministro

La adopción del mantenimiento predictivo en la industria manufacturera y la cadena de suministro trae consigo una serie de beneficios clave que impactan positivamente tanto en la eficiencia operativa como en los resultados financieros. A continuación, se detallan los principales beneficios:

Reducción de los Tiempos de Inactividad No Planificados

Uno de los beneficios más significativos del mantenimiento predictivo es la capacidad de reducir los tiempos de inactividad no planificados. El mantenimiento predictivo permite predecir los fallos antes de que ocurran, lo que da tiempo suficiente para realizar reparaciones o intervenciones planificadas sin interrumpir la producción. Esto no solo mejora la eficiencia de la planta, sino que también permite cumplir con los plazos de entrega y mejorar la satisfacción del cliente.

Optimización de los Costos de Mantenimiento

El mantenimiento predictivo ayuda a reducir los costos operativos asociados con el mantenimiento de equipos. Al detectar problemas antes de que se conviertan en fallos graves, las empresas pueden evitar reparaciones costosas y reemplazos de piezas innecesarios. Además, al no realizar intervenciones prematuras como ocurre en el mantenimiento preventivo, las organizaciones pueden reducir los costos asociados con la sustitución de componentes que aún tienen una vida útil considerable.

Aumento de la Vida Útil de los Equipos

El mantenimiento predictivo contribuye a extender la vida útil de los equipos y maquinarias. Al identificar y abordar los problemas a tiempo, se pueden tomar medidas correctivas antes de que el daño sea irreversible. Esto ayuda a garantizar que los equipos funcionen de manera óptima durante más tiempo, lo que reduce la necesidad de reemplazar costosos activos industriales.

Mejora en la Calidad de la Producción

La confiabilidad de los equipos industriales impacta directamente en la calidad de los productos fabricados. Los fallos de las máquinas no solo provocan interrupciones en la producción, sino que también pueden afectar la calidad de los productos finales. El mantenimiento predictivo ayuda a minimizar estas interrupciones, lo que contribuye a una producción más consistente y de mayor calidad.

Reducción del Riesgo de Accidentes y Lesiones

Los fallos de maquinaria pueden dar lugar a situaciones peligrosas para los trabajadores, lo que aumenta el riesgo de accidentes y lesiones. El mantenimiento predictivo contribuye a la seguridad laboral, al permitir la detección temprana de fallos que podrían poner en peligro la integridad física de los empleados.

Mejora en la Sostenibilidad Operacional

La eficiencia operativa mejorada que ofrece el mantenimiento predictivo también se traduce en una mayor sostenibilidad. Al reducir el consumo innecesario de recursos, como piezas de repuesto y energía, las fábricas pueden operar de manera más ecológica y responsable con el medio ambiente.

Implementación del Mantenimiento Predictivo en la Cadena de Suministro

La implementación efectiva del mantenimiento predictivo en la cadena de suministro implica una planificación cuidadosa y la integración de tecnologías avanzadas con las operaciones existentes. A continuación, exploramos los pasos clave en la implementación de este enfoque en el ámbito industrial.

Integración de Sensores y Dispositivos IoT

El primer paso para implementar el mantenimiento predictivo es la instalación de sensores IoT en las máquinas y equipos críticos. Estos sensores recopilan datos en tiempo real sobre el estado operativo de los equipos, como temperatura, vibración, presión y niveles de consumo energético. La instalación de estos dispositivos debe ser estratégica, enfocándose en aquellos equipos que son esenciales para el funcionamiento de la planta o que tienen un impacto significativo en la producción.

Recolección y Análisis de Datos

Una vez que los sensores están en funcionamiento, la siguiente fase es la recolección y almacenamiento de los datos. Esto puede implicar el uso de sistemas de gestión de datos en la nube o plataformas locales de almacenamiento. Los datos deben ser accesibles para su análisis y procesamiento. La capacidad de manejar grandes volúmenes de datos es crucial, por lo que las empresas deben invertir en infraestructura tecnológica adecuada para gestionar el Big Data generado por los sensores.

Implementación de Algoritmos de IA y Machine Learning

Los algoritmos de inteligencia artificial y machine learning juegan un papel crucial en el mantenimiento predictivo. Estos algoritmos analizan los datos recopilados de los sensores para identificar patrones y correlaciones que indican posibles fallos en el futuro. La implementación de estos algoritmos debe ser un proceso continuo, ya que la efectividad de las predicciones mejora a medida que el sistema aprende de nuevos datos.

Planificación y Ejecución del Mantenimiento

Con las predicciones realizadas por los sistemas de IA, las empresas pueden planificar el mantenimiento de manera proactiva. En lugar de esperar a que una máquina falle, los técnicos pueden intervenir cuando el sistema indique que una parte está cerca del fin de su vida útil. Esto minimiza los costos de intervención, optimiza los recursos humanos y reduce los tiempos de inactividad.

Capacitación y Gestión del Cambio

La adopción de mantenimiento predictivo requiere una formación adecuada para los empleados. Los operarios y el personal de mantenimiento deben comprender cómo interpretar los datos generados por los sensores y cómo actuar en función de las recomendaciones proporcionadas por el sistema de IA. Además, la gestión del cambio es un aspecto clave, ya que la transición hacia una estrategia más tecnológica puede generar resistencia entre los trabajadores.

Desafíos en la Implementación del Mantenimiento Predictivo

A pesar de los numerosos beneficios que ofrece el mantenimiento predictivo, existen varios desafíos que las empresas deben superar para su implementación efectiva. Entre los principales desafíos se incluyen:

Costo Inicial de Implementación

La instalación de sensores IoT, la infraestructura de almacenamiento de datos y la implementación de algoritmos de IA pueden requerir una inversión significativa. Las pequeñas y medianas empresas pueden encontrar este costo inicial como un obstáculo importante.

Calidad y Disponibilidad de Datos

El mantenimiento predictivo depende en gran medida de la calidad y la cantidad de datos disponibles. Si los sensores no están correctamente calibrados o si los datos no se recopilan de manera continua, las predicciones pueden ser imprecisas. Las empresas deben asegurarse de que sus sistemas de recolección de datos sean confiables.

Complejidad Tecnológica

La integración de tecnologías avanzadas como la IA y el ML en los sistemas existentes puede ser compleja y requerir una reestructuración significativa de los procesos industriales. Las organizaciones deben estar preparadas para gestionar este proceso de transformación digital de manera efectiva.

Resistencia al Cambio

Al igual que con cualquier nueva tecnología, el mantenimiento predictivo puede encontrar resistencia por parte del personal. Muchos empleados pueden sentirse amenazados por la automatización o no estar familiarizados con el análisis de datos y la toma de decisiones basada en algoritmos.

Conclusión

El mantenimiento predictivo es una estrategia revolucionaria en la cadena de suministro industrial que ofrece importantes beneficios en términos de reducción de costos, mejora de la eficiencia operativa y optimización de los procesos de fabricación. Al integrar tecnologías como el IoT, la inteligencia artificial y el análisis de datos, las empresas pueden predecir fallos en los equipos antes de que ocurran, lo que les permite intervenir de manera proactiva y evitar tiempos de inactividad costosos. Aunque existen desafíos en su implementación, como los costos iniciales y la resistencia al cambio, los beneficios a largo plazo superan ampliamente estos obstáculos.

A medida que la tecnología continúa avanzando y las industrias se adaptan al entorno digital, el mantenimiento predictivo se convertirá en una norma más que en una excepción, transformando la manera en que las empresas gestionan sus activos y optimizan sus cadenas de suministro. La capacidad de anticipar problemas y tomar decisiones basadas en datos no solo mejorará la competitividad de las empresas, sino que también contribuirá a una operación más sostenible y eficiente en un mercado global cada vez más exigente.

CADENA DE SUMINISTRO CIRCULAR

La cadena de suministro circular (CSC) es un concepto emergente que busca transformar la manera en que las empresas gestionan los recursos y flujos de productos dentro de sus procesos productivos y de distribución. A diferencia de la cadena de suministro tradicional, que sigue un modelo lineal de producción, uso y desecho, la cadena de suministro circular se enfoca en la reducción de residuos, la reutilización de materiales y el reciclaje dentro del ciclo productivo. Este modelo no solo se ajusta a los principios de sostenibilidad, sino que también presenta oportunidades económicas y operativas significativas para las industrias de fabricación. Este capítulo explora a fondo los principios, la implementación y los beneficios de la cadena de suministro circular en el sector industrial, abordando los aspectos fundamentales que influyen en su adopción, sus retos, y sus implicaciones a largo plazo.

Introducción a la Cadena de Suministro Circular

En un mundo donde los recursos naturales son limitados y las presiones ambientales son cada vez mayores, la necesidad de cambiar los paradigmas de producción y consumo se ha convertido en una prioridad global. En este contexto, el concepto de economía circular ha emergido como una alternativa viable para la mejora de la eficiencia en el uso de los recursos. La cadena de suministro circular se inserta dentro de este marco, donde el objetivo principal es maximizar el valor de los productos y materiales durante su vida útil y minimizar el desperdicio a través de su reutilización y reciclaje.

En la práctica, la cadena de suministro circular implica transformar los procesos industriales convencionales en ciclos más cerrados, donde el flujo de materiales no se limita a un proceso de ida (desde la extracción de recursos hasta la fabricación, distribución, uso y desecho) sino que se cierra en un ciclo continuo de recuperación de materiales y componentes, que pueden reincorporarse al proceso productivo en lugar de ser desechados. Este modelo de negocio exige un enfoque estratégico y colaborativo entre todos los actores de la cadena de suministro, desde los proveedores de materias primas hasta los consumidores finales.

Fundamentos de la Cadena de Suministro Circular

La base de la cadena de suministro circular radica en un cambio de paradigma en la manera en que las empresas y organizaciones entienden el valor de los productos y los materiales. Este modelo está fundado en tres principios clave:

Reducción de la Explotación de Recursos Naturales

En la economía lineal tradicional, los recursos naturales son extraídos, utilizados y desechados, lo que genera una presión insostenible sobre los ecosistemas. La cadena de suministro circular busca mitigar este impacto, disminuyendo la necesidad de nuevos recursos a través de la reutilización y el reciclaje de materiales. Esto no solo reduce la extracción de materias primas, sino que también disminuye la huella de carbono y otros efectos negativos relacionados con la producción.

Rediseño de Productos para la Circularidad

El rediseño de productos y procesos es uno de los pilares de la cadena de suministro circular. Los productos deben ser diseñados pensando en su reutilización, reparación y reciclaje desde el inicio, lo que permite un ciclo de vida más largo y una menor necesidad de nuevos materiales. El diseño para la circularidad incluye la elección de materiales más sostenibles, la creación de productos modulares que se puedan reparar o actualizar, y la simplificación de los procesos para facilitar el desmontaje al final de su vida útil.

Innovación en Modelos de Negocio

Los modelos de negocio circulares requieren un enfoque innovador, donde las empresas no solo venden productos, sino que también ofrecen servicios adicionales relacionados con la reparación, mantenimiento o actualización de los mismos. En lugar de tener un modelo de ingresos basado únicamente en la venta de productos, las empresas pueden generar valor mediante servicios de leasing o mantenimiento, y la recuperación de materiales al final del ciclo de vida de los productos.

Beneficios de la Cadena de Suministro Circular en la Industria

Implementar una cadena de suministro circular no solo es una respuesta a la creciente preocupación ambiental, sino que también ofrece una serie de beneficios tangibles para las empresas industriales. Estos beneficios van más allá de la sostenibilidad, impactando directamente en la eficiencia operativa y en los resultados financieros.

Reducción de Costos Operativos

Uno de los beneficios más inmediatos y palpables de la cadena de suministro circular es la reducción de los costos operativos. A través de la reutilización de materiales y la optimización de los procesos productivos, las empresas pueden reducir la necesidad de adquirir nuevos recursos y, por ende, los costos asociados a la compra de materias primas. Además, el reciclaje de componentes y materiales puede generar ingresos adicionales si se aprovechan adecuadamente, convirtiendo los residuos en productos de valor.

Mejora en la Resiliencia de la Cadena de Suministro

La circularidad también mejora la resiliencia de las cadenas de suministro al reducir la dependencia de recursos externos y volátiles. Al promover la reutilización de materiales y la localización de procesos productivos, las empresas pueden reducir su vulnerabilidad a las fluctuaciones del mercado de materias primas y otros factores externos, como desastres naturales o interrupciones globales en la cadena de suministro.

Cumplimiento Normativo y Acceso a Nuevos Mercados

En un contexto donde las regulaciones ambientales son cada vez más estrictas, las empresas que adoptan la cadena de suministro circular pueden estar mejor posicionadas para cumplir con las normativas y obtener certificaciones que demuestren su compromiso con la sostenibilidad. Además, la demanda de productos sostenibles está en aumento, lo que abre nuevas oportunidades de negocio en mercados conscientes de la responsabilidad social y ambiental.

Mejora de la Imagen de Marca

Las empresas que adoptan modelos circulares pueden fortalecer su imagen de marca al demostrar su compromiso con el cuidado del medio ambiente. La sostenibilidad es un tema clave para muchos consumidores, y las marcas que adoptan prácticas circulares pueden ganar una ventaja competitiva al posicionarse como líderes en sostenibilidad.

Componentes Clave de la Cadena de Suministro Circular

La implementación de una cadena de suministro circular no es un proceso sencillo, y requiere de la colaboración y coordinación entre varios actores. Los componentes clave de una cadena de suministro circular incluyen la logística inversa, el diseño de productos, la colaboración con proveedores y la gestión eficiente de los recursos.

Logística Inversa

La logística inversa es uno de los elementos más importantes en una cadena de suministro circular. Este concepto se refiere al proceso de devolver productos, materiales o componentes desde el consumidor final hacia el fabricante para su reutilización, reciclaje o disposición adecuada. La logística inversa implica la creación de una infraestructura eficiente para la recolección, clasificación y transporte de los productos al final de su vida útil. Esto puede incluir sistemas de recolección de productos usados, instalaciones de reciclaje, y plataformas digitales que faciliten la devolución de productos.

Diseño para la Circularidad

El diseño de productos para la circularidad es esencial para garantizar que los productos sean fácilmente desmontables, reparables y reciclables. Esto implica pensar en los productos de manera integral, desde la selección de materiales hasta los procesos de producción y disposición final. Los productos diseñados para la circularidad deben ser robustos, modulares y fáciles de actualizar, lo que facilita su vida útil prolongada.

Colaboración con Proveedores

Una cadena de suministro circular eficaz requiere una estrecha colaboración entre los fabricantes y sus proveedores. Las relaciones con los proveedores deben basarse en principios de sostenibilidad y responsabilidad social, donde ambos actores trabajen juntos para garantizar que los materiales sean reciclables y que los procesos productivos minimicen el impacto ambiental. Los proveedores deben ser capaces de ofrecer materiales reciclados de alta calidad y cumplir con las normas ambientales.

Gestión de Recursos y Reciclaje

La gestión eficiente de los recursos es fundamental para la circularidad. Esto incluye la planificación adecuada para asegurar que los materiales se utilicen de la manera más eficiente posible, minimizando el desperdicio y maximizando el uso de recursos reciclados. El reciclaje es una parte crucial de este proceso, donde los materiales al final de su vida útil son recuperados y reincorporados al proceso productivo. La infraestructura de reciclaje debe ser avanzada y contar con tecnologías que permitan el tratamiento adecuado de los materiales para mantener su calidad.

Desafíos de Implementar una Cadena de Suministro Circular

A pesar de sus múltiples beneficios, la implementación de una cadena de suministro circular en la industria presenta varios desafíos que deben ser superados para lograr una transición exitosa. Entre estos desafíos se incluyen las barreras tecnológicas, la falta de infraestructura adecuada, los costes iniciales elevados, y la necesidad de cambiar las mentalidades dentro de las organizaciones.

Barreras Tecnológicas

El desarrollo de tecnologías adecuadas para la recuperación y reciclaje de materiales es uno de los mayores desafíos de la cadena de suministro circular. A menudo, las tecnologías actuales no son lo suficientemente avanzadas o económicas para permitir una recuperación de materiales eficiente, lo que limita la viabilidad de este modelo en muchos sectores industriales. La investigación y el desarrollo en tecnologías de reciclaje y reutilización son fundamentales para superar este obstáculo.

Infraestructura Inadecuada

La infraestructura para el reciclaje y la logística inversa a menudo no está suficientemente desarrollada. Las redes de recolección de productos usados y las instalaciones de reciclaje no siempre están bien integradas ni son eficientes, lo que dificulta la implementación de la cadena de suministro circular. Además, la falta de un sistema de gestión de residuos adecuado en muchas regiones puede representar una barrera significativa.

Costes Iniciales Elevados

La transición hacia una cadena de suministro circular puede implicar costos iniciales elevados, ya que las empresas deben invertir en nuevas tecnologías, en la capacitación de empleados y en la adaptación de sus procesos productivos. Estos costos pueden ser un obstáculo importante, especialmente para las pequeñas y medianas empresas que no disponen de los recursos financieros necesarios para realizar estas inversiones.

Cambio Cultural y Mentalidades

Implementar una cadena de suministro circular también requiere un cambio cultural dentro de las organizaciones. Muchas empresas están acostumbradas a operar bajo un modelo lineal de producción y consumo, lo que puede generar resistencia al cambio. Es necesario que la alta dirección promueva la sostenibilidad como un valor central de la empresa y fomente la adopción de prácticas circulares en todos los niveles de la organización.

Casos de Éxito en la Cadena de Suministro Circular

A pesar de los desafíos mencionados, existen ejemplos de empresas que han implementado exitosamente modelos de cadena de suministro circular. Algunas de las grandes multinacionales que lideran este cambio incluyen empresas como Philips, Unilever y Patagonia, las cuales han desarrollado iniciativas exitosas para cerrar el ciclo de vida de sus productos, desde el diseño hasta el reciclaje.

Por ejemplo, Philips ha implementado un modelo de negocio basado en el leasing de productos, lo que les permite recuperar los productos al final de su vida útil, repararlos y reciclar los materiales. Este enfoque ha permitido a la compañía reducir su dependencia de recursos nuevos y crear una relación más estrecha con sus consumidores. Unilever, por su parte, ha desarrollado una cadena de suministro circular a través de sus iniciativas de reciclaje y reducción de desperdicios, mientras que Patagonia ha promovido la reutilización de sus productos mediante programas de recompra y reciclaje de prendas usadas.

Conclusión

La transición hacia una cadena de suministro circular en la industria y la fabricación representa un cambio fundamental en la forma en que las empresas gestionan sus recursos, producen bienes y se relacionan con los consumidores. Aunque los desafíos son significativos, los beneficios en términos de eficiencia operativa, sostenibilidad y rentabilidad a largo plazo hacen que este modelo sea cada vez más atractivo para las empresas del sector industrial. Con el compromiso adecuado de las organizaciones y la colaboración entre todos los actores de la cadena de suministro, la circularidad tiene el potencial de transformar la industria hacia un futuro más sostenible y próspero para todos.

GESTIÓN DE PROYECTOS EN LA CADENA DE SUMINISTRO

La gestión de proyectos en la cadena de suministro industrial y de fabricación no es simplemente una actividad administrativa, sino un proceso esencial para el éxito de las empresas modernas que operan en mercados globales altamente competitivos. En un entorno donde los consumidores exigen productos de calidad, entregas rápidas y costos reducidos, la eficiencia en la gestión de proyectos se convierte en una ventaja estratégica para las organizaciones. Los proyectos que involucran la cadena de suministro abarcan desde la adquisición de materias primas hasta la distribución de productos finales, pasando por complejos procesos de manufactura, logística, almacenamiento y control de calidad.

Este capítulo profundiza en los aspectos más importantes de la gestión de proyectos dentro de la cadena de suministro, específicamente en el área industrial y de fabricación. A lo largo del mismo, se explorarán las características de estos proyectos, sus fases críticas, las herramientas utilizadas y los retos que enfrentan las empresas, además de ofrecer una visión sobre cómo las empresas pueden mejorar sus prácticas de gestión de proyectos para enfrentar las exigencias del mercado.

La Importancia de la Gestión de Proyectos en la Cadena de Suministro Industrial y de Fabricación

En la actualidad, las cadenas de suministro son sistemas complejos que involucran una red de proveedores, fabricantes, distribuidores y consumidores finales. Estos sistemas deben ser gestionados de manera eficiente para minimizar los costos, reducir los plazos de entrega, optimizar el uso de recursos y, en última instancia, cumplir con las expectativas del cliente.

La cadena de suministro en el sector industrial y de fabricación es particularmente sensible a los cambios en la demanda y a las fluctuaciones en la disponibilidad de materiales. Por ejemplo, un retraso en el suministro de una materia prima crítica puede paralizar toda una línea de producción, afectando tanto los costos como los plazos de entrega. De la misma manera, problemas logísticos en el transporte de productos finales pueden resultar en la pérdida de clientes y dañar la reputación de la empresa.

La gestión de proyectos en este contexto va más allá de la simple ejecución de tareas; es una actividad estratégica que debe alinearse con los objetivos generales de la empresa, tales como la reducción de costos, la mejora de la calidad y la satisfacción del cliente. Un proyecto bien gestionado no solo asegura la ejecución eficiente de las tareas, sino que también permite la identificación temprana de problemas y la implementación de soluciones antes de que estos impacten de manera significativa.

Características de los Proyectos en la Cadena de Suministro Industrial y de Fabricación

La cadena de suministro en la industria de fabricación tiene características que la diferencian de otros sectores, especialmente por su enfoque en la producción masiva, la gestión de inventarios, la logística y la interdependencia entre las distintas fases del proceso productivo. Estas características pueden presentar desafíos que, si no son gestionados adecuadamente, pueden afectar el rendimiento general del proyecto.

Interdependencia entre las Fases del Proyecto

Cada fase de un proyecto dentro de la cadena de suministro está interconectada. En el contexto industrial, esto significa que una deficiencia en una de las etapas puede desencadenar una cadena de problemas que afecten el proyecto en su conjunto. Por ejemplo, si el proveedor de una materia prima no cumple con los plazos de entrega, esto afectará la producción en la planta manufacturera y, a su vez, la distribución de los productos.

La capacidad de gestionar estas interdependencias es fundamental para minimizar los riesgos. La gestión efectiva de proyectos en este contexto implica una coordinación continua entre todos los actores de la cadena: desde los proveedores de materiales, los operadores de la planta de fabricación, hasta los distribuidores y los minoristas. Esto requiere de una comunicación constante y de herramientas que permitan el monitoreo en tiempo real del progreso de cada fase.

Complejidad y Escalabilidad de los Proyectos

Los proyectos en la cadena de suministro industrial suelen involucrar múltiples proveedores, diferentes ubicaciones geográficas y una variedad de productos y materiales. Esta complejidad puede multiplicarse a medida que la empresa se expande a nivel global o diversifica su portafolio de productos.

La escalabilidad es otro factor crítico: los proyectos en la cadena de suministro deben ser flexibles para adaptarse a cambios en la demanda, variaciones en la producción o expansión a nuevos mercados. La implementación de procesos estandarizados y la automatización en diversas etapas de la cadena de suministro puede facilitar esta adaptabilidad.

Tiempo y Plazos de Entrega

La gestión del tiempo es uno de los aspectos más críticos de la gestión de proyectos en la cadena de suministro. Las empresas deben cumplir con plazos de entrega que a menudo son estrictos y, en muchos casos, no negociables. El incumplimiento de estos plazos puede afectar la competitividad de la empresa y su relación con los clientes.

El tiempo de fabricación, los plazos de envío de materiales, las aduanas y las restricciones logísticas son factores que deben ser considerados y gestionados adecuadamente para evitar retrasos. Un retraso en una fase puede tener un efecto domino que afecte a todas las etapas subsecuentes del proceso.

Gestión de Recursos

La cadena de suministro industrial implica la gestión de una gran cantidad de recursos, tanto materiales como humanos. Los recursos materiales incluyen las materias primas, los equipos de producción, los vehículos de transporte, el inventario y las instalaciones de almacenamiento. Los recursos humanos incluyen a los operarios, gerentes de proyecto, proveedores y cualquier otro actor involucrado en el proceso productivo.

La eficiencia en el uso de estos recursos es clave para reducir costos y mejorar los márgenes de ganancia. Por ejemplo, una planta de fabricación que no optimiza el uso de sus máquinas o que no planifica adecuadamente el mantenimiento preventivo de sus equipos puede enfrentarse a paradas imprevistas que afecten toda la producción. De igual manera, la gestión ineficaz de los inventarios puede llevar a un exceso de stock, lo que genera costos adicionales de almacenamiento, o a la falta de materiales, lo que paraliza la producción.

Fases de un Proyecto en la Cadena de Suministro

La gestión de proyectos en la cadena de suministro en la industria y fabricación se puede dividir en varias fases que abarcan desde la planificación inicial hasta el cierre final del proyecto. Cada fase tiene objetivos específicos y su propia complejidad, que debe ser gestionada para asegurar que el proyecto cumpla con los objetivos de tiempo, costo y calidad.

Iniciación del Proyecto

La fase de iniciación de un proyecto en la cadena de suministro incluye la definición de los objetivos y el alcance del proyecto. En esta etapa, se determinan los recursos necesarios, se identifican los principales actores del proyecto, y se establecen las expectativas tanto internas como con los proveedores y clientes.

En el contexto de la cadena de suministro industrial, esta fase incluye también la selección de proveedores, la determinación de los métodos de fabricación, la planificación de la logística y la evaluación de la demanda del mercado para asegurar que la producción esté alineada con las necesidades reales.

Planificación del Proyecto

Una vez que el proyecto ha sido iniciado, la fase de planificación es donde se definen los detalles operativos del proyecto. Esto incluye la creación de un cronograma detallado que establezca los plazos para cada fase del proyecto, la asignación de recursos y la identificación de los riesgos potenciales.

Es fundamental en esta etapa la planificación de la logística, ya que las decisiones tomadas influirán en las capacidades de producción, el transporte de materiales y productos, y el almacenamiento de inventarios. Una planificación inadecuada de la cadena de suministro puede generar cuellos de botella en el proceso productivo, retrasos en las entregas o pérdidas de materiales.

Ejecución del Proyecto

La fase de ejecución es donde la mayoría de las actividades se llevan a cabo. En el caso de la cadena de suministro, esto incluye la compra de materiales, la fabricación de los productos, la supervisión de la producción, la gestión de inventarios y la distribución de los productos terminados.

En esta fase, la coordinación y la comunicación son esenciales. El gerente de proyectos debe garantizar que los proveedores entreguen las materias primas a tiempo, que la producción avance según lo previsto, y que los productos sean distribuidos de manera eficiente a los puntos de venta o directamente a los clientes. Además, es importante que se mantenga un control constante sobre los costos y los recursos para asegurar que el proyecto no se desvíe de su plan original.

Control y Monitoreo del Proyecto

El control y monitoreo es una actividad continua a lo largo del ciclo de vida del proyecto. En la cadena de suministro industrial, esta fase implica el seguimiento del progreso en relación con el plan, la medición de indicadores de rendimiento clave (KPI), y la realización de ajustes cuando sea necesario.

Un aspecto fundamental de este control es la gestión de inventarios. Si los niveles de inventario son demasiado bajos, puede haber interrupciones en la producción; si son demasiado altos, se generarán costos adicionales de almacenamiento. Asimismo, el seguimiento de la calidad en cada etapa del proceso productivo es vital para garantizar que los productos cumplan con los estándares establecidos.

Cierre del Proyecto

El cierre del proyecto en la cadena de suministro no significa simplemente que las actividades hayan terminado. En esta fase, se realiza una evaluación final para asegurarse de que se cumplieron todos los objetivos del proyecto. Esto incluye la revisión de la rentabilidad del proyecto, la satisfacción de los clientes, la eficiencia de los recursos utilizados y el cumplimiento de los plazos.

Además, el cierre implica la recopilación de información valiosa para la mejora continua. Las lecciones aprendidas durante el proyecto pueden ayudar a identificar áreas de oportunidad y a mejorar los procesos para proyectos futuros.

Herramientas y Técnicas de Gestión de Proyectos en la Cadena de Suministro

La gestión de proyectos en la cadena de suministro requiere de herramientas especializadas para la planificación, ejecución y control de las actividades. Estas herramientas permiten a los gerentes de proyectos monitorear el progreso, identificar problemas a tiempo y tomar decisiones basadas en datos.

Software de Gestión de Proyectos

En la actualidad, el uso de software especializado es una práctica común en la gestión de proyectos en la cadena de suministro. Herramientas como Microsoft Project, Primavera y SAP Project System son capaces de gestionar grandes cantidades de información y tareas relacionadas con el proyecto. Estos programas permiten crear diagramas de Gantt, asignar tareas, gestionar recursos y hacer seguimientos en tiempo real.

Sistemas de Gestión de Inventarios

El control de inventarios es una de las tareas más críticas en la gestión de proyectos en la cadena de suministro. Sistemas como el ERP (Enterprise Resource Planning) permiten a las empresas gestionar sus inventarios de manera más eficiente, lo que reduce el riesgo de desabastecimientos o exceso de stock.

Metodologías Ágiles

Aunque las metodologías ágiles, como Scrum y Kanban, se originaron en el desarrollo de software, se han adaptado a otros sectores, incluida la cadena de suministro. Estas metodologías permiten una mayor flexibilidad y rapidez en la toma de decisiones, lo que es crucial en un entorno tan dinámico como el de la fabricación.

Desafíos en la Gestión de Proyectos en la Cadena de Suministro

La gestión de proyectos en la cadena de suministro industrial no está exenta de desafíos. Entre los más comunes se encuentran:

Riesgos en la Provisión de Materiales

Las fluctuaciones en la disponibilidad de materiales, el incumplimiento de plazos por parte de los proveedores y los problemas logísticos son algunos de los mayores desafíos que enfrentan las empresas. La gestión de estos riesgos requiere una planificación meticulosa, pero también una capacidad de adaptación ante imprevistos.

Complejidad Logística

El transporte de materiales y productos terminados en un contexto industrial es una tarea compleja que involucra múltiples actores y rutas. Los retrasos, la falta de coordinación y las interrupciones en la cadena de transporte pueden generar costos adicionales y retrasos en la entrega.

Demanda Cambiante

Las fluctuaciones en la demanda del mercado son otro desafío importante. Los cambios repentinos en los patrones de consumo pueden afectar la producción y la distribución de productos. La capacidad de adaptarse rápidamente a estas fluctuaciones es una característica esencial de la gestión de proyectos en la cadena de suministro.

Conclusión

La gestión de proyectos en la cadena de suministro industrial es un desafío complejo que implica la coordinación de diversos actores, recursos y actividades. La eficiencia en cada una de las fases del proyecto, desde la planificación hasta el cierre, es clave para el éxito del mismo. La capacidad para anticipar problemas, adaptarse a cambios y utilizar las herramientas adecuadas puede marcar la diferencia entre un proyecto exitoso y un fracaso.

En este entorno competitivo, las empresas deben estar dispuestas a invertir en tecnologías, procesos y formación continua para asegurar que sus proyectos en la cadena de suministro se gestionen de la manera más eficiente posible. Al hacerlo, podrán no solo satisfacer las demandas del mercado, sino también ganar una ventaja competitiva a largo plazo.

GESTIÓN DE CRISIS EN LA CADENA DE SUMINISTRO

La gestión de crisis en la cadena de suministro (SCM, por sus siglas en inglés) es una disciplina crucial en la industria moderna, especialmente en los sectores industriales y de fabricación, donde la eficiencia y la fluidez de los procesos son vitales para el éxito operativo y económico. Una crisis en la cadena de suministro puede surgir por múltiples factores, tales como desastres naturales, interrupciones geopolíticas, fallos tecnológicos, escasez de materias primas, o pandemias. El impacto de estas crisis puede ser devastador no solo para las empresas directamente afectadas, sino también para las redes de proveedores y clientes que dependen de ellas.

En este capítulo se abordará en detalle la naturaleza de las crisis en la cadena de suministro, cómo se desarrollan, sus impactos tanto internos como externos, y cómo las empresas pueden prepararse y responder eficazmente a ellas. Además, se explorarán estrategias, mejores prácticas y estudios de caso que permiten a las organizaciones no solo mitigar el impacto de estas crisis, sino también salir fortalecidas de las mismas.

Introducción a la Gestión de Crisis en la Cadena de Suministro

La cadena de suministro abarca todas las etapas necesarias para producir y distribuir productos, desde la adquisición de materias primas hasta la entrega del producto final al cliente. Cuando una crisis impacta en alguna parte de esta cadena, los efectos pueden propagarse rápidamente, interrumpiendo la producción, alterando los plazos de entrega y afectando la satisfacción del cliente.

La gestión de crisis en la cadena de suministro implica anticiparse a los posibles riesgos, implementar planes de contingencia, y desarrollar una capacidad de respuesta ágil y eficiente. Las empresas deben ser capaces de identificar vulnerabilidades dentro de su cadena de suministro, evaluar el impacto potencial de diferentes tipos de crisis y tomar decisiones rápidas para minimizar el daño.

Tipos de Crisis en la Cadena de Suministro

Las crisis que afectan la cadena de suministro pueden clasificarse en diversas categorías, cada una con características y niveles de impacto específicos:

Crisis provocadas por desastres naturales: Terremotos, huracanes, inundaciones y otras catástrofes naturales pueden destruir instalaciones de producción, interrumpir el transporte de bienes y paralizar la operación de proveedores clave. Estos eventos son a menudo impredecibles, lo que hace difícil prepararse para ellos.

Crisis económicas y financieras: Una crisis económica o financiera puede afectar la capacidad de una empresa para acceder a recursos, financiamiento o incluso para mantener relaciones comerciales con proveedores que atraviesan dificultades similares.

Crisis geopolíticas: Guerras, conflictos territoriales, sanciones económicas o cambios en las políticas comerciales pueden afectar el flujo de bienes y servicios, especialmente cuando las empresas dependen de cadenas de suministro globales.

Crisis por fallos tecnológicos: Las fallas en sistemas informáticos, ciberataques, o interrupciones en la infraestructura digital pueden paralizar la logística y el manejo de inventarios, afectando gravemente la operativa.

Crisis relacionadas con la escasez de recursos o materias primas: La falta de acceso a recursos clave como metales raros, energía o materias primas puede afectar la capacidad de producción. Esta escasez puede ser provocada por diversas causas, desde conflictos internacionales hasta factores medioambientales.

Crisis provocadas por pandemias y problemas de salud pública: La pandemia de COVID-19 es un ejemplo reciente y claro de cómo una crisis sanitaria puede paralizar industrias enteras, afectando la producción, la logística y el comportamiento de los consumidores.

Impactos de las Crisis en la Cadena de Suministro

Los efectos de una crisis en la cadena de suministro pueden ser devastadores, tanto para las empresas como para los consumidores. Entre los impactos más significativos se incluyen:

Interrupción en la producción: Cuando una crisis afecta a los proveedores de materias primas o a la capacidad de producción, las fábricas pueden verse obligadas a reducir su ritmo o incluso cerrar temporalmente. Esto puede llevar a una caída en la producción de productos esenciales y un retraso en los plazos de entrega.

Aumento de los costos: Las crisis, especialmente las que involucran interrupciones en el suministro de materiales o aumento de los costos de transporte, pueden resultar en un aumento de los costos operativos. Las empresas pueden verse obligadas a buscar proveedores alternativos más caros o a adaptar sus procesos de producción para ajustarse a las nuevas circunstancias.

Pérdida de clientes y reputación: Los retrasos en la entrega de productos, la disminución de la calidad o el incumplimiento de compromisos pueden resultar en una pérdida de confianza por parte de los clientes. Esto puede traducirse en pérdida de ventas y daño a la reputación de la marca.

Impacto en la relación con los proveedores: Las crisis también afectan las relaciones con los proveedores. Si una empresa no es capaz de cumplir con sus compromisos financieros debido a problemas derivados de la crisis, puede perder a proveedores clave. Además, los proveedores afectados por la crisis pueden verse incapaces de cumplir con sus propios plazos y estándares, afectando a toda la cadena.

Problemas logísticos: Las crisis también pueden afectar los sistemas logísticos que se utilizan para distribuir los productos. La escasez de transporte o el cierre de rutas comerciales puede impedir que los productos lleguen a tiempo, lo que puede afectar a las ventas y a la satisfacción del cliente.

Riesgos laborales: En situaciones de crisis, las fábricas y los lugares de trabajo pueden enfrentar riesgos relacionados con la seguridad de los empleados. Las crisis pueden generar condiciones de trabajo inestables, y los empleados pueden estar expuestos a mayores riesgos, ya sea por la falta de suministros, instalaciones inseguras o condiciones laborales extremas.

Estrategias para la Gestión de Crisis en la Cadena de Suministro

Una gestión efectiva de crisis requiere un enfoque proactivo, donde las empresas no solo reaccionan ante los eventos, sino que se preparan con anticipación para enfrentarlos de manera eficiente. A continuación, se detallan algunas de las estrategias clave que las empresas pueden emplear para gestionar crisis en su cadena de suministro.

Diversificación de proveedores y fuentes de suministro

Una de las maneras más efectivas de mitigar los riesgos de interrupción en la cadena de suministro es diversificar las fuentes de suministro. En lugar de depender de un único proveedor o región geográfica para la provisión de materias primas o componentes críticos, las empresas deben identificar proveedores alternativos y distribuir sus fuentes de abastecimiento en varias regiones. Esto permite reducir el riesgo asociado a una crisis localizada.

Establecimiento de inventarios de seguridad

Mantener un inventario de seguridad es una práctica común para protegerse contra interrupciones en la cadena de suministro. Al mantener un stock adicional de materiales y productos clave, las empresas pueden continuar operando durante un período de crisis sin depender de entregas externas inmediatas. Sin embargo, esto implica costos adicionales, por lo que debe ser equilibrado adecuadamente con las necesidades operacionales.

Uso de la tecnología y la automatización

La tecnología puede desempeñar un papel vital en la gestión de crisis en la cadena de suministro. El uso de sistemas de gestión de la cadena de suministro (SCM), software de planificación de recursos empresariales (ERP), y tecnologías de rastreo en tiempo real permite a las empresas monitorear sus operaciones de manera continua y detectar rápidamente posibles interrupciones. Además, las tecnologías de automatización pueden ayudar a reducir los tiempos de respuesta durante una crisis, haciendo que los procesos sean más ágiles.

Planificación y simulaciones de crisis

Las empresas deben desarrollar planes de contingencia que aborden diferentes escenarios de crisis. Estos planes deben ser revisados y actualizados periódicamente para garantizar que estén alineados con los riesgos actuales. Además, es fundamental realizar simulaciones de crisis para que el personal clave pueda familiarizarse con las respuestas adecuadas y tomar decisiones informadas en momentos críticos.

Reducción de la complejidad de la cadena de suministro

Una cadena de suministro más simple y flexible es menos susceptible a los efectos negativos de una crisis. Las empresas deben esforzarse por reducir la complejidad innecesaria en sus procesos, lo que incluye optimizar la cantidad de intermediarios, simplificar las rutas de transporte y buscar acuerdos a largo plazo con proveedores clave. Al hacerlo, las empresas aumentan la resiliencia ante eventos inesperados.

Desarrollo de relaciones de confianza con proveedores

La colaboración cercana con los proveedores es fundamental para manejar las crisis de manera efectiva. Las empresas deben establecer relaciones de confianza con sus proveedores, asegurándose de que compartan las mejores prácticas y los mismos objetivos. La comunicación constante y transparente con los proveedores es esencial para detectar posibles problemas antes de que se conviertan en crisis y para encontrar soluciones conjuntas en momentos de dificultades.

Respuesta a la Crisis: Tácticas de Acción

La respuesta a la crisis es donde las estrategias de gestión se ponen a prueba. Durante una crisis, el tiempo es un factor crítico, y las decisiones deben tomarse rápidamente para minimizar el impacto en la producción y el servicio al cliente. Algunas tácticas clave para una respuesta exitosa son:

Activar el plan de contingencia: En cuanto se detecta una crisis, es fundamental activar el plan de contingencia. Esto debe incluir la movilización de equipos de respuesta, la comunicación con los proveedores y clientes, y la evaluación continua de la situación.

Evaluar las prioridades: No todas las operaciones son igualmente críticas durante una crisis. Las empresas deben identificar qué productos o servicios son esenciales para los clientes y concentrar los esfuerzos en garantizar la continuidad de esas operaciones.

Adaptar rápidamente las operaciones: En situaciones de crisis, la flexibilidad es esencial. Las empresas deben estar dispuestas a modificar sus procesos operativos, como cambiar de proveedor, alterar rutas de transporte, o ajustar la producción, para adaptarse a las nuevas circunstancias.

Comunicaciones claras y transparentes: La comunicación es clave durante una crisis. Las empresas deben mantener informados a todos los stakeholders, incluidos los empleados, proveedores y clientes, sobre las medidas que se están tomando para mitigar los efectos de la crisis.

Conclusión

La gestión de crisis en la cadena de suministro es un componente vital de la estrategia empresarial en el entorno industrial y de fabricación. Si bien las crisis son inevitables, las empresas pueden tomar medidas proactivas para prepararse y mitigar sus efectos. Al comprender los riesgos, desarrollar planes de contingencia efectivos y responder de manera ágil y coordinada, las organizaciones pueden no solo sobrevivir a las crisis, sino también aprovechar las oportunidades para fortalecer su resiliencia y asegurar su éxito a largo plazo.

Este capítulo ha presentado una visión amplia y detallada sobre la gestión de crisis en la cadena de suministro, proporcionando una comprensión profunda de los tipos de crisis, sus impactos y las estrategias que las empresas pueden emplear para gestionar y superar situaciones de interrupción. Sin embargo, la gestión de crisis es una disciplina en constante evolución, por lo que las empresas deben estar siempre dispuestas a revisar sus enfoques y adaptarse a nuevos riesgos y oportunidades.

EVALUACIÓN DEL DESEMPEÑO DE LA CADENA DE SUMINISTRO

En el contexto de la industria y la fabricación, la gestión eficiente de la cadena de suministro (CS) se ha convertido en uno de los aspectos clave para mantener la competitividad, reducir costos, y maximizar la satisfacción del cliente. La cadena de suministro no es un conjunto de procesos aislados; más bien, es una red compleja de actividades que conectan a los proveedores con los consumidores finales, y cada uno de estos eslabones influye directamente en la eficiencia global de las operaciones. En este sentido, la evaluación del desempeño de la cadena de suministro es fundamental para garantizar que todas las partes involucradas funcionen con la mayor eficacia posible.

La evaluación del desempeño en la cadena de suministro no solo se centra en medir la eficiencia operativa, sino también en la capacidad de adaptación y respuesta frente a los constantes cambios del mercado, los requerimientos de los consumidores, las fluctuaciones en los precios de las materias primas y las presiones ambientales y regulatorias. Para las empresas de manufactura, el desempeño de la cadena de suministro está vinculado directamente a la capacidad para entregar productos de calidad a tiempo y a un costo competitivo.

Importancia de la Evaluación del Desempeño de la Cadena de Suministro

La evaluación de la cadena de suministro es vital por varias razones. En primer lugar, permite identificar áreas de mejora que pueden generar ahorros sustanciales, ya sea a través de la optimización de los inventarios, la mejora de la logística, o la revisión de los acuerdos con los proveedores. La evaluación también ayuda a mitigar riesgos, como el retraso en los tiempos de entrega o la escasez de materias primas, que pueden paralizar la producción y afectar la satisfacción del cliente. Además, una evaluación efectiva permite a las empresas mantenerse competitivas en un mercado cada vez más globalizado y dinámico, donde la capacidad de responder rápidamente a cambios en la demanda o a interrupciones en la cadena de suministro es crucial.

Por último, la evaluación constante del desempeño facilita la toma de decisiones informadas sobre estrategias a largo plazo, como la selección de proveedores, el diseño de redes logísticas, o la incorporación de nuevas tecnologías en los procesos productivos.

Objetivos de la Evaluación del Desempeño en la Cadena de Suministro

Los objetivos principales de la evaluación del desempeño de la cadena de suministro en la industria y la fabricación incluyen:

Mejorar la Eficiencia Operativa: Optimizar los procesos de adquisición, producción, almacenamiento y distribución para reducir tiempos, costos y desperdicios.

Cumplir con los Requerimientos del Cliente: Asegurar que los productos se entreguen a tiempo, en la cantidad correcta, y con la calidad esperada.

Identificar Riesgos y Oportunidades: Detectar posibles puntos débiles o vulnerabilidades en la cadena de suministro que puedan afectar la continuidad del negocio y aprovechar oportunidades de mejora.

Fomentar la Innovación: Proporcionar datos que puedan ser utilizados para introducir innovaciones tecnológicas o procesos más eficientes.

Mejorar la Toma de Decisiones Estratégicas: Proveer información precisa y en tiempo real que ayude en la toma de decisiones sobre cambios estratégicos a nivel operativo o de red de suministro.

Componentes Clave en la Evaluación del Desempeño de la Cadena de Suministro

La evaluación del desempeño de la cadena de suministro involucra la consideración de varios componentes que son esenciales para comprender cómo funciona la red de suministro de una empresa. Estos componentes incluyen tanto los aspectos operativos como los estratégicos de la cadena de suministro, que deben ser analizados conjuntamente para obtener una visión holística del desempeño.

Calidad del Producto: El control de calidad es uno de los pilares más importantes en la industria de manufactura. La evaluación de la cadena de suministro debe garantizar que los proveedores entreguen materiales que cumplan con los estándares requeridos, y que las etapas del proceso de producción mantengan la calidad en todos los niveles. Esto implica la evaluación de los defectos de fabricación, la tasa de devoluciones, y los costos relacionados con la corrección de errores.

Tiempos de Entrega y Fiabilidad: En un entorno industrial, los tiempos de entrega son fundamentales para mantener la producción en marcha sin interrupciones. La evaluación del desempeño debe medir tanto el cumplimiento de los tiempos de entrega como la fiabilidad de los proveedores y de las operaciones logísticas. Esto no solo incluye el tiempo necesario para obtener materiales, sino también la rapidez con la que los productos son fabricados y entregados al cliente final.

Costos: El control de los costos asociados con la cadena de suministro es esencial para mantener la competitividad en la industria manufacturera. Esto abarca los costos de los insumos, la mano de obra, el transporte, el almacenamiento, la distribución y otros gastos operativos. La evaluación de estos costos, así como su comparación con los ingresos o el valor generado, permite identificar áreas de optimización y ahorro.

Flexibilidad y Adaptabilidad: El entorno industrial y de fabricación es muy dinámico, por lo que una cadena de suministro exitosa debe ser capaz de adaptarse rápidamente a cambios inesperados. Esto puede incluir variaciones en la demanda, fallos en el suministro de materiales o alteraciones en los costos de producción. La evaluación del desempeño debe medir cuán flexible es la cadena de suministro para ajustarse a estas fluctuaciones y cómo minimiza los impactos negativos de tales cambios.

Tecnología y Automatización: El uso de tecnologías avanzadas, como sistemas de gestión de inventarios, software ERP (Enterprise Resource Planning), y sistemas de seguimiento en tiempo real, es fundamental para mejorar la eficiencia de la cadena de suministro. Evaluar el impacto de estas tecnologías en la mejora de los procesos y la reducción de errores es una parte importante de la evaluación del desempeño.

Gestión de Inventarios: Una gestión eficiente del inventario es esencial para la operación de cualquier cadena de suministro. Mantener un inventario adecuado, sin excedentes ni faltantes, es un desafío constante. La evaluación del desempeño debe considerar la rotación de inventarios, los niveles de stock, las políticas de reabastecimiento y la eficiencia en el manejo del inventario.

Indicadores Clave de Desempeño (KPIs)

Los KPIs son fundamentales para medir y evaluar el desempeño de la cadena de suministro en la industria y fabricación. Estos indicadores proporcionan una visión clara de cómo se está desempeñando cada eslabón de la cadena, y se pueden clasificar en diferentes categorías según su enfoque. A continuación, se describen algunos de los KPIs más relevantes en el ámbito industrial.

Tasa de Cumplimiento de Pedido: Este indicador mide el porcentaje de pedidos que son entregados de acuerdo con las especificaciones del cliente, en el tiempo y con la cantidad correcta. Un bajo desempeño en este KPI puede señalar problemas en la producción, en la logística, o en la comunicación con los proveedores.

Tiempo de Ciclo de Producción: Se refiere al tiempo total necesario para fabricar un producto desde que se reciben los materiales hasta que el producto final está listo para ser enviado. Este indicador es crucial para identificar ineficiencias en el proceso de fabricación.

Costos de Almacenamiento y Logística: Estos costos reflejan la eficiencia en el manejo del inventario, el transporte de productos y la distribución. Un desempeño deficiente en este KPI puede indicar que los procesos logísticos son demasiado costosos o ineficientes, lo que afectaría la rentabilidad de la empresa.

Nivel de Satisfacción del Cliente: La satisfacción del cliente es el indicador final de éxito para cualquier cadena de suministro. Medir la satisfacción implica evaluar la calidad del producto, la puntualidad de la entrega, y el servicio al cliente. Un buen desempeño en este KPI es señal de que la cadena de suministro está cumpliendo con las expectativas del mercado.

Porcentaje de Productos Defectuosos: Este KPI mide la calidad de los productos finales y se refiere a la cantidad de productos defectuosos producidos en comparación con el total de productos fabricados. Un porcentaje alto de productos defectuosos puede indicar problemas en el control de calidad o en los procesos de producción.

Costo Total de la Cadena de Suministro: Este KPI tiene en cuenta todos los costos asociados con la cadena de suministro, incluidos los costos de adquisición, almacenamiento, distribución, transporte, y gestión de inventarios. Evaluar este indicador ayuda a identificar áreas donde se pueden realizar mejoras significativas para reducir costos.

Herramientas para la Evaluación del Desempeño

Existen diversas herramientas y técnicas que pueden utilizarse para evaluar el desempeño de la cadena de suministro, algunas de las cuales se describen a continuación.

Análisis de Causa Raíz (Root Cause Analysis): Esta herramienta se utiliza para identificar los problemas fundamentales que afectan el desempeño de la cadena de suministro. A través de un análisis profundo, se pueden determinar las causas subyacentes de los fallos, ya sean operativos, logísticos o de calidad, y tomar medidas correctivas.

Benchmarking: Consiste en comparar los procesos y resultados de la cadena de suministro con los de otras empresas del mismo sector. Esta herramienta permite identificar mejores prácticas y aprender de las experiencias de otros, lo que puede proporcionar un punto de referencia para mejorar los procesos internos.

Simulación y Modelado de Procesos: El uso de software de simulación permite modelar y predecir el comportamiento de la cadena de suministro bajo diferentes escenarios. Esto es útil para identificar cuellos de botella, evaluar el impacto de cambios en la demanda o en los tiempos de entrega, y optimizar la asignación de recursos.

Análisis de Valor: Se utiliza para evaluar el valor de los procesos de la cadena de suministro en términos de costos y beneficios. Permite identificar procesos que no agregan valor y que podrían ser eliminados o mejorados para aumentar la eficiencia.

Retos y Barreras en la Evaluación del Desempeño

Aunque la evaluación del desempeño es esencial para mejorar la eficiencia de la cadena de suministro, existen varios retos y barreras que las empresas deben superar. Entre estos se incluyen:

Falta de Datos Precisos y Actualizados: La calidad de la evaluación depende de la calidad de los datos. En muchos casos, las empresas enfrentan dificultades para obtener datos precisos y actualizados sobre sus operaciones debido a sistemas obsoletos o la falta de integración de los datos entre diferentes departamentos.

Resistencia al Cambio: La implementación de nuevas estrategias de evaluación y mejora del desempeño puede encontrar resistencia por parte de los empleados o los proveedores, especialmente si estos cambios requieren una inversión significativa en tiempo o recursos.

Complejidad de la Cadena de Suministro: Las cadenas de suministro industriales suelen ser muy complejas, con múltiples proveedores, subcontratistas y distribuidores involucrados. Esto puede dificultar la recopilación y análisis de datos de manera efectiva y, a su vez, la identificación de áreas de mejora.

Factores Externos e Impredecibles: Factores como las fluctuaciones económicas, cambios en las políticas regulatorias, o desastres naturales pueden afectar el desempeño de la cadena de suministro de manera impredecible. Evaluar y anticipar estos factores es uno de los mayores desafíos en la gestión de la cadena de suministro.

Conclusión

La evaluación del desempeño de la cadena de suministro en el ámbito industrial y de fabricación es un proceso continuo que busca optimizar cada aspecto de la red de suministro. Desde la calidad del producto hasta la eficiencia operativa y la satisfacción del cliente, cada uno de los componentes debe ser cuidadosamente monitoreado y mejorado. Al integrar indicadores clave de desempeño, herramientas avanzadas de análisis y una visión estratégica, las empresas pueden no solo mejorar su eficiencia y reducir costos, sino también anticiparse a los cambios del mercado y mantener su competitividad en un entorno global cada vez más dinámico. La clave está en integrar todos estos aspectos en una evaluación coherente y alineada con los objetivos estratégicos de la empresa.

TENDENCIAS FUTURAS EN LA CADENA DE SUMINISTRO

En un mundo cada vez más globalizado y conectado, las cadenas de suministro se han convertido en la columna vertebral de las operaciones comerciales en la industria y fabricación. Las empresas dependen de estas redes para garantizar la producción eficiente, la distribución oportuna y la satisfacción del cliente. A medida que avanzamos hacia el futuro, las cadenas de suministro en el sector industrial y de fabricación no solo enfrentarán nuevos desafíos, sino que también se verán transformadas por una serie de tendencias emergentes impulsadas por la tecnología, las expectativas cambiantes de los consumidores y las realidades geopolíticas.

Este capítulo explora las principales tendencias futuras que están modelando la cadena de suministro en la industria y fabricación. A través de un análisis detallado, se examinan los factores clave que están impulsando la evolución de las cadenas de suministro y cómo las empresas pueden adaptarse a estos cambios para mantenerse competitivas en un entorno cada vez más complejo.

Digitalización de la Cadena de Suministro

La digitalización es, sin lugar a dudas, uno de los motores más importantes de la transformación de las cadenas de suministro. La introducción de tecnologías digitales en las operaciones de la cadena de suministro ha permitido a las empresas obtener una visibilidad sin precedentes de sus redes, lo que facilita la toma de decisiones y mejora la eficiencia operativa. En el futuro, la digitalización continuará avanzando, afectando todos los aspectos, desde la gestión de inventarios hasta la planificación de la producción.

Uno de los principales avances en este ámbito es el uso del Internet de las Cosas (IoT) para conectar dispositivos y equipos en tiempo real. Los sensores en las máquinas de producción, los vehículos de entrega y las instalaciones de almacenamiento proporcionan datos que pueden ser monitoreados y analizados para mejorar la toma de decisiones y optimizar las operaciones. Por ejemplo, en la fabricación, los sensores IoT pueden predecir cuándo es probable que una máquina necesite mantenimiento, lo que ayuda a reducir el tiempo de inactividad no planificado y mejorar la eficiencia de la producción.

Además, el uso de la inteligencia artificial (IA) y el aprendizaje automático (ML) permitirá a las empresas analizar grandes volúmenes de datos generados a lo largo de la cadena de suministro. Esto ayudará a prever patrones de demanda, optimizar rutas de entrega y gestionar el inventario de manera más eficiente. A medida que los sistemas de IA se vuelvan más sofisticados, se espera que las decisiones automatizadas se conviertan en la norma, lo que permitirá a las empresas reaccionar rápidamente a cambios en las condiciones del mercado y a las fluctuaciones de la demanda.

Por otro lado, el blockchain está ganando terreno como una solución para mejorar la transparencia y la trazabilidad en las cadenas de suministro. Esta tecnología descentralizada permite registrar transacciones de manera segura y verificable, lo que facilita el seguimiento de productos desde su origen hasta el consumidor final. En industrias como la automotriz o la alimentaria, donde la autenticidad y la seguridad de los productos son cruciales, el blockchain tiene el potencial de revolucionar la forma en que las empresas gestionan sus cadenas de suministro.

Automatización y Robótica

La automatización es otra tendencia clave que está modelando el futuro de las cadenas de suministro en la industria y fabricación. En los últimos años, hemos sido testigos de un aumento significativo en el uso de robots y sistemas automatizados en fábricas y almacenes. Este movimiento está impulsado por la necesidad de mejorar la productividad, reducir costos laborales y aumentar la precisión de las operaciones.

Los robots industriales, equipados con capacidades avanzadas de IA y visión por computadora, están transformando la forma en que se lleva a cabo la producción. Los robots pueden realizar tareas repetitivas con una precisión y velocidad mucho mayores que los humanos, lo que permite a las empresas reducir los tiempos de ciclo de producción y mejorar la calidad del producto. Además, la robótica colaborativa (cobots) está permitiendo que los trabajadores humanos y los robots trabajen juntos de manera segura en entornos compartidos, lo que puede mejorar aún más la eficiencia en la fábrica.

Por otro lado, la automatización en los almacenes también está ganando terreno. Los sistemas automatizados de gestión de inventarios, como los vehículos guiados automáticamente (AGV) y los sistemas de clasificación automatizada, están optimizando el almacenamiento y la distribución de productos. Estos sistemas permiten a las empresas reducir los errores en el manejo de inventarios y mejorar la velocidad de las operaciones, lo que es esencial para mantener una cadena de suministro ágil y reactiva.

En el futuro, es probable que la automatización se extienda aún más, integrando tecnologías como la robótica avanzada, los drones para la entrega de última milla y los vehículos autónomos para el transporte de mercancías. La combinación de estas tecnologías permitirá a las empresas mejorar la eficiencia y reducir los costos en toda la cadena de suministro.

Sostenibilidad y Economía Circular

La sostenibilidad ha emergido como una prioridad clave en la estrategia de muchas empresas en los últimos años, y la cadena de suministro industrial y de fabricación no es una excepción. Con el creciente enfoque en la responsabilidad social corporativa y la presión de los consumidores para que las empresas adopten prácticas más ecológicas, la sostenibilidad se ha convertido en una tendencia esencial en la gestión de la cadena de suministro.

Las empresas están adoptando prácticas más sostenibles en todas las etapas de la cadena de suministro, desde la adquisición de materiales hasta la entrega de productos. Esto incluye la reducción de las emisiones de carbono, la minimización de residuos y la optimización del uso de recursos. Las tecnologías verdes, como los vehículos eléctricos para el transporte de mercancías y las fuentes de energía renovable para las operaciones de fabricación, están ganando terreno y se espera que desempeñen un papel aún más importante en el futuro.

Un área clave en la que se está enfocando la sostenibilidad es la transición hacia una economía circular. En lugar de seguir un modelo lineal de "tomar, hacer, desechar", la economía circular busca maximizar la reutilización de materiales y productos. Esto implica el reciclaje de materiales, la reutilización de componentes y la reparación de productos para prolongar su vida útil. Las empresas que adopten este enfoque tendrán cadenas de suministro más resilientes y menos dependientes de recursos escasos.

En este contexto, las innovaciones en el diseño de productos también juegan un papel importante. Los fabricantes están buscando maneras de diseñar productos que sean más fáciles de reciclar y reparar, lo que ayuda a reducir el impacto ambiental de los desechos industriales. Además, la trazabilidad de los materiales y componentes a lo largo de la cadena de suministro, utilizando tecnologías como blockchain, puede facilitar la adopción de prácticas más sostenibles al permitir que las empresas verifiquen el origen y el ciclo de vida de los productos.

Resiliencia y Gestión de Riesgos

El futuro de la cadena de suministro estará marcado por una mayor resiliencia, ya que las empresas se preparan para gestionar los riesgos de manera más efectiva en un entorno de incertidumbre creciente. La pandemia de COVID-19 dejó en evidencia las vulnerabilidades de las cadenas de suministro globales, lo que llevó a muchas empresas a replantearse sus enfoques hacia la gestión de riesgos.

La resiliencia en la cadena de suministro no solo se refiere a la capacidad de una empresa para resistir las interrupciones, sino también a su habilidad para recuperarse rápidamente de eventos inesperados. En este sentido, la diversificación de proveedores y la localización de las fuentes de suministro son estrategias clave. Las empresas están optando por diversificar sus fuentes de materiales y componentes para evitar depender demasiado de un único proveedor o región geográfica. Además, algunos están optando por acercar la producción a los mercados de consumo a través de la reubicación de fábricas y centros de distribución, lo que les permite reducir su exposición a riesgos globales.

La implementación de estrategias de gestión de riesgos también incluirá el uso de tecnologías avanzadas para monitorear y predecir posibles interrupciones en la cadena de suministro. Herramientas basadas en IA y análisis predictivo ayudarán a las empresas a anticipar problemas potenciales, como interrupciones en el suministro de materias primas, cambios en las regulaciones comerciales o desastres naturales, y a desarrollar planes de contingencia para mitigarlos.

Además, la colaboración y la transparencia entre los diferentes actores de la cadena de suministro serán fundamentales para mejorar la resiliencia. Compartir información en tiempo real sobre las operaciones y los niveles de inventario, por ejemplo, permitirá a las empresas adaptarse más rápidamente a los cambios en la demanda o a las interrupciones de la oferta.

Globalización y Geopolítica

Finalmente, la globalización y los factores geopolíticos seguirán siendo factores determinantes en la evolución de las cadenas de suministro. A medida que las empresas se expanden a nuevos mercados, enfrentan una mayor complejidad en la gestión de sus cadenas de suministro, especialmente cuando se enfrentan a tensiones comerciales, políticas y económicas entre países.

Las guerras comerciales, las políticas proteccionistas y las fluctuaciones en las divisas son solo algunos de los desafíos que las empresas deben abordar al operar en un entorno global. La geopolítica también influye en la elección de ubicaciones para fábricas y centros de distribución, con algunas empresas adoptando estrategias de "deslocalización" para evitar riesgos asociados con la concentración de operaciones en ciertas regiones del mundo.

En respuesta a estas presiones, las empresas están buscando nuevas formas de adaptarse, como la construcción de redes de suministro más regionales y locales. Esta tendencia hacia la "desglobalización" o la "regionalización" podría modificar las dinámicas de poder en la cadena de suministro global, permitiendo que los países y las regiones tengan un mayor control sobre sus propias cadenas de suministro y reduzcan su vulnerabilidad a las disrupciones globales.

Conclusión

El futuro de las cadenas de suministro en la industria y fabricación estará marcado por una serie de tendencias que transformarán profundamente la forma en que las empresas gestionan sus operaciones. La digitalización, la automatización, la sostenibilidad, la resiliencia y las complejidades geopolíticas son solo algunos de los factores que darán forma a las cadenas de suministro del mañana. Las empresas que logren adaptarse a estos cambios, adoptando tecnologías emergentes y nuevas estrategias de gestión, estarán mejor posicionadas para enfrentar los desafíos del futuro y seguir siendo competitivas en un entorno global dinámico y en constante evolución.

CASOS DE ÉXITO EN LA CADENA DE SUMINISTRO

La cadena de suministro es un componente esencial en la estrategia operativa de cualquier industria, especialmente en el sector industrial y de fabricación. A lo largo de las últimas décadas, el ámbito de la logística y la gestión de la cadena de suministro ha experimentado una transformación profunda, impulsada por avances tecnológicos, la globalización de los mercados y la necesidad de adaptación a un entorno competitivo y cambiante. Las empresas más exitosas han entendido que no solo se trata de mover productos de un punto A a un punto B, sino de crear un flujo eficiente y flexible de recursos, información y productos a través de toda la red de producción.

En este capítulo, exploraremos algunos de los casos más emblemáticos de éxito en la cadena de suministro dentro del sector industrial y de fabricación. Estos ejemplos no solo ilustran las mejores prácticas y enfoques innovadores en la gestión de la cadena de suministro, sino que también proporcionan valiosas lecciones que pueden ser aplicadas por otras empresas en diversas industrias.

Caso 1: Toyota y el Sistema de Producción Justo a Tiempo (JIT)

Uno de los ejemplos más conocidos de éxito en la gestión de la cadena de suministro es el Sistema de Producción Justo a Tiempo (JIT) implementado por Toyota en su planta de fabricación. La filosofía JIT tiene como objetivo minimizar el inventario, mejorar la eficiencia y reducir los costos. A diferencia de los modelos tradicionales de fabricación, donde las empresas mantienen grandes inventarios de piezas y componentes para garantizar una producción continua,

Toyota optó por recibir las piezas justo cuando eran necesarias en el proceso de fabricación. Este enfoque permitió a la empresa reducir el espacio de almacenamiento y los costos asociados, además de aumentar la flexibilidad en su producción.

Una de las claves del éxito de Toyota fue la estrecha colaboración con sus proveedores. La empresa trabajó mano a mano con ellos para garantizar que las entregas se realizaran con precisión y en el tiempo exacto que se requería. Para lograr esto, Toyota desarrolló una serie de prácticas de comunicación y programación que aseguraban que los proveedores tuvieran una visibilidad clara de la demanda y pudieran ajustarse rápidamente a los cambios.

Además, Toyota integró en su cadena de suministro un enfoque de mejora continua, conocido como "kaizen". Esta filosofía no solo implicaba la mejora constante de los procesos de producción, sino también una retroalimentación constante de todos los niveles de la organización para identificar áreas de mejora. A través de este enfoque, Toyota no solo logró una mayor eficiencia en su cadena de suministro, sino que también se convirtió en líder mundial en calidad y producción.

Este modelo de cadena de suministro ha sido ampliamente adoptado por muchas otras empresas, que lo consideran un estándar en la gestión de la producción y el control de inventarios. En la actualidad, muchos fabricantes globales aplican el JIT de forma similar, adaptándolo a sus propias necesidades y realidades del mercado.

Caso 2: Apple y la Gestión de su Cadena de Suministro Global

Apple es otro ejemplo sobresaliente de éxito en la cadena de suministro, especialmente en el contexto de su producción global de dispositivos electrónicos. A lo largo de los años, Apple ha logrado optimizar una cadena de suministro extremadamente compleja, en la que los componentes se fabrican en diferentes países y se ensamblan en fábricas ubicadas principalmente en China. Lo que distingue a Apple de otras empresas es su capacidad para coordinar la producción global de una manera que le permite mantener una alta calidad, una gran eficiencia y una rápida innovación.

Una de las principales características de la cadena de suministro de Apple es su enfoque en la integración vertical. Apple no solo se encarga del diseño y la comercialización de sus productos, sino que también ha invertido de manera significativa en la creación de relaciones sólidas con sus proveedores. Apple trabaja directamente con los fabricantes de componentes clave, como procesadores, pantallas y cámaras, para asegurarse de que los componentes cumplan con sus estrictos estándares de calidad.

Además, Apple ha sido muy eficaz en la gestión de su inventario y en la predicción de la demanda de sus productos. La compañía ha logrado mantener su inventario a niveles óptimos, evitando tanto el exceso de existencias como la escasez de productos. Esto se debe en gran parte a sus avanzados sistemas de análisis de datos y a la capacidad de Apple para anticipar las tendencias del mercado, lo que le permite ajustar rápidamente su producción y distribución.

Otro factor clave en el éxito de la cadena de suministro de Apple es su enfoque en la flexibilidad y la capacidad de adaptarse a los cambios en el mercado. A pesar de tener una cadena de suministro global muy compleja, Apple ha logrado minimizar los impactos de los problemas logísticos, como los retrasos en la producción o la escasez de componentes, gracias a una red de proveedores altamente colaborativa y una planificación proactiva.

Este modelo de cadena de suministro ha permitido a Apple mantener una ventaja competitiva significativa en el mercado de dispositivos electrónicos, lo que le ha permitido no solo innovar de manera continua, sino también lanzar nuevos productos con gran éxito en el mercado global.

Caso 3: General Electric y la Transformación Digital de su Cadena de Suministro

General Electric (GE) es un gigante industrial que, a lo largo de los años, ha llevado a cabo una transformación significativa en su cadena de suministro a través de la adopción de tecnologías digitales. La compañía ha entendido que, en un entorno cada vez más globalizado y competitivo, la única forma de seguir siendo líder en la industria es innovar no solo en los productos que fabrica, sino también en los procesos logísticos que respaldan esa fabricación.

Una de las iniciativas más destacadas de GE fue su inversión en su cadena de suministro. Esto incluyó la adopción de sensores, Internet de las Cosas (IoT), big data, inteligencia artificial (IA) y análisis predictivo, con el objetivo de mejorar la visibilidad de toda su cadena de suministro y permitir una toma de decisiones más informada y ágil.

Por ejemplo, GE implementó sensores en sus fábricas y en sus equipos de producción para monitorear en tiempo real el estado de las máquinas y los componentes. Estos sensores proporcionaron datos valiosos sobre el rendimiento y la eficiencia de la maquinaria, lo que permitió a GE identificar posibles problemas antes de que se convirtieran en fallos importantes. Al mismo tiempo, la empresa comenzó a utilizar algoritmos de aprendizaje automático para predecir cuándo se necesitarían repuestos o mantenimiento en las máquinas, lo que a su vez mejoró la planificación de la cadena de suministro.

Además, GE utilizó big data para mejorar la eficiencia de sus procesos logísticos y de distribución. A través de la recopilación y el análisis de grandes volúmenes de datos, la compañía pudo optimizar sus rutas de entrega, reducir los tiempos de espera y mejorar la sincronización entre la producción y la distribución. Esta integración de tecnología digital en su cadena de suministro permitió a GE reducir costos, aumentar la eficiencia y mejorar la calidad de sus productos.

La transformación digital de GE es un ejemplo claro de cómo las tecnologías avanzadas pueden revolucionar la forma en que las empresas gestionan sus cadenas de suministro, permitiéndoles no solo reducir costos y aumentar la eficiencia, sino también adaptarse rápidamente a las demandas cambiantes del mercado global.

Caso 4: Zara y la Cadena de Suministro en la Industria de la Moda

Zara, una de las marcas más exitosas del mundo en el sector de la moda, ha logrado construir una de las cadenas de suministro más eficientes y rápidas de la industria. En un sector en el que la rapidez para responder a las tendencias del mercado es clave, Zara ha desarrollado un modelo de cadena de suministro que le permite diseñar, fabricar y distribuir ropa nueva a sus tiendas en tan solo unas semanas. Esta rapidez le da a Zara una ventaja competitiva significativa en un mercado donde la moda cambia constantemente.

El modelo de cadena de suministro de Zara se basa en una combinación de diseño interno, fabricación ágil y distribución eficiente. La compañía posee una red de fábricas que se encuentran principalmente en Europa, lo que le permite producir grandes volúmenes de ropa en un corto período de tiempo. A diferencia de otras marcas de moda que subcontratan la producción en países de bajo costo, Zara mantiene un control más directo sobre su producción, lo que le permite reaccionar rápidamente a los cambios en las preferencias de los consumidores.

Uno de los aspectos más destacados de la cadena de suministro de Zara es su sistema de "producción a la demanda". La empresa no produce grandes cantidades de ropa de antemano; en cambio, fabrica en función de la demanda real y las tendencias observadas en sus tiendas. Esta estrategia de producción ágil le permite minimizar el riesgo de sobreproducción y reducir el desperdicio.

Además, Zara ha implementado un sistema de distribución altamente eficiente. La empresa utiliza un sistema de logística centralizado, en el que todos los productos se envían a un centro de distribución central antes de ser enviados a las tiendas en todo el mundo. Este enfoque asegura que las tiendas reciban la mercancía más actualizada y que la reposición de inventarios sea rápida.

La capacidad de Zara para reaccionar rápidamente a las demandas del mercado y su cadena de suministro ágil y flexible han sido fundamentales para su éxito en el competitivo mundo de la moda.

Caso 5: Amazon y la Cadena de Suministro en el Comercio Electrónico

Amazon ha transformado la forma en que los consumidores compran productos y ha hecho lo mismo con la forma en que se gestionan las cadenas de suministro en el sector del comercio electrónico. La empresa ha logrado construir una cadena de suministro global que es tanto eficiente como flexible, permitiéndole satisfacer la creciente demanda de los consumidores y ofrecer tiempos de entrega extremadamente rápidos.

Uno de los factores que ha contribuido al éxito de la cadena de suministro de Amazon es su red de centros de distribución. Amazon ha invertido enormemente en la creación de centros de distribución automatizados, equipados con tecnología de vanguardia, como robots de almacén y sistemas de gestión de inventarios avanzados. Estos centros permiten a Amazon procesar y enviar pedidos de manera más eficiente que cualquier otro competidor en el mercado.

Además, Amazon ha implementado una estrategia de entrega de última milla extremadamente eficiente. La empresa ha desarrollado una red de transporte propia que le permite entregar productos a los consumidores en un tiempo récord. En muchas áreas, Amazon ofrece opciones de entrega el mismo día o al día siguiente, lo que le da una ventaja competitiva significativa sobre otros minoristas.

La integración de tecnologías avanzadas como el big data, la inteligencia artificial y el análisis predictivo también ha permitido a Amazon optimizar su cadena de suministro. Estos sistemas le permiten prever las necesidades de inventario y mejorar la precisión en la entrega de pedidos, lo que reduce los costos y mejora la experiencia del cliente.

La innovación constante y la capacidad de Amazon para adaptarse rápidamente a los cambios en la demanda y en el entorno del mercado son factores clave que han llevado a la compañía a ser un líder indiscutible en el sector del comercio electrónico.

Conclusión

La cadena de suministro es un elemento esencial en la competitividad y el éxito de las empresas en el sector industrial y de fabricación. Los casos presentados en este capítulo destacan la importancia de la innovación, la eficiencia, la flexibilidad y la colaboración en la creación de cadenas de suministro exitosas. Empresas como Toyota, Apple, General Electric, Zara y Amazon han demostrado que, al adoptar enfoques innovadores y adaptarse rápidamente a los cambios, es posible transformar la cadena de suministro en una ventaja competitiva clave.

Cada uno de estos ejemplos ilustra cómo las tecnologías emergentes, la gestión de relaciones con proveedores y la capacidad de anticipar las tendencias del mercado pueden ayudar a las empresas a optimizar sus cadenas de suministro y mantenerse por delante de la competencia. Sin duda, el futuro de la cadena de suministro estará marcado por la continua evolución tecnológica y por una mayor colaboración entre los diferentes actores de la cadena, lo que permitirá a las empresas mejorar su agilidad, reducir costos y ofrecer productos de mayor calidad y valor a los consumidores.

CONCLUSIONES Y RECOMENDACIONES PARA LA IMPLEMENTACIÓN DE NUEVAS TECNOLOGÍAS

La cadena de suministro en la industria y fabricación es un sistema complejo que abarca una serie de procesos interconectados, desde la adquisición de materias primas hasta la entrega del producto final al cliente. En un entorno global cada vez más competitivo y exigente, la optimización de estos procesos es fundamental para garantizar la eficiencia, reducir costos, mejorar la calidad y, al mismo tiempo, lograr una respuesta más rápida a las demandas del mercado. En este contexto, las nuevas tecnologías emergentes juegan un papel crucial en la transformación de las cadenas de suministro tradicionales.

El avance tecnológico está redefiniendo las maneras en que las empresas gestionan sus cadenas de suministro. La digitalización, la automatización, el Internet de las Cosas (IoT), la inteligencia artificial (IA), la blockchain, el Big Data y la robótica, entre otras innovaciones, ofrecen nuevas oportunidades para mejorar la trazabilidad, la visibilidad y la eficiencia operativa. Sin embargo, la implementación de estas tecnologías también conlleva desafíos significativos que deben ser gestionados adecuadamente para maximizar sus beneficios.

Este capítulo ofrece un análisis detallado de las conclusiones extraídas de la implementación de nuevas tecnologías en la cadena de suministro industrial y de fabricación, así como recomendaciones prácticas para su adopción efectiva. A través de un enfoque exhaustivo, se abordarán las oportunidades y los retos, las mejores prácticas y las áreas clave donde la tecnología puede generar un mayor impacto.

Impacto de la Digitalización y la Automatización en la Cadena de Suministro

La digitalización ha sido uno de los motores más poderosos de la transformación de la cadena de suministro en la industria manufacturera. Gracias a la digitalización, las empresas ahora pueden monitorear en tiempo real todos los aspectos de sus operaciones, lo que proporciona una visibilidad sin precedentes de las actividades en cada fase del proceso de producción. Las tecnologías de gestión de la cadena de suministro basadas en software permiten la integración de datos desde proveedores hasta consumidores finales, facilitando la toma de decisiones informadas y ágiles.

La automatización, por su parte, ha optimizado la eficiencia en las plantas de fabricación, desde la producción hasta el almacenamiento y distribución de productos. La implementación de sistemas automatizados para el manejo de inventarios, la fabricación y el ensamblaje no solo mejora la velocidad de producción, sino que también reduce los errores humanos y aumenta la consistencia en los procesos.

La convergencia de estas tecnologías ha permitido la creación de cadenas de suministro inteligentes, donde los flujos de información y materiales están sincronizados en tiempo real, lo que mejora la capacidad de respuesta ante fluctuaciones en la demanda y cambios inesperados en el mercado.

La Inteligencia Artificial y el Machine Learning

La inteligencia artificial (IA) y el machine learning han revolucionado la toma de decisiones dentro de las cadenas de suministro. Estas tecnologías permiten a las empresas analizar grandes volúmenes de datos para predecir patrones de demanda, optimizar rutas logísticas y gestionar los inventarios de manera más eficiente. Además, la IA puede identificar áreas de ineficiencia y proponer soluciones adaptadas a las circunstancias cambiantes del mercado.

El machine learning, en particular, es capaz de aprender de los datos históricos y hacer predicciones precisas sobre la demanda futura, lo que facilita la planificación de la producción, evitando tanto el desabastecimiento como el exceso de inventarios. Esta capacidad predictiva mejora la precisión de las decisiones a nivel operativo y estratégico.

El Internet de las Cosas (IoT) y la Conectividad

El Internet de las Cosas (IoT) ha permitido que los dispositivos y equipos en la cadena de suministro se comuniquen entre sí de manera continua, generando un flujo constante de datos que optimizan los procesos. Los sensores IoT en las máquinas de producción y en los vehículos de transporte pueden monitorear el rendimiento en tiempo real, lo que facilita la detección temprana de fallos, la mejora de la eficiencia operativa y la reducción de tiempos de inactividad.

En las fábricas, los dispositivos IoT permiten un mantenimiento predictivo al proporcionar información detallada sobre el estado de las máquinas, lo que ayuda a reducir costos asociados con reparaciones inesperadas y mejora la vida útil de los activos. En el ámbito de la logística, los sensores IoT permiten realizar un seguimiento preciso de los productos en tránsito, lo que mejora la visibilidad y la trazabilidad de los bienes a lo largo de toda la cadena.

La Tecnología Blockchain en la Gestión de la Cadena de Suministro

La adopción de blockchain en la cadena de suministro está revolucionando la manera en que las empresas gestionan la seguridad, transparencia y trazabilidad de los productos. Al tratarse de una tecnología descentralizada, blockchain permite el registro seguro y transparente de cada transacción realizada en la cadena de suministro. Esto es especialmente valioso en sectores donde la trazabilidad y la autenticidad de los productos son cruciales, como en la industria alimentaria, farmacéutica y de productos de lujo.

El uso de blockchain garantiza la integridad de los datos, reduciendo los riesgos de fraude y errores en el proceso de registro de transacciones. Además, la transparencia proporcionada por esta tecnología ayuda a las empresas a cumplir con normativas y estándares internacionales, lo que mejora la confianza del consumidor y fortalece la reputación de la marca.

El Big Data y la Analítica Predictiva

El Big Data y la analítica predictiva han permitido a las empresas optimizar sus operaciones en la cadena de suministro mediante la recopilación y análisis de grandes cantidades de datos en tiempo real. Estos datos pueden provenir de múltiples fuentes, como sensores IoT, plataformas de comercio electrónico, sistemas de gestión de inventarios y redes sociales. Al analizar estos datos, las empresas pueden identificar tendencias de consumo, anticipar problemas y tomar decisiones más informadas.

La analítica predictiva, en particular, permite a las empresas predecir demandas futuras, optimizar los niveles de inventario y mejorar la asignación de recursos. Esta capacidad no solo mejora la eficiencia operativa, sino que también contribuye a una mejor experiencia para el cliente, ya que los productos estarán más disponibles y se entregarán con mayor rapidez.

Los Desafíos de la Implementación de Nuevas Tecnologías

A pesar de los beneficios que ofrecen las nuevas tecnologías, su implementación no está exenta de desafíos. Uno de los principales obstáculos es la inversión inicial. La adopción de tecnologías avanzadas en la cadena de suministro requiere una inversión significativa en infraestructura, capacitación y cambio organizacional. Además, muchas pequeñas y medianas empresas pueden enfrentarse a barreras económicas que dificultan la adopción de estas tecnologías.

Otro desafío es la resistencia al cambio por parte de los empleados. La automatización y digitalización de procesos pueden generar inquietudes sobre la pérdida de empleos o el cambio en las funciones laborales. Es fundamental contar con un plan de gestión del cambio que involucre a los trabajadores en el proceso de transición y les ofrezca capacitación y nuevas oportunidades.

Por último, la ciberseguridad es una preocupación clave cuando se implementan nuevas tecnologías. La interconexión de dispositivos y sistemas aumenta el riesgo de ciberataques, lo que podría poner en peligro la integridad de los datos y la continuidad de las operaciones. Por tanto, las empresas deben adoptar estrategias robustas de seguridad informática para proteger sus infraestructuras tecnológicas.

Recomendaciones para la Implementación de Nuevas Tecnologías en la Cadena de Suministro

Evaluar las Necesidades Específicas de la Empresa

Antes de embarcarse en la implementación de nuevas tecnologías, las empresas deben realizar una evaluación exhaustiva de sus necesidades y capacidades actuales. No todas las tecnologías son adecuadas para todas las empresas, por lo que es crucial identificar qué áreas de la cadena de suministro pueden beneficiarse más de la automatización, la digitalización o la analítica avanzada.

Por ejemplo, una empresa de fabricación podría beneficiarse enormemente del uso de robótica y automatización en la producción, mientras que una empresa de distribución podría centrarse en la implementación de tecnologías de gestión de inventarios y logística optimizada. Este enfoque personalizado asegura que las inversiones sean dirigidas de manera eficiente y efectiva.

Fomentar la Colaboración entre Departamentos

La implementación de nuevas tecnologías debe ser un esfuerzo colaborativo entre diferentes departamentos, incluyendo operaciones, IT, finanzas y recursos humanos. La integración de soluciones tecnológicas en la cadena de suministro requiere que todos los sectores trabajen en conjunto para asegurar que la transición sea fluida y que los sistemas estén alineados con los objetivos estratégicos de la empresa.

Es importante involucrar desde el principio a los empleados que serán directamente impactados por los cambios, de modo que puedan contribuir con sus perspectivas y estar mejor preparados para la adaptación. La capacitación continua es esencial para garantizar que los empleados puedan utilizar las nuevas herramientas y tecnologías de manera efectiva.

Invertir en Capacitación y Desarrollo de Personal

La capacitación del personal es fundamental para una implementación exitosa de las nuevas tecnologías. Las empresas deben invertir en programas de formación que no solo enseñen el uso técnico de las herramientas, sino que también fomenten una mentalidad digital en toda la organización. Esto implica una comprensión de cómo las tecnologías impactan no solo los procesos operativos, sino también la estrategia general de la empresa.

Además, el personal debe ser capacitado en el uso ético y seguro de las tecnologías, especialmente en cuanto a la gestión de datos y la protección contra ciberataques. Un equipo bien capacitado puede maximizar los beneficios de la tecnología, adaptándose rápidamente a las nuevas herramientas y aprovechando todo su potencial.

Adoptar un Enfoque Escalonado en la Implementación

La implementación de nuevas tecnologías en la cadena de suministro no debe hacerse de manera abrupta. En lugar de una implementación masiva, las empresas deberían adoptar un enfoque escalonado, donde las nuevas tecnologías se integran de manera gradual en diferentes áreas y procesos. Este enfoque reduce el riesgo de interrupciones operativas y permite a la organización ajustar las tecnologías según sea necesario a lo largo del proceso.

Comenzar con proyectos piloto en áreas específicas puede ser una forma efectiva de probar las nuevas soluciones antes de su implementación completa. A partir de los resultados de estos proyectos piloto, las empresas pueden ajustar sus estrategias y abordar cualquier problema técnico o de integración.

Evaluar y Mejorar Continuamente

Una vez implementadas las nuevas tecnologías, es crucial establecer mecanismos de evaluación y monitoreo continuo para medir su efectividad. Las empresas deben utilizar indicadores clave de rendimiento (KPI) para evaluar cómo las tecnologías están impactando los tiempos de entrega, la calidad del producto, la eficiencia operativa y la satisfacción del cliente.

La mejora continua debe ser parte de la estrategia. Las tecnologías están en constante evolución, por lo que las empresas deben estar preparadas para adaptarse y actualizar sus sistemas según sea necesario para mantenerse competitivas en un mercado en constante cambio.

Conclusión

La implementación de nuevas tecnologías en la cadena de suministro industrial y de fabricación representa una oportunidad significativa para mejorar la eficiencia, reducir costos y aumentar la competitividad. Sin embargo, este proceso debe ser abordado con una planificación cuidadosa, evaluando las necesidades específicas de la empresa y teniendo en cuenta tanto los beneficios como los desafíos asociados con las tecnologías emergentes.

Las empresas que logren integrar de manera efectiva las tecnologías digitales, como la inteligencia artificial, el Big Data, la automatización, el IoT y la blockchain, estarán mejor posicionadas para enfrentar los retos del futuro y aprovechar las oportunidades de un entorno global cada vez más dinámico y complejo. Sin embargo, esto requiere un compromiso con la innovación continua, la capacitación del personal y la colaboración entre departamentos para garantizar el éxito a largo plazo.

La adopción exitosa de nuevas tecnologías no es solo una cuestión de invertir en herramientas, sino de transformar la forma en que las empresas gestionan y optimizan sus procesos de suministro, creación de valor y entrega al cliente.

ACERCA DEL AUTOR

Ingeniero Industrial y de Sistemas

Maestría en Administración con Calidad y Productividad

3 Certificaciones

2 Estudios Técnicos

Más de 20 cursos de capacitación

Ganador del Singapore Cooperation Programme (ITE)

Instructor, ingeniero, creador de contenido y escritor.
Descubre la industria moderna de la mano del ingeniero más polémico.
Taller del inge

IL

I. Laisequilla

Author / Engineer

ENCUENTRA TAMBIÉN

La biblia INDUSTRIAL
Ingeniería | Métodos | Calidad

Una obra práctica y concisa para aplicar ingeniería, métodos y calidad en la industria, combinando teoría y ejemplos claros para facilitar su implementación en cualquier organización.

Formatos disponibles: físico, ebook y audiolibro

www.ingramcontent.com/pod-product-compliance
Ingram Content Group UK Ltd.
Pitfield, Milton Keynes, MK11 3LW, UK
UKHW020728041026
15590UKWH00002B/942

9 798231 951888